计算机类技能实战系列丛书
创新型计算机"十四五"精品教材

U0827380

数据库技术应用

—— Access

主　编◎戚锦华　母　明　戚博雯
副主编◎曹仕辉　程　译　熊布庭
　　　　袁　华
主　审◎陈继红　胡　橘

哈爾濱工程大學出版社
Harbin Engineering University Press

内 容 简 介

基于当前市场对接信创数据库技术的需要，本书以项目任务式体例模式编写而成。全书共8个项目，主要包括Access基本知识、数据库的设计与操作、数据表的创建与使用、查询的创建与使用、宏的创建与使用、报表的创建与使用、窗体的创建与使用、Access在人力资源管理中的应用内容。读者学后可以融会贯通、举一反三，快速创建符合自身需求的Access数据库。

本书结构清晰，语言简洁，既可作为应用型本科院校、职业院校的教材，也可作为数据库设计爱好者的参考书。

图书在版编目（CIP）数据

数据库技术应用 : Access / 戚锦华, 母明, 戚博雯主编. -- 哈尔滨 : 哈尔滨工程大学出版社, 2025. 1.
ISBN 978-7-5661-4663-2

Ⅰ. TP311.132.3

中国国家版本馆 CIP 数据核字第 20259FJ799 号

数据库技术应用——Access
SHUJUKU JISHU YINGYONG——Access

策划编辑 张林峰
责任编辑 吴振雷

出版发行 哈尔滨工程大学出版社
社　　址 哈尔滨市南岗区南通大街 145 号
邮政编码 150001
电　　话 0451-82519328
传　　真 0451-82519699
经　　销 新华书店
印　　刷 三河市中晟雅豪印务有限公司
开　　本 787 mm×1 092 mm 1/16
印　　张 13
字　　数 333 千字
版　　次 2025 年 1 月第 1 版
印　　次 2025 年 1 月第 1 次印刷
书　　号 ISBN 978-7-5661-4663-2
定　　价 49.80 元
http://www.hrbeupress.com
E-mail:heupress@hrbeu.edu.cn

前　言

党的二十大报告指出，“坚持尊重劳动、尊重知识、尊重人才、尊重创造，实施更加积极、更加开放、更加有效的人才政策”“着力形成人才国际竞争的比较优势，加快建设国家战略人才力量”“深化人才发展体制机制改革……把各方面优秀人才集聚到党和人民事业中来”。

Access 数据库不仅是 Office 套件产品之一，也是一种高效的、功能强大的关系型数据库管理系统。本书作为数据库技术的入门教材，期望带领读者进入“数据库之门”，掌握数据库管理数据的思想、方法和技术，培养以“抽象与自动化”为核心的计算思维能力，熟练使用简单好用的 Access 数据库管理系统创建和管理关系数据库，解决数据管理的现实问题。本书特色如下。

（1）本书体系结构完整，由浅入深地对 Access 数据库进行了全面细致的讲解，帮助读者快速掌握 Access 数据库的基础知识。同时，每个项目结尾处都添加了项目小结和项目习题，每个习题都具有很强的可操作性和实用性，便于学生巩固所学知识和加强综合应用能力。

（2）本书是一本可操作性很强的技能实例手册，读者通过书中的实例可以逐步掌握 Access 数据库的核心技能与操作技巧，快速成长为 Access 数据库高手。

（3）本书对 Access 数据库的讲解进行了全程式图解，通过大量的辅助图片让课程内容变得更加通俗易懂，使读者可以一目了然，快速领会所学知识，大大提高学习效率，且印象更加深刻。

本书由戚锦华、母明、戚博雯担任主编，由曹仕辉、熊布庭、袁华担任副主编，由陈继红、胡橘担任主审。本书的相关资料和售后服务可扫封底微信二维码或登录 www.bjzzwh.com 下载获得。

由于编者水平有限，书中难免存在疏漏和不当之处，敬请各位专家及读者批评指正。

编　者

目　　录

项目 1　Access 基本知识

项目 2　数据库的设计与操作

项目 3　数据表的创建与使用

项目 4　查询的创建与使用

项目 5　宏的创建与使用

项目 6　报表的创建与使用

项目 7　窗体的创建与使用

项目 8　Access 在人力资源管理中的应用

项目 1　Access 基本知识

项目概述

Access 数据库是 Microsoft 公司于 1994 年推出的微机数据库管理系统，具有界面良好、易学易用、开发简单，接口灵活等特点，是典型的新一代桌面数据库管理系统。本项目将讲解 Access 数据库的一些基础知识，带领读者快速入门。

学习目标

- 熟悉 Access 数据库概述。
- 了解 Access 数据库的术语。
- 熟悉 Access 数据库的基本操作。

思政目标

- 培养学生创新思维能力和实践能力，提高操作水平。
- 带领学生感知和体验 Access 基本操作，提高学生的实践能力。

任务 1　Access 数据库概述

任务概述

Access 是简便、实用的数据库管理系统，给用户提供了大量的工具和向导， Access 是关系型数据库、易于使用、适合小型业务。其中，Access 作为关系型数据库，意味着通过表格来存储数据，这些表格之间可以通过关系进行关联。 本任务重点讲解 Access 数据库的相关知识。

任务重点与实施

1.1.1　Access 产品简介

自 Microsoft 公司研制开发出 Access 1.0 以来，Access 就以其简单易学的优势使得用户不断增加，这也让它成为流行的数据库管理系统软件之一。

Access 2000 是 Office 2000 系列办公软件中的产品之一，是微软公司出品的优秀的桌面数据库管理和开发工具。Microsoft 公司首次将汉化的 Access 2000 中文版加入 Office 2000 中文版套装软件中，使得 Access 在我国得到了更加广泛的应用。

此后，Microsoft 公司陆续推出了 Access 2003、Access 2007、Access 2010、Access 2013、Access 2016、Access 2019、Access 2020 和 Access 2021 等版本。新版本在原有基础上进行了改进，增加了一些重要的特性，使其功能更加完善、页面更加友好。

1.1.2 Access 的功能

Access 属于小型桌面数据库系统，是管理和开发小型数据库系统的实用型工具。Access 可以在一个数据库文件中通过以下六个对象对数据进行管理，从而实现高度信息管理和数据共享。

（1）数据表：存储数据。

（2）查询：查找和检索所需的数据。

（3）窗体：查看、添加和更新数据库的数据。

（4）报表：以特定的版式分析或打印数据。

（5）宏：执行各种操作，控制程序流程。

（6）模块：处理、应用复杂的数据信息的处理工具。

只要在 Access 数据表中保存一次数据，就可以从数据表、查询、窗体、报表和数据访问页等多个角度查看到数据。由于数据的关联性，在修改某一处的数据时，所有出现此数据的地方均会自动更新。

Access 有许多方便快捷的工具和向导，如表生成器、查询生成器、窗体生成器、表达式生成器、数据库向导、表向导、查询向导、窗体向导和报表向导等。利用这些工具和向导，可以建立功能较为完善的中小型数据库应用系统。

1.1.3 Access 的特点

Access 在数据库的管理上，除了保持原有的功能特性之外，还做了进一步的扩展和更新，使操作更加灵活方便，用户能更有效地进行合作与交流，具体体现在以下几个方面。

1．查看有关对象相关性的信息

在 Access 中可以非常方便地查看数据库对象之间的相关性信息。查看使用特定对象的对象列表可以有助于开发人员随时对数据库进行维护，并可避免产生丢失记录源相关性信息错误。数据库对象间的相关性信息就是在各个数据库对象之间同为数据处理而建立的关系。

例如，在一个教学管理数据库系统中，由于情况的变化，现在已不再需要“经管系”查询，但在删除前，可能希望知道数据库中还有哪些对象在使用该查询，进而在删除“经管系”查询前，更改相关对象的记录源或删除数据。

2．窗体和报表中的错误检查

操作过程中，启动错误检查之后，系统会在设计窗体和报表的过程中不断监控使用者的行为，帮助避免一些不必要的错误，从而节省设计时间。

3．数据库信息的检查分析

数据库信息的检查分析

Access 中为用户提供了一些数据库工具，用户可以利用相关的工具检查和分析数据库信息。例如，可以通过如下操作，利用“分析性能”功能对某个数据表进行分析，看看系统是否会提出调整建议，具体方法如下。

Step 01 进入 Access 的数据库信息编辑页面，单击“数据库工具”功能区中的“分析性能”按钮，如图 1-1 所示。

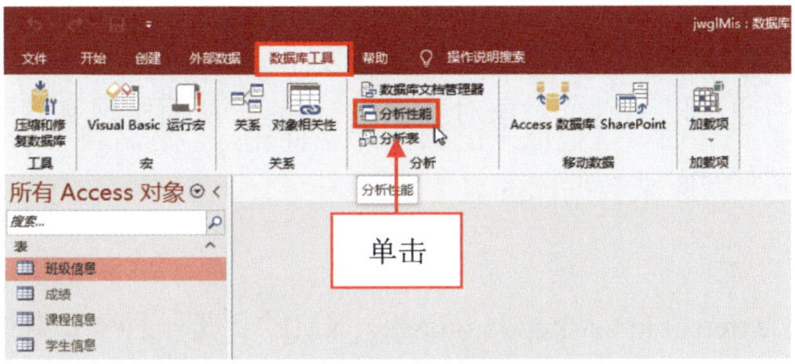

图 1-1　单击“分析性能”按钮

Step 02 执行操作后，会弹出“性能分析器”对话框，选中对应数据库内容前方的复选框；单击“确定”按钮，如图 1-2 所示。

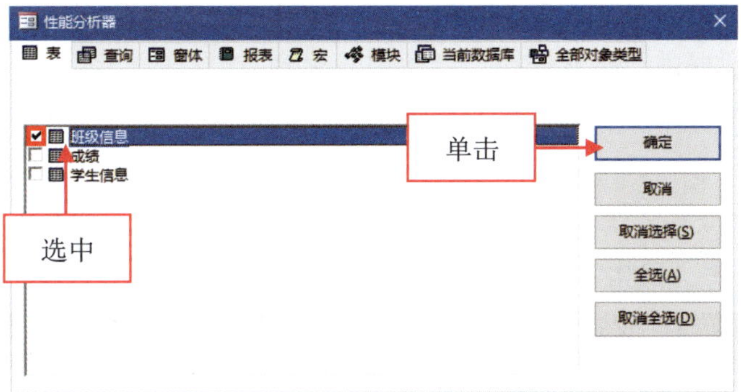

图 1-2　单击“确定”按钮

Step 03 执行操作后，会弹出新的“性能分析器”对话框，该对话框中会根据所选内容给出改进建议，如果没有改进建议，会显示“性能分析器没有改进所选对象的建议”，如图 1-3 所示。

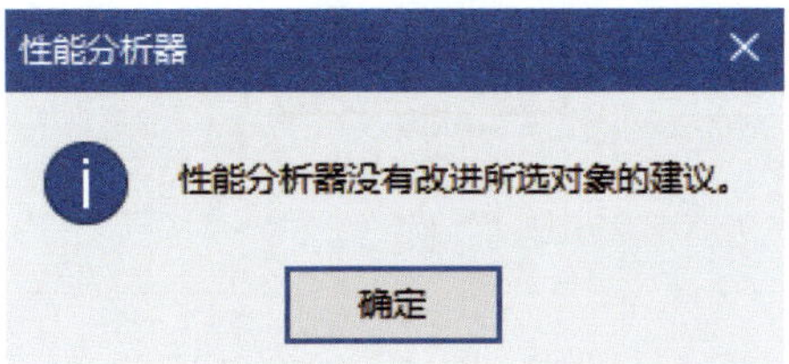

图 1-3　显示“性能分析器没有改进所选对象的建议”

4．传播字段属性

在 Access 的早期版本中，修改一个表的字段的被继承属性后，用户必须及时手动修改各个窗体和报表中相应控件的属性，这是一个耗时耗力并且容易出错的工作。

在 Access 中，修改“表”设计视图中的被继承字段属性时，Access 将显示一个选项符号，此选项符号可以让用户方便地更新全部或部分绑定到该字段的控件属性，而不需要再手动修改每一个相关的属性了。

5．备份和还原 Access 文件

Access 提供了备份 Access 数据库和 Access 项目的功能，并推荐用户在对数据库或者项目进行较大的改动之前首先备份，该备份将保存在默认的备份位置或当前文件夹中。

需要还原 Access 数据库时，就把原来的数据库文件删除，然后将备份的副本复制到数据库所在的文件夹，最后更改为原来数据库的名字即可。

6．XML 支持

可扩展标记语言（extensible markup language，XML），是一种类似超文本标记语言（hyper text markup language，HTML）的用来描述数据的语言。Access 数据库支持对 XML 数据的操作是为了数据的可扩展性，适用不同应用的需要。Access 能够导入 XML 数据或将数据导出到 XML 时指定转换文件（转换文件是指 XML 文件格式与 Access 数据文件格式的转换），并自动应用转换。

当用户导入 XML 数据时，数据一经导入，在创建任何新表或追加到现有表之前，系统会对数据进行格式转换。将数据导出到 XML 时，系统会在导出操作之后随即应用转换。通常，在 Access 中可以通过如下操作将数据库文件转化为 XML 文件。

导出 XML 文件

Step 01 进入 Access 的数据库信息编辑页面，单击“外部数据”功能区中的“其他”按钮；选择“XML 文件（L）”选项，如图 1-4 所示。

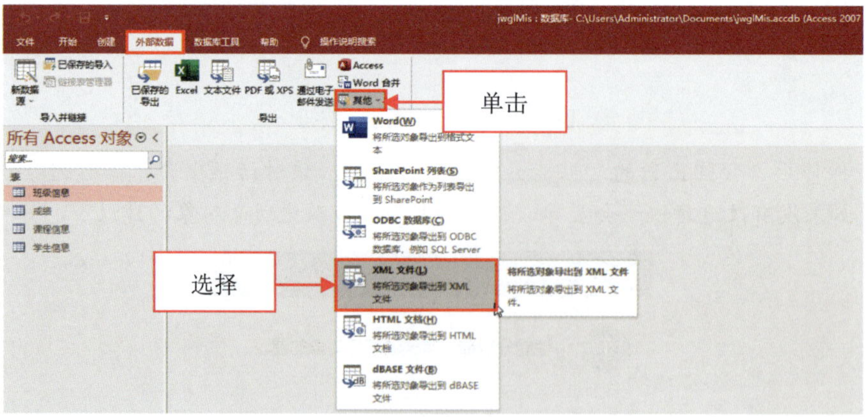

图 1-4　选择“XML 文件（L）”选项

Step 02 执行操作后，会弹出“导出-XML 文件”对话框，在该对话框中输入文件名；单击“确定”按钮，如图 1-5 所示。

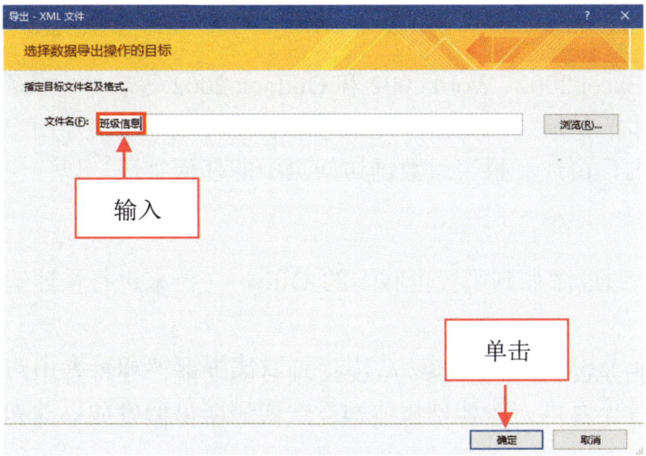

图 1-5　单击“确定”按钮

Step 03 执行操作后，会弹出新的“导出 XML”对话框，选中要导出的信息前方的复选框；单击“确定”按钮，如图 1-6 所示。

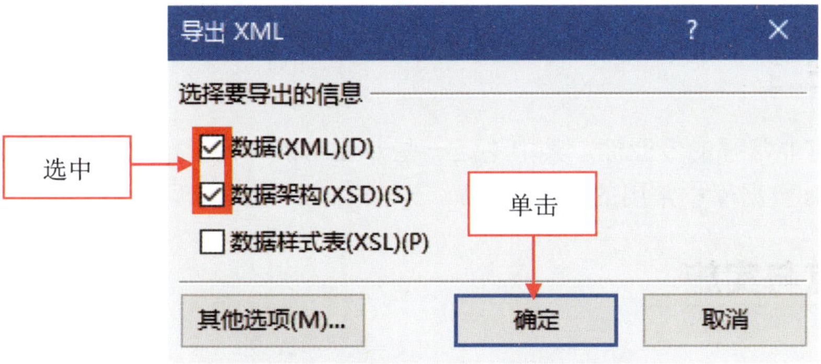

图 1-6　单击“确定”按钮

Step 04 执行操作后，会弹出“导出-XML 文件”对话框，如果显示“保存导出步骤”的相关信息，就说明 XML 文件导出成功了，如图 1-7 所示。

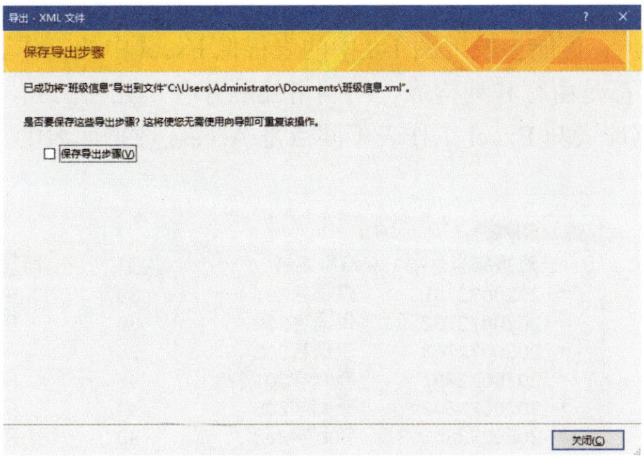

图 1-7　XML 文件导出成功

7. 智能标记

智能标记技术在 Excel 2002、Word 2002 和 Outlook 2002 等软件中就得到了应用，现在该技术的应用得到了进一步的扩展。Access 中增加了“智能标记”功能，用户可以将智能标记添加到数据库中的表、查询、窗体、报表或数据访问页中的任何字段，以便快速访问。

8. 其他特点

（1）Access 可以通过添加到平板电脑上的 Office 文档来进行快速输入，操作起来就像使用笔和打印输出一样。

（2）Access 增强了控件的排序功能，用户可以使用窗体和报表中的向导功能，指定多个字段的升序或降序的排序方式。添加到这些向导中的排序页的外观以及功能都与“报表向导”中的排序页非常相似。

任务 2　Access 数据库的术语

任务概述

Access 数据库具有非常强的专业性，其中不乏一些专业术语。为了帮助读者更好地理解，本任务主要讲解 Access 数据库中常用的一些术语。

任务重点与实施

1.2.1　表

表是 Access 数据库中用来存储数据的常见容器，每个表存储的都是单个实体（即客观存在的真实事物）的信息。图 1-8 为用 Access 数据库制作的班级信息表，该表中的数据就是用来描述班级信息的。

使用过 Excel 的用户，可能会发现图 1-8 中的表很像 Excel 中的工作表。Access 数据库表与 Excel 工作表的相同点都是由行和列构成，用网格线隔开各单元格的表，并且表中的单元格可添加数据；Access 数据库表与 Excel 工作表不同点是 Access 数据库表的每一行代表一个记录，每一列代表一个字段。

班级信息

班级编号	班级名称	人数	所属系部
2020072701	汉语言201	38	中文系
2020072702	汉语言202	36	中文系
2020072703	汉语言203	35	中文系
2020072801	新闻学201	45	中文系
2020072802	新闻学202	44	中文系
2020072803	新闻学203	40	中文系

图 1-8 用 Access 数据库制作的班级信息表

1.2.2　记录

数据工作表被分为行和列，行称为记录，列称为字段。每条记录都被看作一个单独的实体，用户可以根据自身需要对其中的信息进行存取或者排列。例如，图 1-8 所示表格中便显示了 6 条记录。

1.2.3　字段

在 Access 数据库表中同一列数据具有相似的信息，例如，产品 ID、产品名称、供应商和类别，这些数据的列条目就是字段。每个字段通过明确的数据类型来识别，常见的数据类型有文本型、数字型、货币型或者日期型，字段具有特定的长度，每个字段在顶行有一个表明其具体信息类别的名字。

1.2.4　值

值是指 Access 数据库表中行和列交叉处的数据，即每个单元格中的信息。图 1-8 所示数据表中，第 4 条记录中“人数”字段上的值为 45。

任务 3　Access 的基本操作

任务概述

Access 的易用性体现在其用户友好的界面和丰富的模板库。用户友好界面、丰富的模板库、拖放操作、向导功能。用户友好界面让用户可以通过图形化的方式管理数据库，而不需要深入了解数据库技术。

任务重点与实施

1.3.1　Access 的安装

可以在微软官网中搜索 Access 的安装包，然后单击安装包中的应用程序安装该软件。通常，Access 的安装操作步骤如下。

Access 的安装

Step 01 单击安装包中的应用程序，如果弹出 Office 对话框，并显示“We’re getting things ready”（即正在读取），就说明系统正在做准备了，如图 1-9 所示。

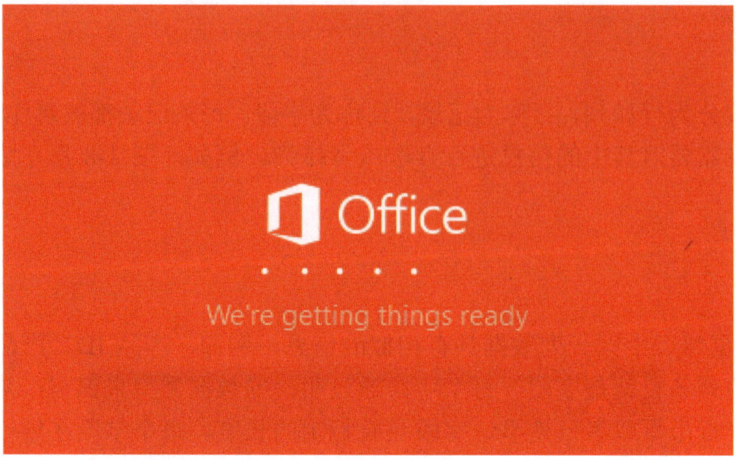

图 1-9　显示“We’re getting things ready”

Step 02　随后会弹出 Microsoft 对话框，该对话框中会显示 Office 的下载进度，如图 1-10 所示，只需等待下载完成即可。

Step 03　下载完成后，如果 Microsoft 对话框中显示“一切已就绪！”，就说明 Access 安装成功了，如图 1-11 所示。

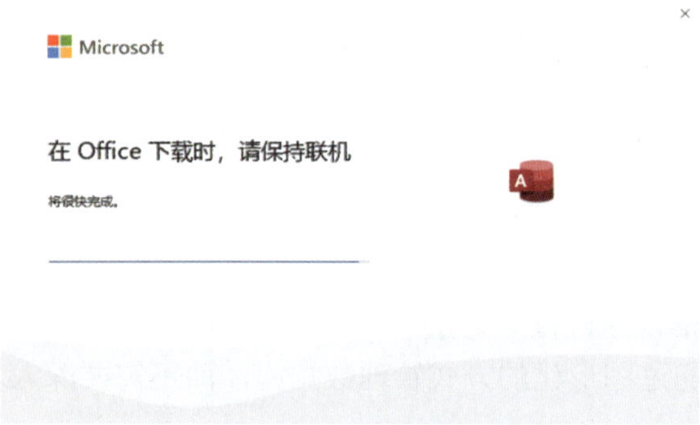

图 1-10　显示 Office 的下载进度

图 1-11　Access 安装成功

1.3.2　Access 的启动

安装完成后，便可以启动 Access，准备使用该软件创建数据库并编辑相关信息了。通常，Access 安装完成后，依次单击电脑桌面左下方的图标和图标，如图 1-12 所示。执行操作后，如果 Access 启动，并进入 Access 的默认页面，就说明该软件启动成功了。此时，便可使用 Access 进行数据库的相关操作了。班级信息 Access 数据库表，如图 1-13 所示。

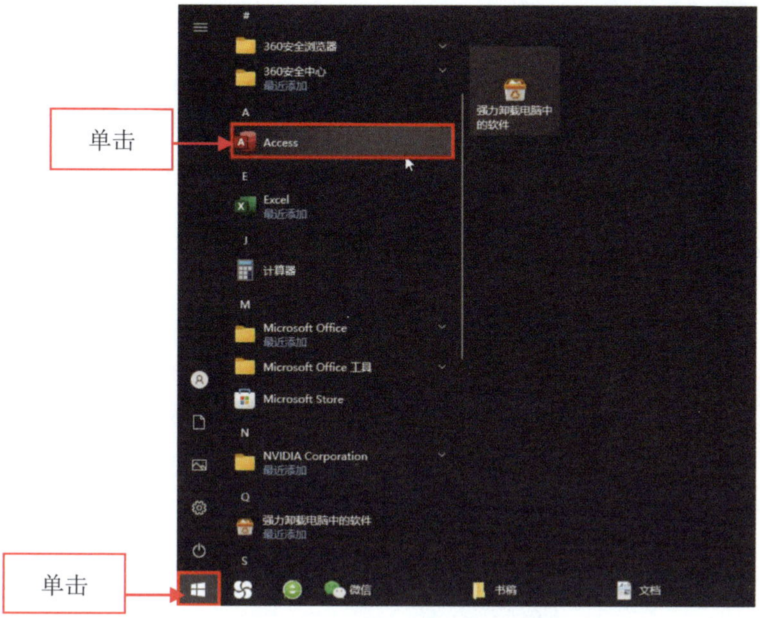

图 1-12　单击图标

班级信息

班级编号	班级名称	人数	所属系部
2021072701	汉语言211	41	中文系
2021072702	汉语言211	42	中文系
2021072703	汉语言213	42	中文系
2021072801	新闻学211	40	中文系
2021072802	新闻学212	41	中文系
2021072803	新闻学213	41	中文系

图 1-13　班级信息 Access 数据库表

1.3.3　设置 Access 常规信息

用户可以通过“Access 选项”对 Access 的一些常规信息进行设置，让其更适合自身的操作要求。例如，在 Access 中创建空白数据库时，会将文件格式默认为 Access 2007-2016，而该文件格式的文档用低版本的 Access 是无法打开的。此时，便可以通过如下操作设置空白数据库的默认文件格式。

Step 01　单击 Access 默认界面中的“选项”按钮，会弹出“Access 选项”对话框，单击该对话框中“空白数据库的默认文件格式（F）：”右侧的图标，在弹出的列表框中，选择对应文件格式的选项，如图 1-14 所示。

Step 02　执行操作后，“空白数据库的默认文件格式(F)：”的右侧会显示刚刚选择的文件格式，此时只需单击“Access 选项”对话框中的“确定”按钮，如图 1-15 所示，即可完成空白数据库的默认文件格式设置。

图 1-14　选择对应文件格式的选项

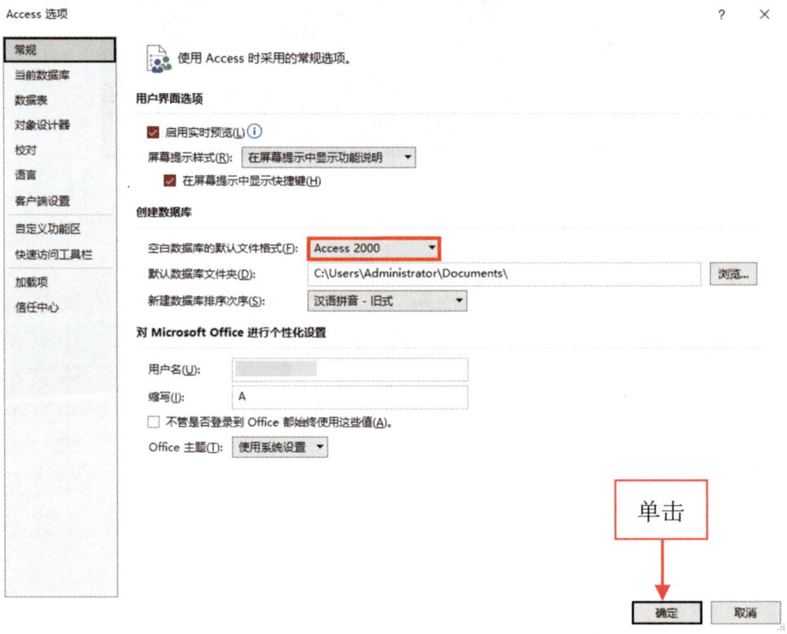

图 1-15　单击“确定”按钮

1.3.4　设置当前数据库信息

设置当前数据库信息

除了常规信息之外，用户还可以通过“Access 选项”对话框设置当前数据库的相关信息。Access 的文档窗口默认会以选项卡的形式进行展示，而有的用户可能更习惯用重叠窗口编辑文档，此时便可以通过如下操作设置文档窗口的展示方式。

Step 01 单击“Access 选项”对话框中的“当前数据库”按钮，切换至对应选项卡，选中“重叠窗口（O）”前方的单选按钮，单击“确定”按钮，如图 1-16 所示。

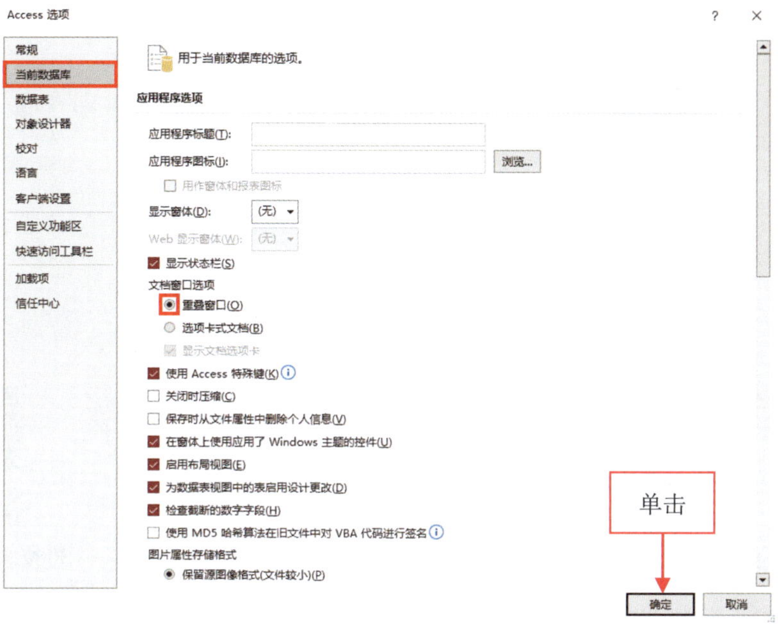

图 1-16　单击“确定”按钮（1）

Step 02 执行操作后，会弹出“Microsoft Access”对话框，单击对话框中的“确定”按钮，如图 1-17 所示，即可完成文档窗口展示方式的设置。

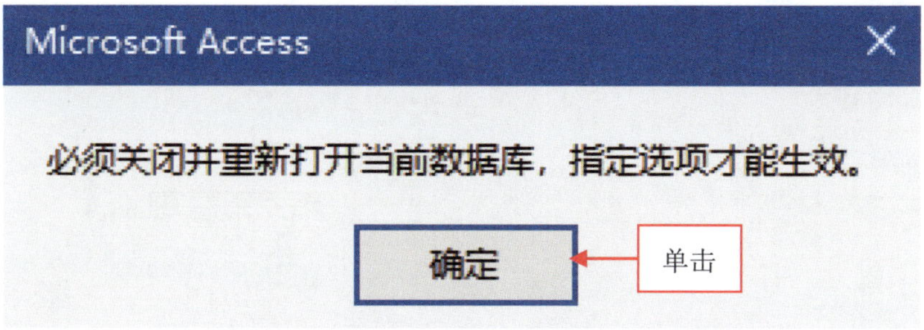

图 1-17　单击“确定”按钮（2）

通常，同样是同时在 Access 中打开两个表格，以选项卡的形式展示表格时，会分别显示两个表格的标题，如图 1-18 所示。而以重叠窗口的形式展示表格时，只会展示后打开的表格的内容，如图 1-19 所示。

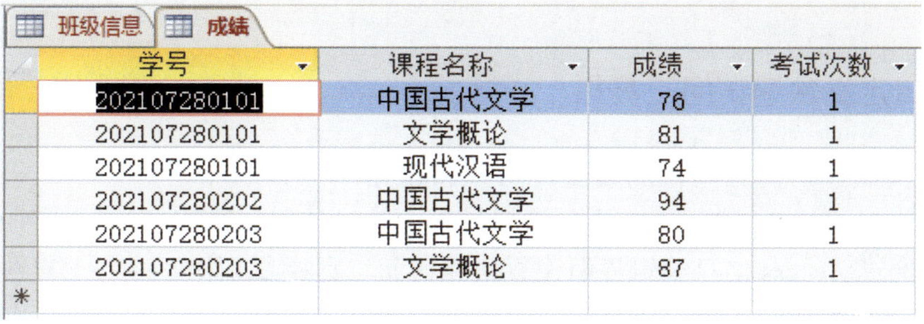

学号	课程名称	成绩	考试次数
202107280101	中国古代文学	76	1
202107280101	文学概论	81	1
202107280101	现代汉语	74	1
202107280202	中国古代文学	94	1
202107280203	中国古代文学	80	1
202107280203	文学概论	87	1

图 1-18　以选项卡的形式展示表格

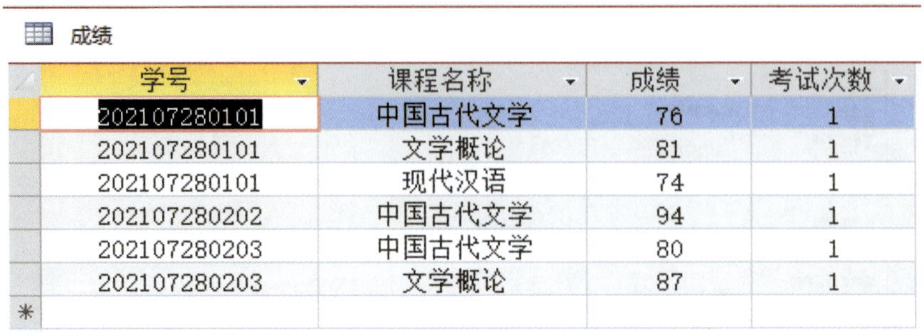

成绩

学号	课程名称	成绩	考试次数
202107280101	中国古代文学	76	1
202107280101	文学概论	81	1
202107280101	现代汉语	74	1
202107280202	中国古代文学	94	1
202107280203	中国古代文学	80	1
202107280203	文学概论	87	1

图 1-19　以重叠窗口的形式展示表格

1.3.5　设置客户端的相关信息

设置客户端的相关信息

除了常规信息和当前数据库信息之外，用户还可以设置客户端的相关信息。例如，用户可以通过如下操作设置 Access 启动时自动打开上一次使用的数据库。

Step 01 单击“Access 选项”对话框中的“客户端设置”按钮，切换至对应选项卡，如图 1-20 所示。

Step 02 滚动鼠标滚轮，选中“高级”选项区中“Access 启动时打开上次使用的数据库（L）”前方的复选框，单击“确定”按钮，如图 1-21 所示。

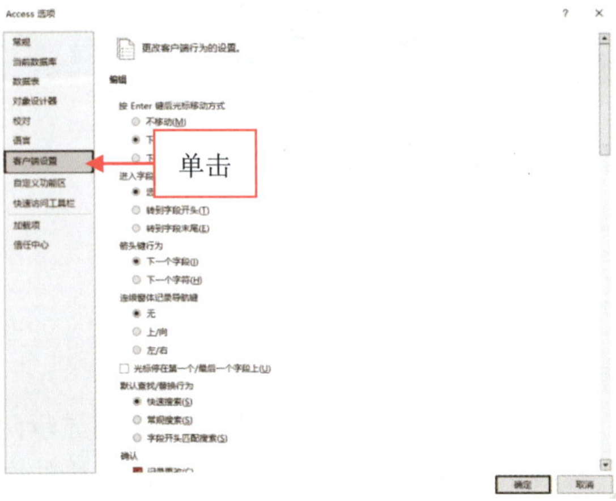

图 1-20 单击“客户端设置”按钮

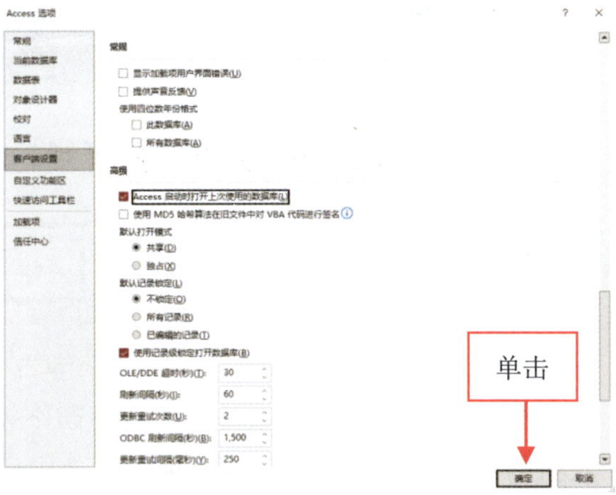

图 1-21　单击“确定”按钮

1.3.6　设置自定义快速访问工具栏

设置自定义快速访问工具栏

通过自定义快速访问工具栏的设置，可以将常用的工具添加至 Access 信息编辑界面的功能区上方，方便编辑过程中随时使用。例如，用户可以直接通过 Access 信息编辑界面设置快速访问工具栏，具体操作方法如下。

Step 01 进入 Access 的信息编辑界面，单击功能区上方的“自定义快速访问工具栏”图标，如图 1-22 所示。

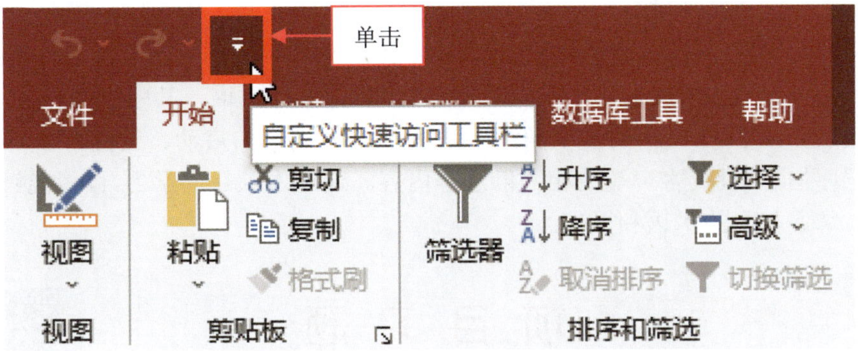

图 1-22　单击“自定义快速访问工具栏”图标

Step 02 执行操作后，会弹出一个列表框，选择要添加的访问工具对应的选项，如“打开”选项，如图 1-23 所示。

图 1-23　选择“打开”选项

Step 03 执行操作后，如果 Access 信息编辑界面功能区的上方显示对应的图标，就说明快速访问工具添加成功了，如图 1-24 所示。

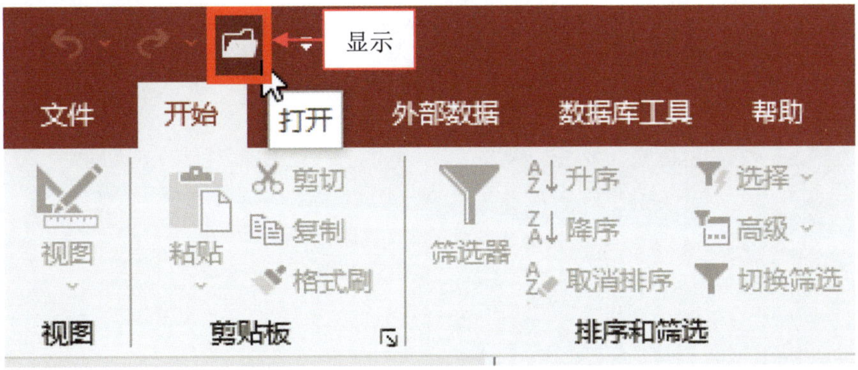

图 1-24　快速访问工具添加成功

项 目 小 结

本项目主要介绍了 Access 基本知识，首先介绍了 Access 数据库及其发展，包括 Access 产品简介、Access 的功能及特点；其次介绍对 Access 数据库的术语，其中包括表、记录、字段、值的认识；最后介绍了 Access 的基本操作，包括 Access 安装与启动、设置 Access 常规信息、设置当前数据库信息、设置客户端的相关信息等内容。通过本项目的学习，读者能够了解 Access 的产品功能，掌握基本的术语和操作。

项 目 习 题

为了帮助读者更好地掌握本项目所学的知识，下面通过一些课后习题对所学的重点内容进行巩固。

1．数据库的常见模型有哪些？

2．设计数据库模型要做好哪些工作？

3．图 1-25 所示的班级信息 Access 数据库表中有多少条记录、多少个字段？第 3 条记录中“班级名称”字段上的值是什么？

班级信息

班级编号	班级名称	人数	所属系部
2021072701	汉语言211	41	中文系
2021072702	汉语言211	42	中文系
2021072703	汉语言213	42	中文系
2021072801	新闻学211	40	中文系
2021072802	新闻学212	41	中文系
2021072803	新闻学213	41	中文系

图 1-25　班级信息 Access 数据库表

项目 2　数据库的设计与操作

项目概述

了解了数据库和 Access 的基本知识之后，便可以对数据库进行设计和相关操作了。本项目将主要讲解数据库的设计与操作技巧，帮助读者快速创建自己的数据库。

学习目标

- 掌握数据库的设计方法。
- 熟悉数据库的操作方法。

思政目标

- 培养学生社会主义核心价值观，提高心理素质和生活幸福感，更好地面对挫折和困难。
- 培养学生的品德修养、道德意识和道德行为规范，培养积极向上、乐于助人、诚实守信等良好品质。

任务 1　数据库的设计

任务概述

在创建数据库之前，需要先对数据库进行一番设计。本任务将重点讲述数据库设计与操作。

任务重点与实施

2.1.1　数据库设计问题的引出

分析表 2-1 所示的学生成绩表，引出数据库设计问题。

表 2-1　学生成绩表

学　号	姓名	性别	籍贯	民族	班级名称	班主任	课程编号	课程名称	学分	成绩
202107280101	王巧	女	广东	汉	信管 211	吴明	202106	面向对象程序设计	3	74

（续表）

学　号	姓名	性别	籍贯	民族	班级名称	班主任	课程编号	课程名称	学分	成绩
202107280101	王巧	女	广东	汉	信管 211	吴明	202107	微机组装与维护	2	82
202107280101	王巧	女	广东	汉	信管 211	吴明	202108	网页设计与制作	3	76
202107280202	唐艳	女	湖南	苗	信管 212	张英	202107	微机组装与维护	2	90
202107280203	陈浩	男	福建	蒙古	信管 212	林萍	202107	微机组装与维护	2	80
202107280203	陈浩	男	福建	蒙古	信管 213	林萍	202108	网页设计与制作	3	86

表 2-1 所示的一张成绩表包含了学生数据、班级数据、课程数据和成绩数据，由于在一张数据表中包含了多种不同主题的数据，所以会出现以下问题。

1．数据冗余

由于王巧同学选修了三门不同的课程，所以王巧同学的个人信息（如学号、姓名、性别、籍贯、民族、班级名称）重复存储了三次。另外，陈浩同学的个人信息重复存储了两次。

同样，王巧、唐艳、陈浩三位同学都选修了“微机组装与维护”这门课程，所以这门课程的信息（如课程编号、课程名称、学分）也被重复存储了三次。另外，“网页设计与制作”这门课程的信息也被重复存储了两次。

一个数据表出现了大量不必要的重复数据，称为数据冗余。在设计数据时，应尽量减少数据冗余。

2．修改异常

如果数据表中存在大量的数据冗余，当修改某些数据项时，可能有一部分数据被修改，另一部分数据却没有被修改。例如，将表 2-1 前两条记录中的“王巧”修改为“王林”，而第 3 条记录不修改，这样就会出现一个学号对应两个姓名，从而出现修改异常。

3．插入异常

如果要新增一门课程，而该课程还没有被学生选修，那么该课程可能无法插入数据表中。例如，当表 2-1 中的学号为主关键字（也称为“主键”，它是一个或多个字段的集合，是数据表中存储的每一条记录的唯一标识）时，如果新增课程中没有学号信息，那么数据库系统会拒绝该新增课程信息的录入。

4．删除异常

如果删除表 2-1 中第 4 条记录，此时“唐艳”的个人信息也一起被删除了，这样就无法找到这个学生的个人信息了。

经过以上分析可以发现，表 2-1 不仅存在数据冗余，而且可能会出现多种异常情况。设计数据库时如何消除这些问题，设计出结构合理、功能齐全的数据库，满足用户需求，是本任务要探讨的主要问题。

2.1.2　数据库设计的基本原则

设计数据库时要综合考虑多个因素，权衡各自利弊确定数据表的结构。通常，数据库的基本原则有以下几条。

（1）把具有同一个主题的数据存储在一个数据表中，也就是“一表一用”的设计原则。

（2）尽量消除包含在数据表中的冗余数据，但并不是必须消除所有的冗余数据，有时为了提高访问数据库的速度，可以保留必要的冗余，以减少数据表之间的连接操作。

（3）数据库要达到第三范式（即表中的所有数据不但要能唯一被主关键字标识，而且它们之间必须相互独立，不存在其他的函数关系），因为第三范式的关系模式中不存在非主属性对主关键字的不完全函数依赖和传递函数依赖关系，最大限度地消除了数据冗余和修改异常、插入异常，具有较好的性能，基本能满足关系规范化的要求。在设计数据库时，如果片面地提高关系的范式等级，并不一定能够产生合理的数据库设计方案，原因是范式的等级越高，存储的数据就需要分解为更多的数据表，访问数据表时总是涉及多表操作，会降低访问数据库的速度。从实用角度来看，大多数情况下，数据库达到第三范式比较恰当。

（4）在关系型数据库中，各个数据表之间的关系只能为一对一和一对多，其中多对多的关系必须转换为一对多的关系来处理。

（5）设计数据表的结构时，应考虑数据表的结构在未来可能会发生变化，保证数据表结构的动态适应性。

2.1.3　数据库设计的一般步骤

数据库设计一般分为四个阶段：用户需求分析、概念结构设计、逻辑结构设计和物理结构设计。

1．用户需求分析

首先，调查用户的需求，包括用户的数据要求、加工要求和对数据安全性、完整性的要求，通过对数据流程及处理功能的分析，明确以下几个问题。

（1）数据类型及其表示。

（2）数据间的联系。

（3）数据加工的要求。

（4）数据量大小。

（5）数据的冗余度。

（6）数据的完整性、安全性和有效性。

其次，在详细调查的基础上，确定各个用户对数据的使用要求，具体如下。

（1）分析用户对信息的需求

分析用户希望从数据库中获得哪些有用的信息，从而可以推导出数据库中应该存储哪些数据，并由此确定数据类型、数据长度和数据量等。

（2）分析用户对数据加工的要求

分析用户对数据的加工处理要求，如查询要求、响应时间要求，以及对数据库保密性、安全性、完整性等方面的要求。

（3）分析系统的约束条件和选用的技术指标体系

分析现有系统的规模、结构、资源和地理分布等限制或约束条件，了解所选用的数据库管理系统的技术指标，例如，选用 Microsoft Access 必须了解 Access 允许的最多字段数、最多记录数、最大记录长度、文件大小和系统所允许的数据库容量等。

2．概念结构设计

概念结构设计的主要工作是根据用户需求设计概念性数据模型。概念模型是一个面向问题的模型，它独立于具体的数据库管理系统，从用户的角度看待数据库，反映用户的现实环境，与将来数据库如何实现无关。概念模型设计的典型方法是实体-联系方法（entity-relationship，E-R）。

E-R 方法使用 E-R 图来描述现实世界，E-R 图包含三个基本成分：实体、联系和属性。E-R 图直观易懂，能够比较准确地反映现实世界的信息联系，且能从概念上表示一个数据库的信息组织情况。

（1）实体：指客观世界存在的事物，可以是人或物，也可以是抽象的概念。例如，学校中的班级、学生、课程都是实体。E-R 图中用矩形框表示实体。

（2）联系：指客观世界中实体与实体之间的联系，联系的类型有三种：一对一（1∶1）、一对多（1∶N）和多对多（M∶N）。E-R 图中用菱形框表示实体间的联系。例如，学校与校长为一对一的关系；班级与学生为一对多的关系，一个班级有多个学生，每个学生只属于一个班级；学生与课程之间为多对多的关系，一个学生可以选择多门课程，一门课程可以有多个学生选择，其 E-R 图如图 2-1 所示。

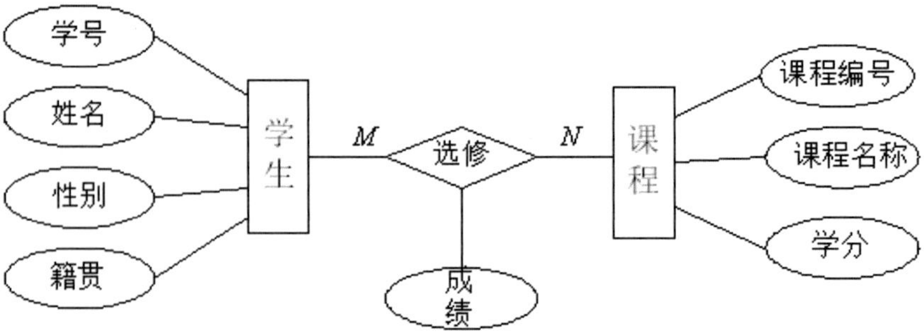

图 2-1　学生与课程之间的 E-R 图

（3）属性：是指实体或联系所具有的性质。例如，学生实体可由学号、姓名、性别和籍贯等属性来刻画。E-R 图中用椭圆表示实体的属性。

3．逻辑结构设计

逻辑结构设计的任务是设计数据的结构，把概念模型转换成所选用的数据模型。在由概念结构向逻辑结构的转换中，必须考虑数据的逻辑结构是否包括处理要求的所有关键字段，所有数据项和数据项之间的关系，数据项与实体之间的关系，实体与实体之间的关系以及各个数据项的使用频率等问题，以便确定各个数据项在逻辑结构中的地位。

4．物理结构设计

数据库的物理结构设计是在逻辑结构设计的基础上，进一步设计数据模型的一些物理细节，为数据模型确定合适的存储结构和存取方法，其出发点是如何提高数据库系统的效率。

2.1.4　数据库设计举例

下面以高校教务管理信息系统中的数据库设计为例加以说明。

1．用户需求分析

高校教务管理信息系统中的数据库应存储以下几个方面的数据。

（1）有关学生情况的数据，例如学号、姓名、性别、籍贯、学籍、政治面貌、民族、班级名称和身份证号码等。

（2）有关班级的数据，例如班级编号、班级名称、班级简称、年级、班级人数、班主任和所属系部等。

（3）有关课程的数据，例如课程编号、课程名称、开课学期、开课系部、授课时数、学分、课程类型和考核形式等。

（4）有关教师的数据，例如教师编号、教师姓名、性别、职称、学历、身份证号码、联系电话、所属部门、政治面貌、民族和籍贯等。

（5）有关学生成绩的数据，例如学号、课程编号、成绩、考试次数、是否补修、是否重考以及是否已确定成绩等。

高校教务管理信息系统中的数据库的主要处理有求总分、平均分，按平均分由高到低排序，统计成绩优秀的人数和不及格的人数等。要求查询的数据有学生数据、成绩数据和课程数据等。要求输出的报表有学生花名册、记分册、成绩表和不及格名单等。

2．概念结构设计

了解了用户需求的之后，就可以对数据进行建模，设计数据库的概念结构了。通常，在设计概念结构时需要重点做好以下工作。

（1）确定实体

高校教务管理信息系统应对学校中的班级、教师、学生和课程进行有效管理，掌握课程设置和教师授课情况，对学生成绩进行汇总、统计。通过需求分析后，可以确定该系统涉及的实体主要有部门、班级、学生、课程和教师。

（2）确定属性

列举各个实体的属性构成，例如学生的属性有学号、姓名、性别、籍贯、学籍、政治面貌、民族、班级名称和身份证号码等。

（3）确定实体联系类型

实体联系类型有三种，即一对一关系、一对多关系和多对多关系，可以通过分析确定各实体之间的联系。例如，系与系主任是一对一的关系，班级与学生是一对多的关系（一个学生只能属于一个班级，一个班级有多名学生），学生与课程是多对多的关系（一个学生可以选修多门课程，一门课程也可以被多个学生选修，每个学生选修某门课程都有一个成绩）。

（4）绘制局部 E-R 图

通过对数据流图的处理功能分析，分别绘制局部的 E-R 图。例如，绘制高校教务管理信息系统的 E-R 图时，可以分别绘制系与系主任的 E-R 图、教师与课程的 E-R 图、学生与课程的 E-R 图，如图 2-2 所示。

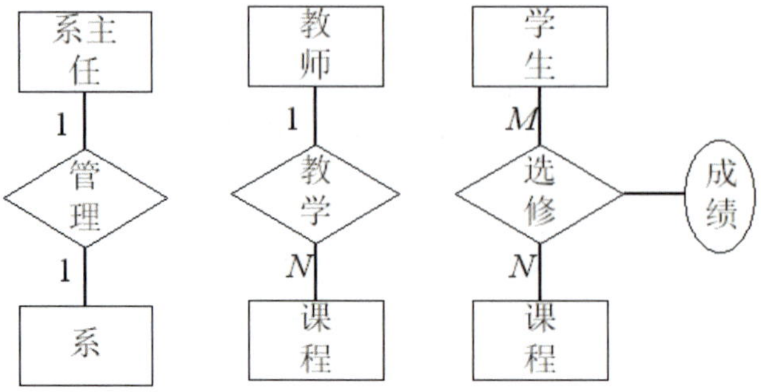

图 2-2　高校教务管理信息系统的 E-R 图

（5）获得总体 E-R 图

综合各局部 E-R 图，获得系统的总体 E-R 图。例如，可以将高校教务管理信息系统中教师、课程、学生三个实体的局部 E-R 图转化为总体 E-R 图，如图 2-3 所示。

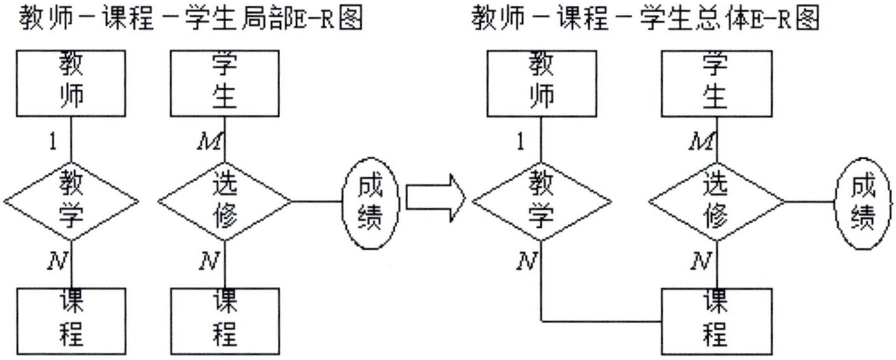

图 2-3　将高校教务管理信息系统的局部 E-R 图转化为总体 E-R 图

（6）获得概念模型

优化总体 E-R 图，确定最终总体 E-R 图，即概念模型。具体的优化方法是去掉重复的联系、剔除重复的属性、删除可导出数据以及保留基本数据。例如，可以将高校教务管理信息系统的总体 E-R 图转化为概念模型，如图 2-4 所示。

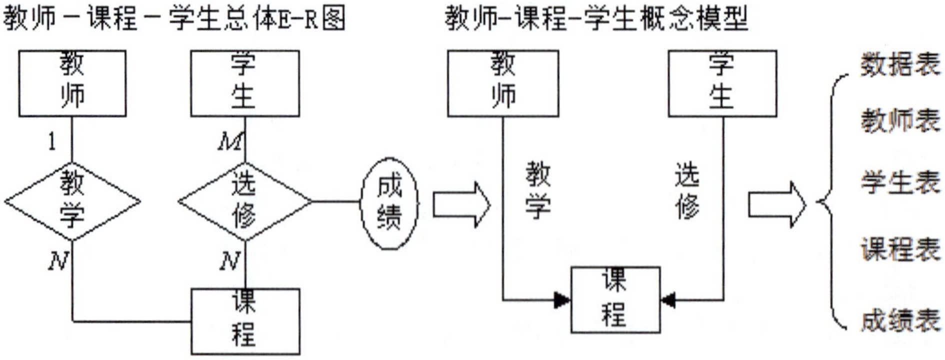

图 2-4　将高校教务管理信息系统的局部 E-R 图转化为总体 E-R 图

3．逻辑结构设计

逻辑结构设计主要是将 E-R 图转换为关系模式，设计关系模式时应符合规范化要求，例如每一个关系模式只有一个主题，每一个属性不可分解，不包含可推导或可计算的数据字段。通常，逻辑结构设计需要重点做好以下三个方面的工作。

（1）将实体转换为关系

将 E-R 图中的每一个实体转换为一个关系，实体名为关系名，实体的属性为关系的属性。例如，将图 2-3 中的教师实体转换为关系：教师（教师编号、教师姓名、性别、职称、学历、身份证号码、联系电话、所属部门、政治面貌、民族、籍贯），主关键字为教师编号；将学生实体转换为关系：学生（学号、姓名、性别、籍贯、学籍、政治面貌、民族、班级名称、身份证号码），主关键字为学号；将课程实体转换为关系：课程（课程编号、课程名称、开课学期、开课系部、授课时数、学分、课程类型、考核形式），主关键字为课程编号。

（2）将联系转换为关系

一对一的联系和一对多的联系不转换为关系。多对多的联系转换为关系的方法是将两个实体的主关键字抽取出来建立一个新关系，新关系中根据需要加入一些属性，新关系的主关键字为两个实体的关键字组合。

（3）进行关系的规范化处理

通过对关系进行规范化处理，对关系模式进行优化设计，获得更好的关系模式。假设有一个关系模式：成绩（学号、姓名、班级、课程编号、成绩），下面对该关系模式进行分析。该关系模式中每个属性不可再分，也没有重复的属性，它满足第一范式。

但该关系模式存在数据冗余之类的问题，例如同一个学生增加一门课程就会重复出现学号、姓名、班级，造成数据冗余。修改某个学生的姓名、班级，而其他的一些记录却没有修改，会造成数据不一致，出现更新异常。如果某个学生没有参加考试，那么他的学号、姓名、班级就不会输入，这就会造成数据的不完整，出现插入异常。如果删除某个学生所有的成绩，则该学生的学号、姓名、班级就会丢失，造成数据的不完整，出现删除异常。

该关系模式中姓名、班级完全依赖于学号，但成绩却依赖于“学号＋课程编号”，不满足第二范式。如果分解为两个关系：学生（学号、姓名、班级）和成绩（学号、课程编号、成绩），则可消除部分依赖，两个关系都满足第二范式。同时，分解后的两个关系不存在传递依赖，也满足第三范式。

为了便于分析数据库和数据表创建方法和技巧，对班级、学生、课程、成绩等关系模式进一步简化和优化，可以得到以下几个关系模式。

- 班级（班级编号、班级名称、人数、班主任、所属系部）。
- 学生（学号、姓名、身份证号码、性别、政治面貌编号、民族编号、学籍编号、籍贯编号、班级编号）。
- 课程（课程编号、课程名称、开课学期、开课系部、学分）。
- 成绩（学号、课程编号、成绩、考试次数）。
- 政治面貌（政治面貌编号、政治面貌）。
- 民族（民族编号、民族）。
- 学籍（学籍编号、学籍名称）。

- 籍贯（籍贯编号、籍贯）。

4．物理结构设计

以高校教务管理信息系统的数据库设计为例，数据库的物理设计主要包括以下内容。

（1）确定数据库文件和数据表的名称及其组成

首先，确定数据库文件的名称为 jwglMis.mdb，扩展名为.mdb。其次，确定该数据库所包括的数据表及其名称，jwglMis.mdb 数据库主要包括的数据表为：班级信息表、学生信息表、课程信息表和成绩表。

（2）确定各个数据表包括的字段以及所有字段的名称、类型、宽度和小数位数

通常，在确定数据表的字段时，要考虑以下问题。

- 每个字段直接和数据表的主题相关。必须确保数据表中的每个字段直接描述该表的主题，描述另一个主题的字段应属于另一个数据表。
- 不要包含可推导得到或通过计算可以得到的字段。例如，在“学生信息”表中可以包含“出生日期”字段，但不包含“年龄”字段，原因是年龄可以通过出生日期推算出来。本节中所设计的“学生信息”表由于已包含了“身份证号码”字段，所以不必包含“出生日期”字段，原因是出生日期可以通过身份证号码推算出来。
- 收集所需的完整信息。检查现有的单据或报表，确保过去所需要的数据都包含在数据表中，或者可由这些数据计算出来。
- 以最小的逻辑单元存储信息。应尽量把信息分解为比较小的逻辑单元，不要在一个字段中结合多种信息。

（3）确定关键字

通过主关键字，就可以唯一确定数据表中的每一条记录。例如，“学生信息”表中的“学号”是唯一的，但“姓名”可能会相同，所以“姓名”不能作为主关键字。

关系型数据库管理系统能够利用主关键字迅速查找多个数据表中的数据，并把这些数据组合在一起。确定主关键字时应注意以下几点。

- 不允许在主关键字中出现重复值或 Null 值。所以，不能选择包含有这类值的字段作为主关键字。
- 因为要利用主关键字的值来查找记录，所以主关键字不能太长，要方便记忆和输入。
- 主关键字的长度直接影响数据库的操作速度，因此在创建主关键字时，该字段值最好使用能满足存储要求的最小长度。

（4）确定数据库的各个数据表之间的关系

在 Access 数据库中，每个数据表都是一个独立的对象实体，本身具有完整的结构和功能。但是每个数据表不是孤立的，它与数据库中的其他表之间又存在联系。关系就是指连接数据表的纽带，它的存在可以使数据的处理和表达更加灵活。

5．数据库设计的优化

确定了所需数据表及其字段、关系后，应考虑进行优化，并检查可能出现的缺陷。一般来说，可从以下几个方面分析、检查数据表。

（1）所创建的数据表中是否带有大量的并不属于某个主题的字段？

（2）是否在某个数据表中重复出现了不必要的数据？如果是，则需要将该数据表分成两个一对多关系的数据表。

（3）是否遗忘了字段？是否有需要的信息没有包括？如果是，它们是否属于已创建的数据表？如果不包含在已创建的数据表中，就需要另外创建一个数据表。

（4）是否存在字段很多而记录却很少的数据表，而且许多记录中的字段值为空？如果是，要考虑重新设计该数据表，使它的字段减少、记录增加。

（5）是否有些字段由于对很多记录不适用而始终为空？如果是，则意味着这些字段是属于另一个数据表的。

（6）是否为每个数据表选择了合适的主关键字？在使用这个主关键字查找具体记录时，是否容易记忆和输入？要确保主关键字字段的值不会出现重复的记录。

表 2-2 至表 2-9 为“班级信息”“学生信息”“课程信息”和“成绩”四个数据表的表结构和数据记录。

表 2-2　“班级信息”数据表的表结构

序　号	字段名称	数据类型	字段大小	是否为主键	索　引
1	班级编号	短文本	255	是	有（无重复）
2	班级名称	短文本	255		
3	人数	数字（整型）	—		
4	班主任	短文本	255		
5	所属系部	短文本	255		

表 2-3　“班级信息”数据表的数据记录

班级编号	班级名称	人　数	班主任	所属系部
2021072701	计算机网络 211	38	吴明	信息系
2021072702	计算机网络 212	36	吴明	信息系
2021072703	计算机网络 213	35	张英	信息系
2021072801	计算机信息管理 211	45	吴明	信息系
2021072802	计算机信息管理 212	44	张英	信息系
2021072803	计算机信息管理 213	40	林萍	信息系

表 2-4　“学生信息”数据表的表结构

序　号	字段名称	数据类型	字段大小	是否为主键	索　引
1	学号	短文本	255	是	有（无重复）
2	姓名	短文本	255		

（续表）

序　号	字段名称	数据类型	字段大小	是否为主键	索　引
3	身份证号码	短文本	255		
4	性别	短文本	255		
5	政治面貌编号	短文本	255		
6	民族编号	短文本	255		
7	学籍编号	短文本	255		
8	籍贯编号	短文本	255		
9	班级编号	短文本	255		

表 2-5　“学生信息”数据表的数据记录

学号	姓名	身份证号码	性别	政治面貌编号	民族编号	学籍编号	籍贯编号	班级编号
202107280101	王巧	4402232002****0514	男	03	01	01	44	2021072801
202107280202	唐艳	4301242002****3267	女	01	06	02	43	2021072802
202107280203	陈浩	3507812002****7932	男	13	02	03	35	2021072802

表 2-6　“课程信息”数据表的表结构

序　号	字段名称	数据类型	字段大小	是否为主键	索　引
1	课程编号	短文本	255	是	有（无重复）
2	课程名称	短文本	255		
3	开课学期	短文本	255		
4	开课系部	短文本	255		
5	学分	数字（单精度型）	—		

表 2-7　“课程信息”数据表的数据记录

课程编号	课程名称	开课学期	开课系部	学　分
202106	面向对象程序设计	2	信息系	3
202107	微机组装与维护	2	信息系	2
202108	网页设计与制作	4	信息系	3

观察表 2-3、表 2-5 和表 2-7 中的各条数据记录，可以发现这三个表中的字段都属于同一个主题，没有出现重复的数据，并且都选择了合适的主关键字。这说明所确定数据表的结构是合适的，下一步就可以开始创建数据库和数据表了。

表 2-8　“成绩”数据表的表结构

序　号	字段名称	数据类型	字段大小	是否为主键	索　引
1	学号	短文本	255		
2	课程编号	短文本	255		
3	成绩	数字（单精度型）	—		
4	考试次数	数字（整型）	—		

表 2-9　“成绩”数据表的数据记录

学　号	课程编号	成　绩	考试次数
202107280101	202106	76	1
202107280101	202107	81	1
202107280101	202108	74	1
202107280202	202107	94	1
202107280203	202107	80	1
202107280203	202108	87	1

任务 2　数据库的操作

任务概述

设计数据库之后，就可以创建数据库，并将信息录入了。本任务将主要讲述数据库的基本操作，帮助读者快速掌握相关的操作技巧。

任务重点与实施

2.2.1 创建数据库

要对数据库进行操作，需要先创建数据库，只有这样才会有数据库可以操作。通常，在 Access 中，可以通过如下三种方法创建数据库。

通过“开始”选项卡创建数据库

1．通过“开始”选项卡创建数据库

单击 Access 的图标之后，会自动进入“开始”选项卡，可以通过如下操作，通过该板块创建数据库。

Step 01 进入 Access 默认页面的“开始”选项卡，单击对应模板的按钮，如“空白数据库”按钮，如图 2-5 所示。

图 2-5　单击“空白数据库”按钮

Step 02 执行操作后，会弹出“空白数据库”对话框，在该对话框中输入数据库的名称；单击图标，如图 2-6 所示。

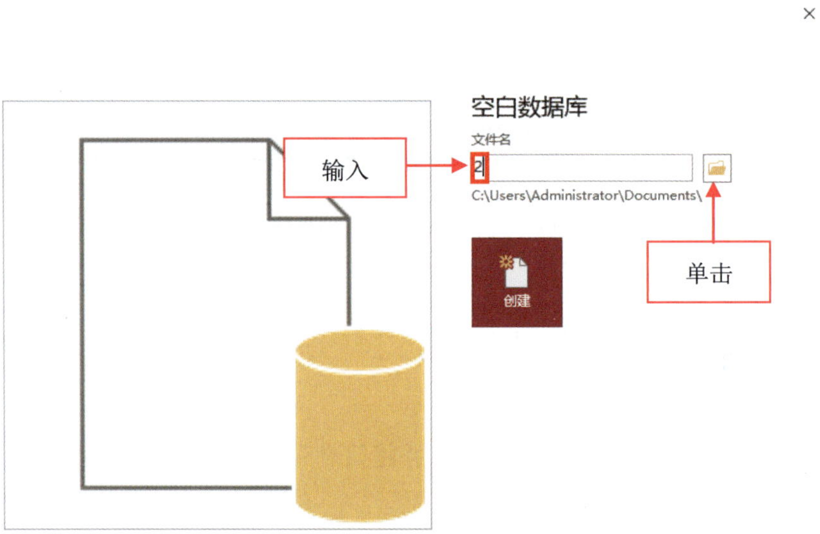

图 2-6　单击图标

Step 03 执行操作后，会弹出“文件新建数据库”对话框，设置数据库的保存类型；单击“确定”按钮，如图 2-7 所示。

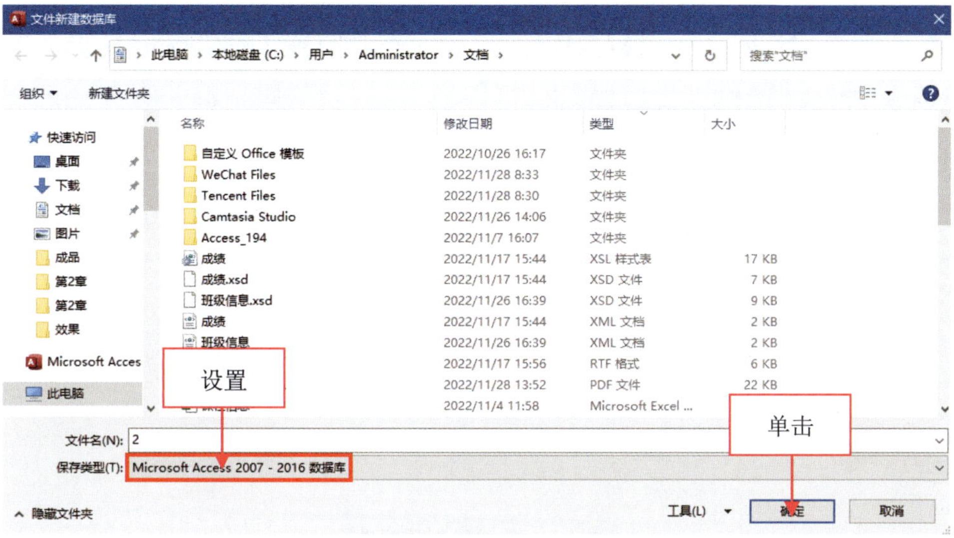

图 2-7　单击“确定”按钮

Step 04 执行操作后，返回“空白数据库”对话框，单击“创建”按钮，如图 2-8 所示。

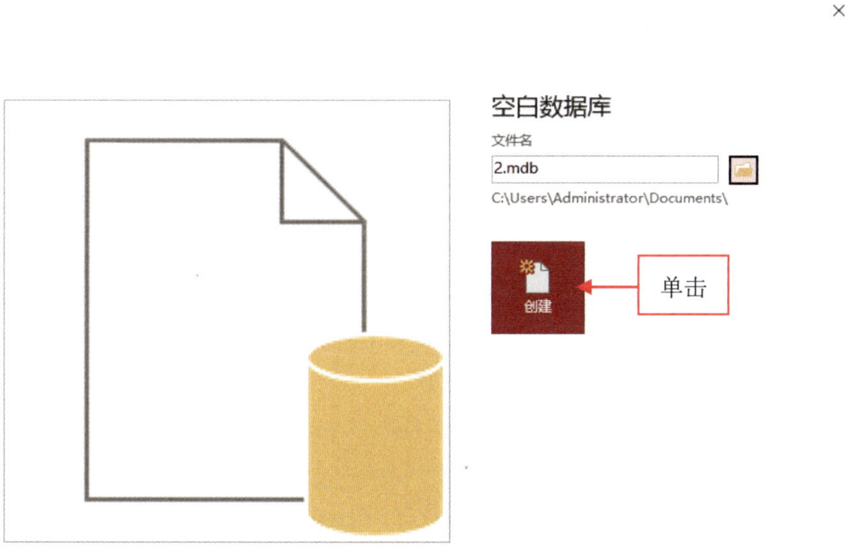

图 2-8　单击“创建”按钮

Step 05 执行操作后，如果进入 Access 数据库的信息编辑页面，就说明数据库创建成功了，如图 2-9 所示。

图 2-9　数据库创建成功

2. 通过“新建”选项卡创建数据库

通过“新建”选项卡创建数据库

在 Access 中，除了“开始”选项卡之外，还可以通过“新建”选项卡创建数据库，具体操作步骤如下。

Step 01 进入 Access 默认页面的“开始”选项卡，切换至“新建”选项卡；单击对应模板的按钮，如“营销项目”按钮，如图 2-10 所示。

Step 02 执行操作后，会弹出“营销项目”对话框，如图 2-11 所示。参照通过“开始”选项卡创建数据库的方法设置数据库的名称和保存类型，并单击“创建”按钮。

Step 03 执行操作后，会弹出“正在准备模板”对话框，并显示准备的完成进度，如图 2-12 所示，此时只需等待准备完成即可。当然，如果不想再使用该模板，也可以单击对话框中的“取消”按钮，重新创建其他类型的数据库。

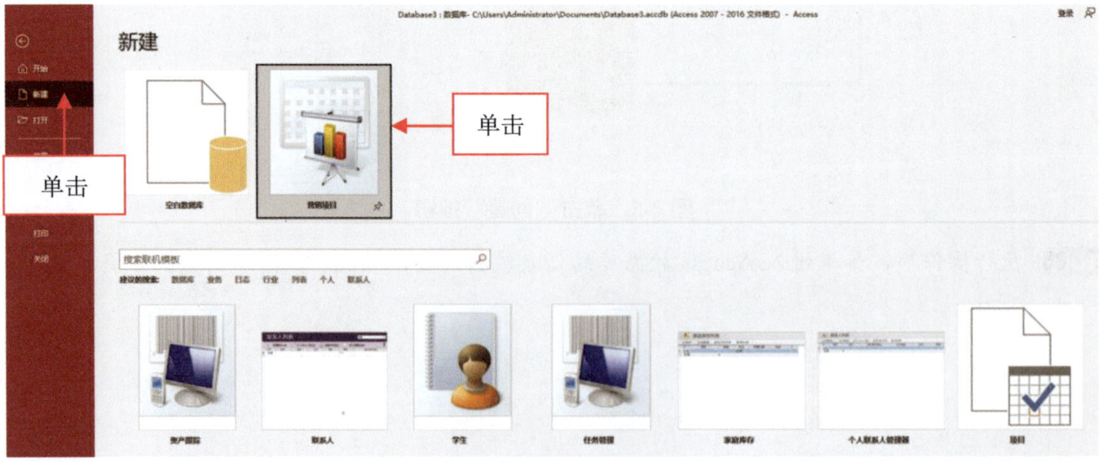

图 2-10　单击“营销项目”按钮

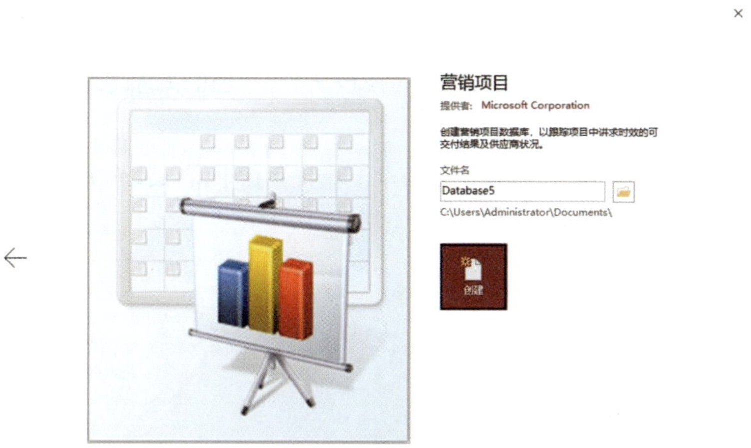

图 2-11　“营销项目”对话框

图 2-12　“正在准备模板”对话框

Step 04 执行操作后，如果进入“营销项目”数据库的编辑页面，就说明数据库创建成功了，如图 2-13 所示。

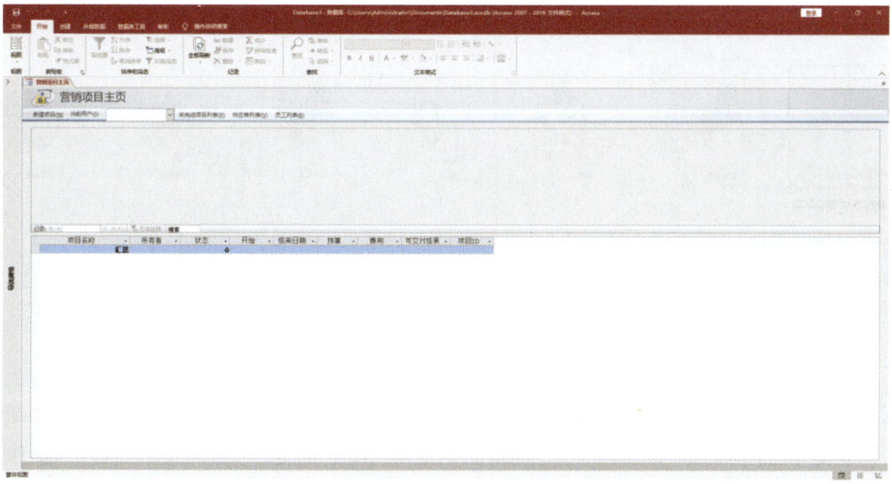

图 2-13　“营销项目”数据库的编辑页面

通过对比图 2-9 和图 2-13 可知，创建空白数据库和对应模板的数据库之后，进入的数据库编辑页面会有一些差异。因此，最好根据自身的需要选择合适的数据库进行创建，如果想要更自由地编辑信息，可以选择创建空白数据库；如果想省时省力地完成编辑工作，可以选择合适的模板创建数据库。

3．通过联机搜索功能创建数据库

在“新建”板块中，除了选择系统推荐的模板之外，还可以通过联机搜索功能创建数据库，具体操作步骤如下。

通过联机搜索功能创建数据库

Step 01 进入 Access 默认页面的“新建”选项卡，在搜索框中输入搜索关键词，如“业务”；单击🔍图标，如图 2-14 所示。

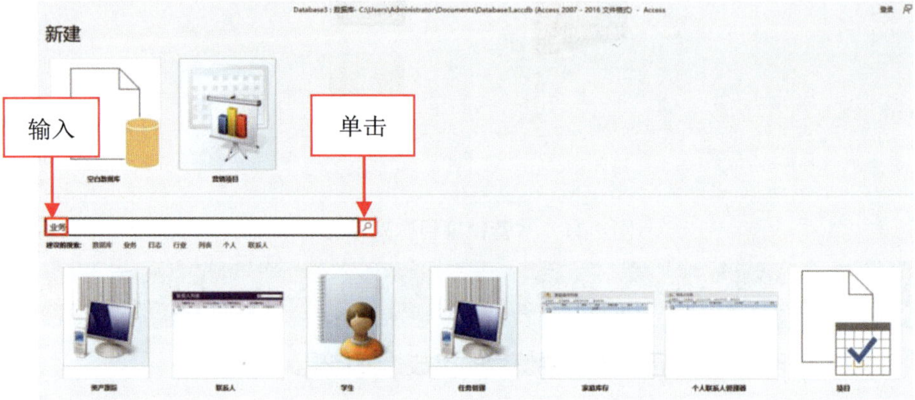

图 2-14　单击🔍图标

Step 02 执行操作后，“新建”选项卡中会出现一些数据库模板，单击对应模板的按钮，如“个人联系人管理器”按钮，如图 2-15 所示。

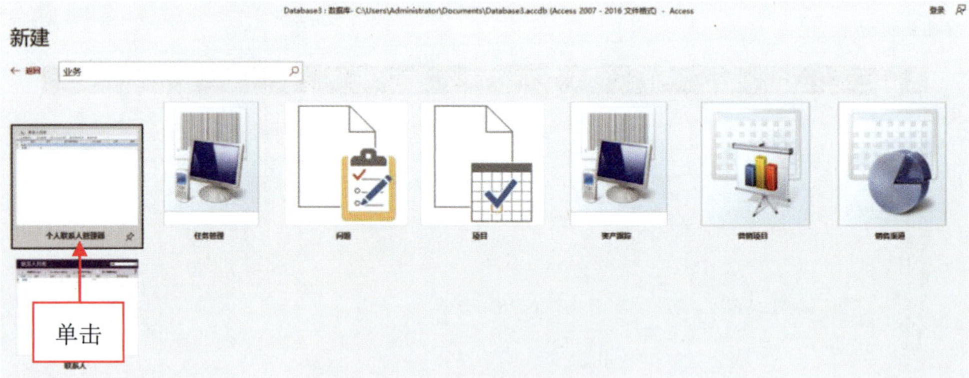

图 2-15　数据库创建成功

Step 03 执行操作后，会弹出“个人联系人管理器”对话框，如图 2-16 所示。参照通过“开始”选项卡创建数据库的方法，设置数据库的名称和保存类型，并单击“创建”按钮。

图 2-16　“个人联系人管理器”对话框

Step 04 执行操作后，系统会准备模板，模板准备完成后，如果进入“营销项目”数据库的编辑页面，就说明数据库创建成功了，如图 2-17 所示。

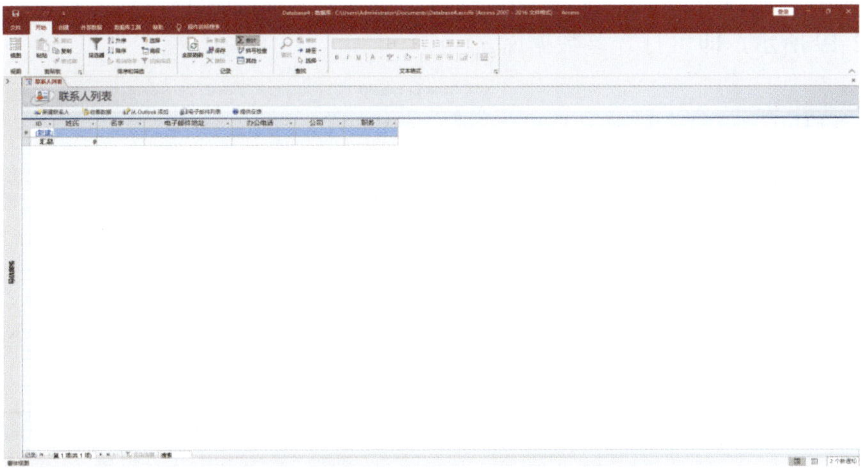

图 2-17　“营销项目”数据库的编辑页面

2.2.2　打开数据库

如果已经完成了数据库的创建，并对数据库进行了相关操作，那么再次编辑数据库时，只需打开对应的数据库即可。通常，可以通过如下几种方法打开数据库。

1．通过“开始”选项卡打开数据库

单击 Access 的图标之后，会自动进入“开始”选项卡，单击该选项卡“最近”板块中对应数据库文档所在的位置，如图 2-18 所示。执行操作后，即可打开对应的数据库。

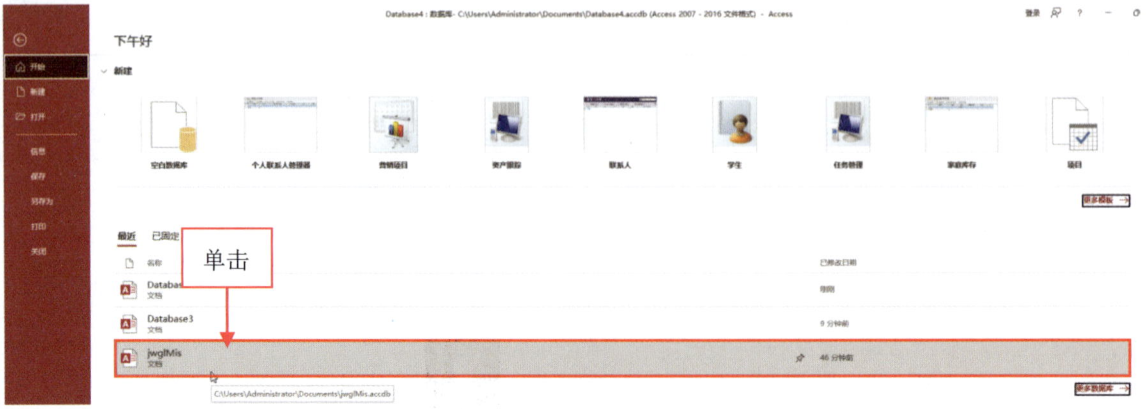

图 2-18　单击应数据库文档所在的位置（1）

2．通过“打开”选项卡打开数据库

除了“开始”板块之外，还可以通过“打开”板块打开数据库。通常，只需切换至“开始”选项卡，即可进入该选项卡的“最近使用的文件”板块；单击该板块中对应数据库文档所在的位置，如图 2-19 所示，即可打开该数据库。

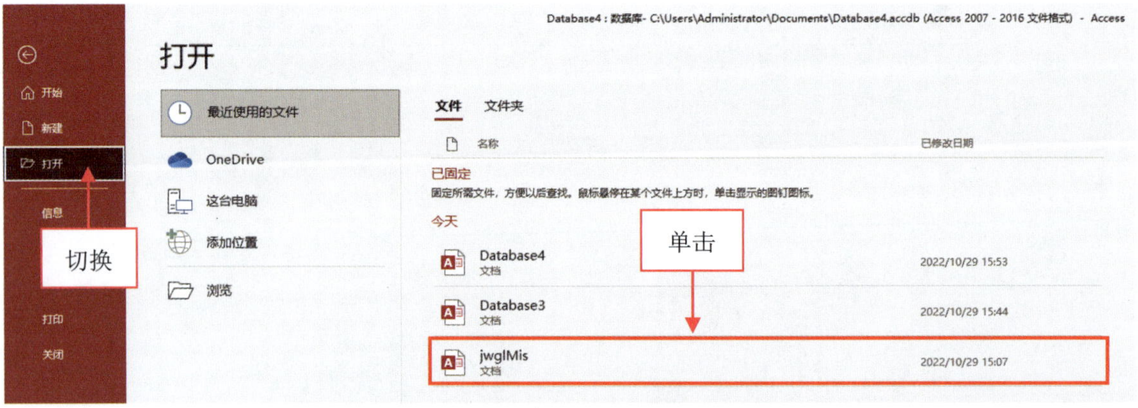

图 2-19　单击应数据库文档所在的位置（2）

另外，也可以通过选择数据库文档的位置来打开对应的数据库，具体操作步骤如下。

打开对应的数据库

Step 01 进入 Access 默认页面的“打开”选项卡，依次单击“这台电脑”按钮和“文档”按钮，如图 2-20 所示。

图 2-20　单击“文档”按钮

Step 02 执行操作后，会弹出“打开”对话框，在该对话框中选择对应的数据库文档；单击“打开”按钮，如图 2-21 所示，即可打开该数据库。

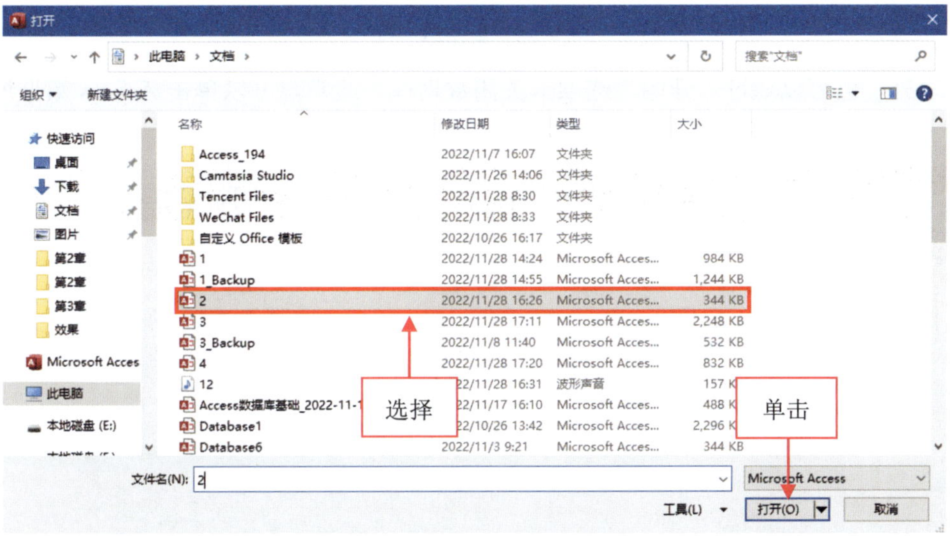

图 2-21　单击“打开”按钮

当然，也可以通过搜索来打开数据库。通常，只需要在“这台电脑”板块的搜索框中输入数据库文档的名称；单击对应的文档，如图 2-22 所示，即可打开该数据库。

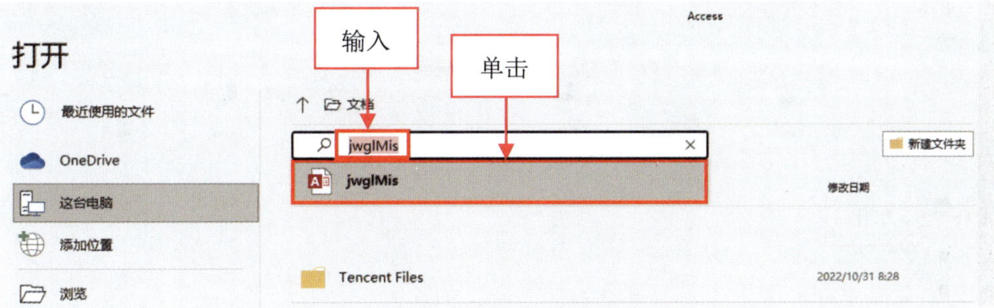

图 2-22　单击对应的文档

2.2.3　关闭数据库

如果打开的数据库不对或者需要退出数据库信息的编辑，可以选择关闭数据库。通常，在编辑数据库信息的过程中，只需单击 Access 数据库信息编辑页面右上方的×图标，如图 2-23 所示，即可关闭数据库，退出 Access。

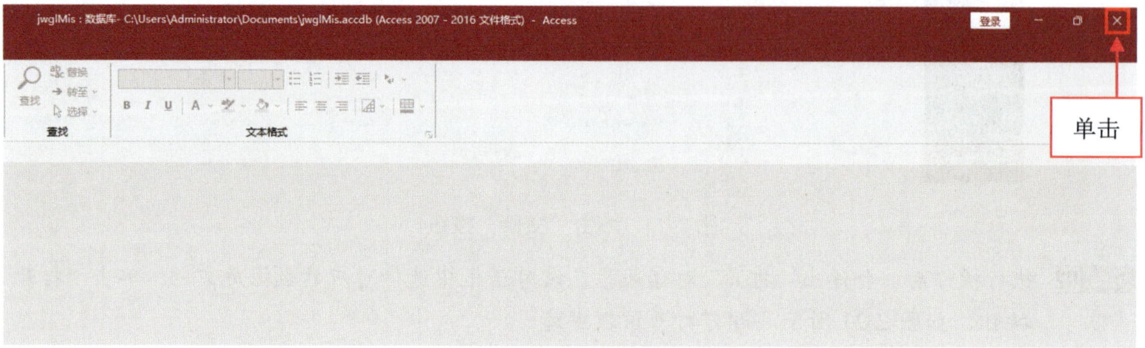

图 2-23　单击×图标

除此之外，也可以通过“开始”选项卡关闭数据库。通常，可以单击 Access 数据库信息编辑页面左上方的“文件”按钮，如图 2-24 所示。

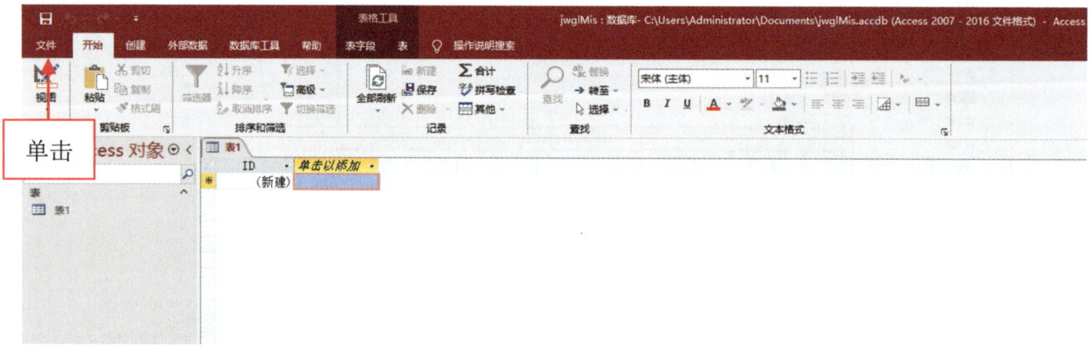

图 2-24　单击“文件”按钮

执行操作后，进入“开始”选项卡，单击该页面左侧导航栏中的“关闭”按钮，如图 2-25 所示，即可关闭数据库。

图 2-25　单击“关闭”按钮

2.2.4　保存数据库

在编辑数据库信息的过程中，为了避免电脑发生故障导致编辑信息的丢失，需要及时保存数据库。通常，单击 Access 数据库信息编辑页面左上方的“文件”按钮，进入该软件默认页面的“开始”选项卡，切换至“保存”选项卡，如图 2-26 所示，即可保存数据库的相关信息。

图 2-26　单击“保存”按钮

需要注意的是，如果在编辑数据库信息的过程中，新建了表格，那么单击“保存”按钮之后会弹出“另存为”对话框。在对话框中输入表格的名称；单击“确定”按钮，如图 2-27 所示，即可保存数据库。

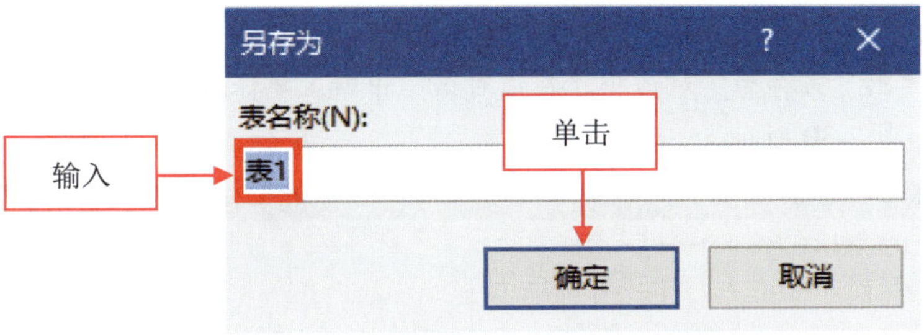

图 2-27　单击“确定”按钮

2.2.5　另存为数据库

有时候需要将正在编辑的数据库文件另外存为其他文件，此时便可以通过另存为操作来实现，具体操作步骤如下。

另存为数据库

Step 01 单击 Access 数据库信息编辑页面左上方的“文件”按钮，进入“开始”选项卡，单击左侧导航栏中的“另保存”按钮，进入对应选项卡，单击该选项卡中的“另存为”按钮，如图 2-28 所示。

Step 02 执行操作后，会弹出 Microsoft Access 对话框，单击该对话框中的“是（Y）”按钮，如图 2-29 所示。

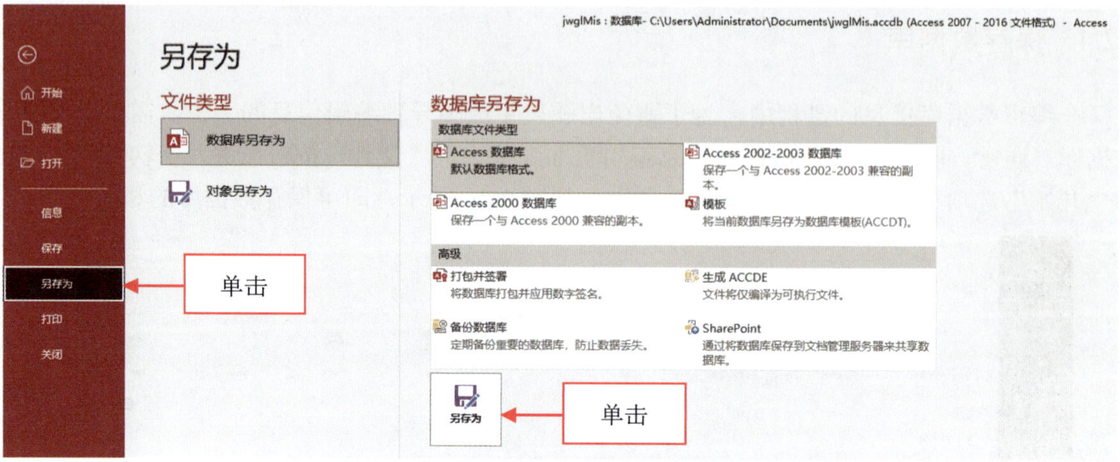

图 2-28　单击“另存为”按钮

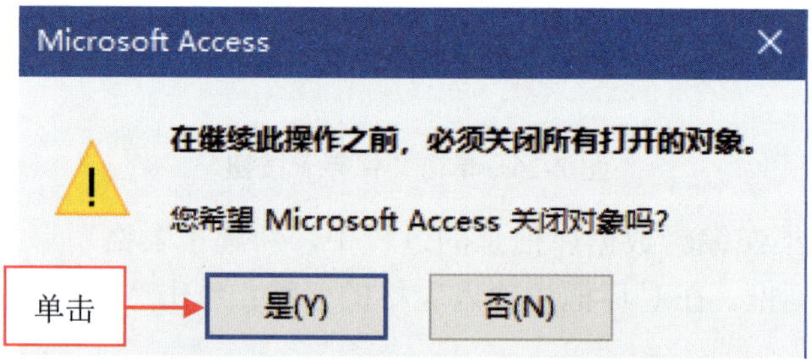

图 2-29　单击“是（Y）”按钮

Step 03 执行操作后，会弹出“另存为”对话框，在该对话框中输入要保存的文件名；单击“保存（S）”按钮，如图 2-30 所示。

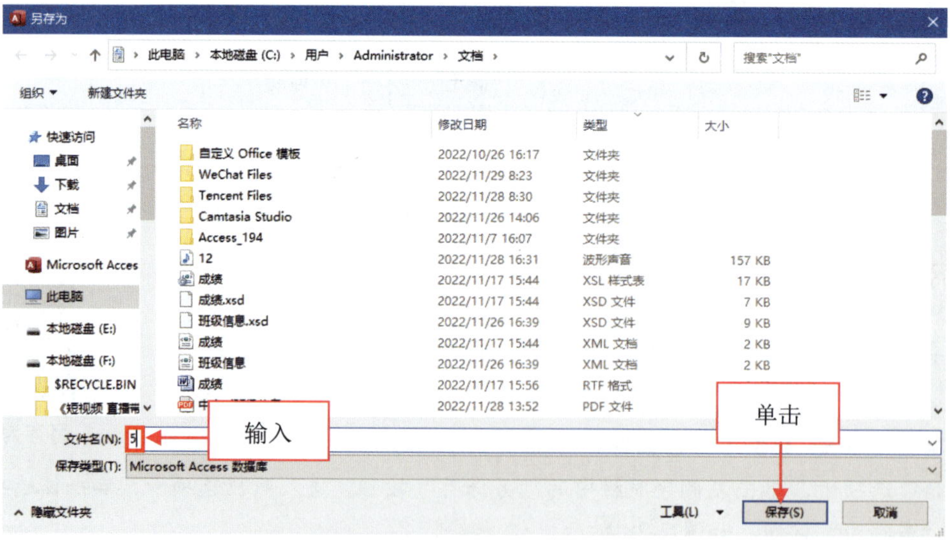

图 2-30　单击“保存（S）”按钮

Step 04 执行操作后，即可完成数据库文档的另存为操作。此时，只需进入对应文件夹，即可看到刚刚保存的数据库文档，如图 2-31 所示。

图 2-31　查看刚刚保存的数据库文档

项 目 小 结

本项目主要介绍了数据库设计和数据库基础操作的相关知识，首先介绍了数据库的设计原则、一般步骤，其次介绍了创建、打开、保存和关闭数据库的操作。通过本项目的学习，读者能够掌握数据库的设计方法和基本的操作技巧。

项 目 习 题

鉴于本项目知识的重要性，为了帮助读者更好地掌握所学知识，本任务将通过上机习题，帮助读者进行简单的知识回顾和补充。本习题需要掌握创建数据库的方法。

1．如何将 Access 设置为“关闭时压缩”？

2．如何通过 Access 的“Access 选项”对话框添加“查找”这个快速访问工具？

项目 3　数据表的创建与使用

项目概述

数据表是 Access 的重要功能板块，用户可以通过数据表功能制作表格，并创建表关系，更好地展示表格中的相关信息。本项目将重点讲解 Access 数据表的基本知识和常见操作技巧，帮助读者快速认识 Access 数据表。

学习目标

- 了解 Access 数据表的基本知识。
- 掌握数据表的创建方法。
- 掌握数据表中字段信息的编辑方法。
- 掌握数据表信息的设置和处理方法。
- 熟悉数据表关系的创建和管理方法。

思政目标

- 培养学生加强对中国互联网的开始和发展的了解从而培养学生的民族自豪感和自信心。
- 培养学生在信息社会中应用计算机来认知和解决问题的能力，在锻炼学生熟练掌握信息化社会中的各项基本应用。

任务 1　Access 数据表

任务概述

数据表是 Access 数据库中存储数据的对象，是数据库的基本操作对象。数据表可以理解为“关于特定主题的数据集合”，它是将相同性质的数据存储在一起，以方便增减数据、查询数据等。本项目主要讲述 Access 数据表的入门知识。

任务重点与实施

3.1.1　数据表的组成

Access 的数据表是一个关系型的二维表，由表 2-3 可知，数据表由多条记录组成，一条记录由多个字段组成。创建数据表时要做好以下两个方面的工作。

（1）确定数据表的表名，数据表包含在数据库中，表名用于标识数据库中某一个具体的数据表。

（2）定义数据表的表结构，数据表的表结构主要包括字段名称、数据类型和字段属性等。

下面将讲述数据表的表结构。

1．字段名称

字段名称必须能直接、明确地反映数据内容，字段名称要符合 Access 有关字段名的规定。字段命名的规定如下。

（1）长度不能超过 64 个字节。

（2）可以是包含字母、数字、空格及其他字符的任意组合，但不能包含句号、感叹号、方括号和重音符号等特殊字符，且不能以空格开头。

2．数据类型

数据类型必须与对应的数据内容相适应，Access 中提供了 10 种可供选择的数据类型，其适用范围和所需的存储空间如表 3-1 所示。

表 3-1　Access 2019 的数据类型

中文名称	英文名称	适用范围	存储空间	举例说明
文本	Text	文本或文本、数字组合或不需要计算的数字	最多为 255 个字符	编号、姓名、电话号码、邮政编码
备注	Memo	文本或文本与数字的组合	最多为 65 535 个字符	简历、注释、说明
数字	Number	用于进行数学计算的数值	1、2、4 或 8 字节	工资、成绩
日期/时间	Data/Time	日期或时间	8 字节	出生日期、毕业时间
货币	Currency	货币值	8 字节	小数位可精确到 4 位
自动编号	AutoNumber	表中自动递增的顺序号	4 字节	序号
是/否	Yes/No	逻辑判断值	1 位	真/假、是/否
OLE 对象	OLE Object	用于创建 OLE 对象	最大为 1 GB	Word 文档
超级链接	Hyperlink	用于创建超级链接	最多为 64 000 个字符	URL 路径
查阅向导	LookupWizard	用于创建使用组合框选择值的字段	一般为 4 字节	

3．字段属性

数据表的“设计视图”窗口中的两个字段属性选项卡分别是“常规”和“查阅”，“常规”选项卡中可以设置相应字段的属性，包括字段大小、格式、输入掩码、标题和默认值等。

Access 为大多数属性提供了默认设置，一般能够满足用户的需要，用户也可以根据需要自行设置。而“查阅”选项卡中则可以用“组合框”或“列表框”来代替“文本框”，方便用户更好地输入表中的数据，以防止字段中出现无效的数据。

3.1.2 数据表的视图

视图是 Access 数据库对象的外观表现形式，不同的视图具有不同的功能和使用场合。Access 的数据表有两种视图：设计视图和数据表视图。

1. 设计视图

数据表的设计视图用于设计数据表的结构，在数据表的设计视图中，既可以创建数据表的结构，也可以添加、删除或修改表中原有的字段。要显示数据表视图，只需在“开始”功能区中依次单击“视图”按钮和“设计视图（D）”按钮即可。

2. 数据表视图

数据表视图以行列格式显示数据表，用于添加、修改和删除数据记录。要显示数据表视图，只需在“开始”功能区中依次单击“视图”按钮和“数据表视图（H）”按钮即可。

任务 2　数据表的创建方法

任务概述

在 Access 中，可以通过多种方法创建表。下面重点讲解其中比较常见的三种方法。

任务重点与实施

3.2.1 通过输入信息创建表

确定要制作的表之后，只需创建一个空表，然后输入相关信息，即可完成表格内容的编辑。例如，可以结合表 2-2 和表 2-3 中的信息，通过输入信息创建一个表，具体操作步骤如下。

通过输入信息创建表

Step 01 在 Access 中，打开一个数据库，单击信息编辑页面“创建”功能区中的“表”按钮，如图 3-1 所示。

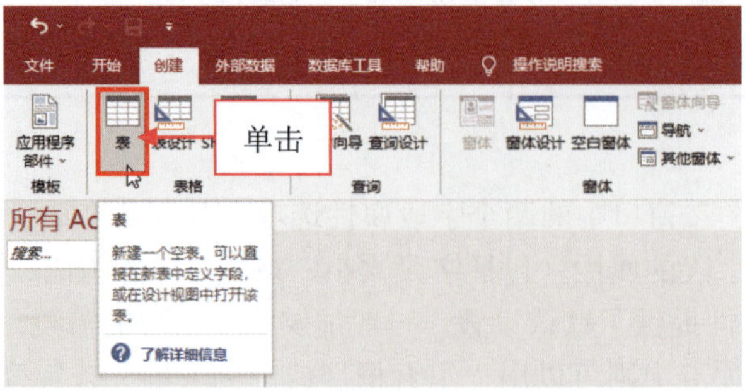

图 3-1　单击“表”按钮

Step 02 执行操作后，会自动创建一个空表，在“单击以添加”下方的第一个单元格中输入表 2-3“班级编号”中第一行的内容（即 2021072701），如图 3-2 所示。

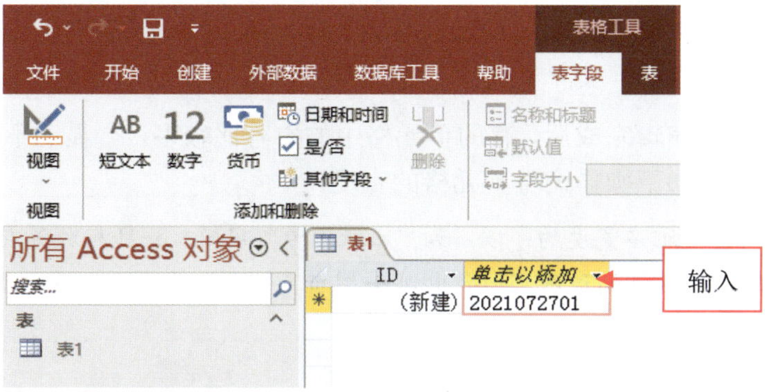

图 3-2　输入表 2-3“班级编号”中第一行的内容

Step 03 执行操作后，按回车键，输入的内容上方会显示“字段 1”，双击“字段 1”所在的单元格，如图 3-3 所示。

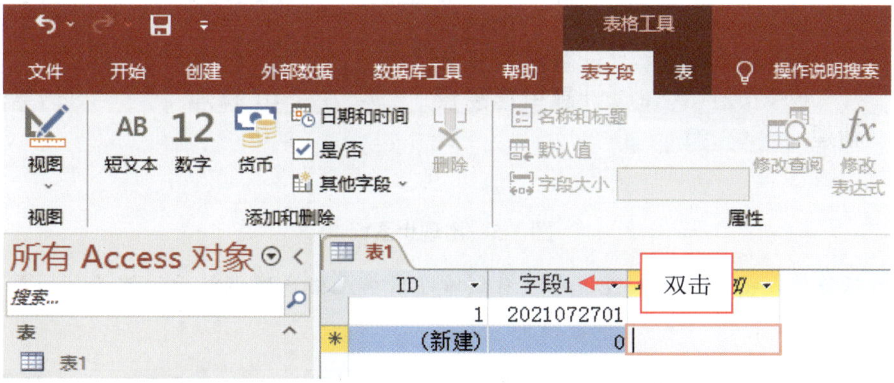

图 3-3　双击“字段 1”所在的单元格

Step 04 执行操作后，在该单元格中输入“班级编号”，将其作为表的第一个字段，如图 3-4 所示。根据上述操作，依次输入表 2-3 中的其他内容，完成表格基本内容的编辑。

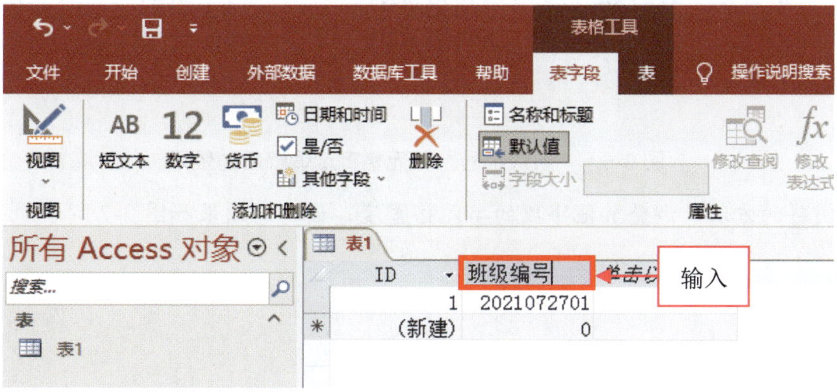

图 3-4　输入“班级编号”

完成表格基本内容的编辑之后，还需要对表格进行一些调整。下面主要讲述表格调整的一些常见操作。

1. 调整单元格宽度

表格的基本内容编辑完成后，有的单元格中的内容比较多，会显示不完全，此时便可以通过如下操作调整单元格的宽度。

调整单元格宽度

Step 01 选中要调整单元格宽度的字段，如“班级编号”字段；将鼠标放置在该字段单元格右侧的边线上，会出现✛图标，如图 3-5 所示，按住鼠标左键并向右侧移动。

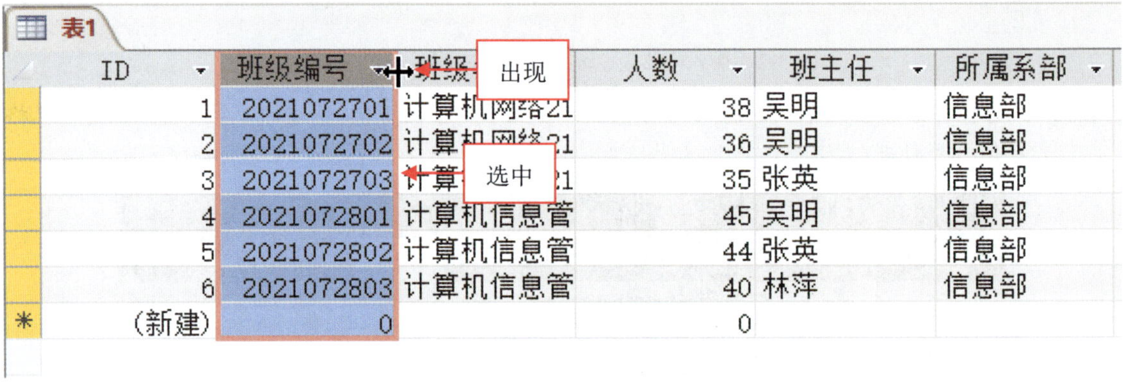

ID	班级编号	班级名称	人数	班主任	所属系部
1	2021072701	计算机网络21	38	吴明	信息部
2	2021072702	计算机网络21	36	吴明	信息部
3	2021072703	计算机网络21	35	张英	信息部
4	2021072801	计算机信息管	45	吴明	信息部
5	2021072802	计算机信息管	44	张英	信息部
6	2021072803	计算机信息管	40	林萍	信息部
(新建)	0		0		

图 3-5　出现✛图标

Step 02 执行操作后，松开鼠标左键，即可看到该字段单元格宽度调整后的效果，如图 3-6 所示。

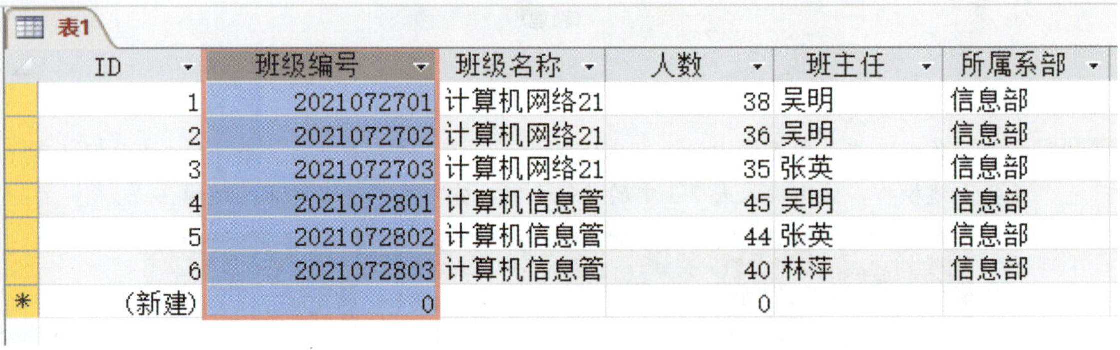

ID	班级编号	班级名称	人数	班主任	所属系部
1	2021072701	计算机网络21	38	吴明	信息部
2	2021072702	计算机网络21	36	吴明	信息部
3	2021072703	计算机网络21	35	张英	信息部
4	2021072801	计算机信息管	45	吴明	信息部
5	2021072802	计算机信息管	44	张英	信息部
6	2021072803	计算机信息管	40	林萍	信息部
(新建)	0		0		

图 3-6　“班级编号”单元格宽度调整后的效果

Step 03 参照同样的方法，调整其他字段的单元格宽度，最终的效果如图 3-7 所示。

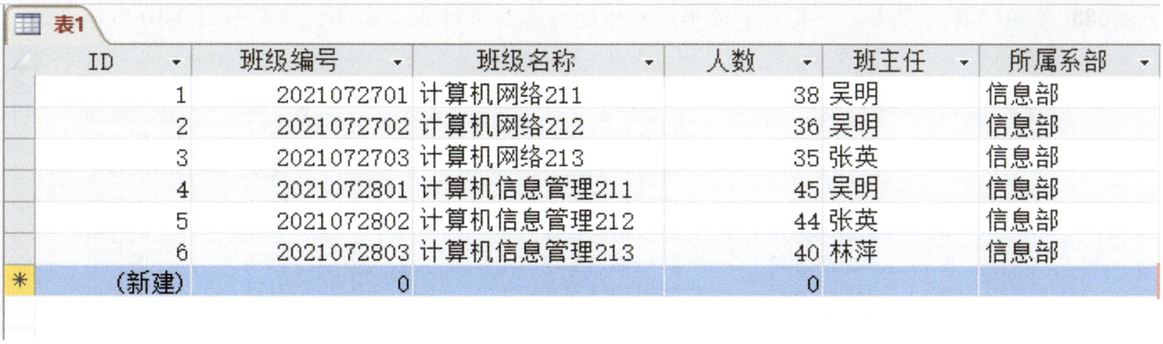

表1

ID	班级编号	班级名称	人数	班主任	所属系部
1	2021072701	计算机网络211	38	吴明	信息部
2	2021072702	计算机网络212	36	吴明	信息部
3	2021072703	计算机网络213	35	张英	信息部
4	2021072801	计算机信息管理211	45	吴明	信息部
5	2021072802	计算机信息管理212	44	张英	信息部
6	2021072803	计算机信息管理213	40	林萍	信息部
(新建)	0		0		

图 3-7　调整其他字段单元格宽度后的效果

2. 调整对齐方式

在 Access 的空表中输入信息之后，系统并不会自动进行对齐。因此，为了让表格更加美观，还需要调整单元格信息的对齐方式，让单元格内容居中对齐，具体操作步骤如下。

调整对齐方式

Step 01 选中要调整对齐方式的字段单元格，如“班级编号”字段的单元格；单击“开始”功能区中的☰图标，如图 3-8 所示。

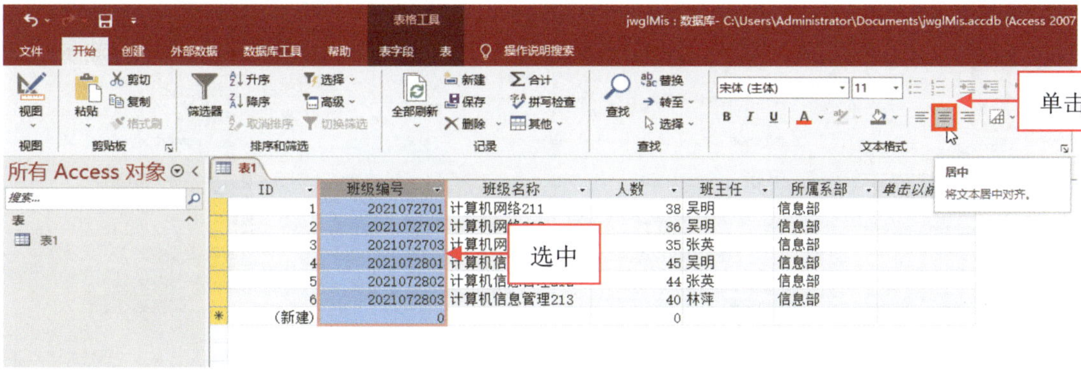

图 3-8　单击☰图标

Step 02 执行操作后，即可看到对应单元格中的内容居中对齐了，如图 3-9 所示。

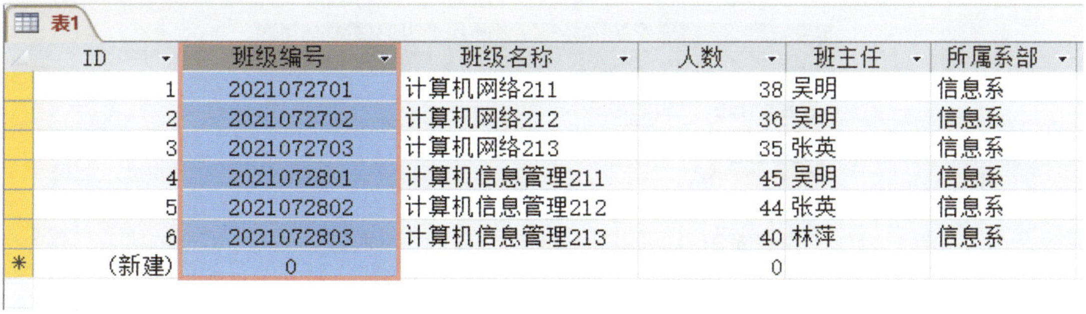

表1

ID	班级编号	班级名称	人数	班主任	所属系部
1	2021072701	计算机网络211	38	吴明	信息系
2	2021072702	计算机网络212	36	吴明	信息系
3	2021072703	计算机网络213	35	张英	信息系
4	2021072801	计算机信息管理211	45	吴明	信息系
5	2021072802	计算机信息管理212	44	张英	信息系
6	2021072803	计算机信息管理213	40	林萍	信息系
(新建)	0		0		

图 3-9　对应单元格中的内容居中对齐了

Step 03 参照同样的方法，将其他字段单元格中的内容居中对齐，最终的效果如图 3-10 所示。

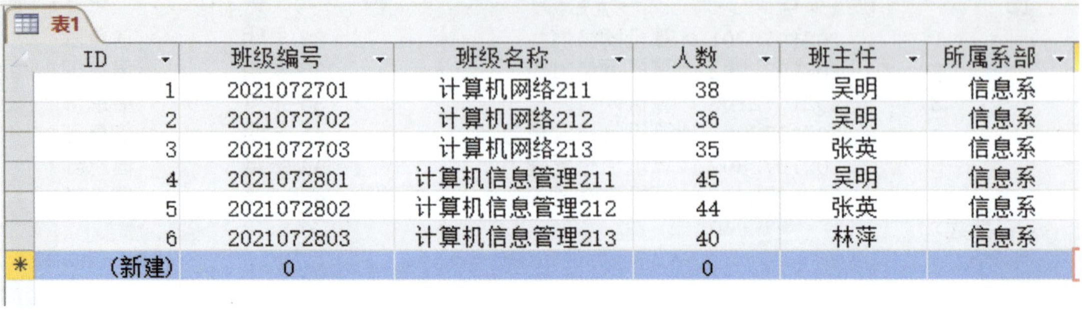

表1

ID	班级编号	班级名称	人数	班主任	所属系部
1	2021072701	计算机网络211	38	吴明	信息系
2	2021072702	计算机网络212	36	吴明	信息系
3	2021072703	计算机网络213	35	张英	信息系
4	2021072801	计算机信息管理211	45	吴明	信息系
5	2021072802	计算机信息管理212	44	张英	信息系
6	2021072803	计算机信息管理213	40	林萍	信息系
(新建)	0		0		

图 3-10　将其他字段单元格内容居中对齐后的效果

3．设置主键字段

创建空表之后，系统会自动生成一个 ID 字段，将其默认设置为主键，而要创建的表格中又确定了要设置为主键的字段，因此需要通过如下操作将对应字段设置为主键。

设置主键字段

Step 01 进入 Access 的信息编辑页面，单击“开始”功能区中的“视图”按钮；选择“设计视图（D）”选项，如图 3-11 所示。

图 3-11　选择“设计视图（D）”选项

Step 02 执行操作后，会弹出“另存为”对话框，在对话框中输入表名称；单击“确定”按钮，如图 3-12 所示。

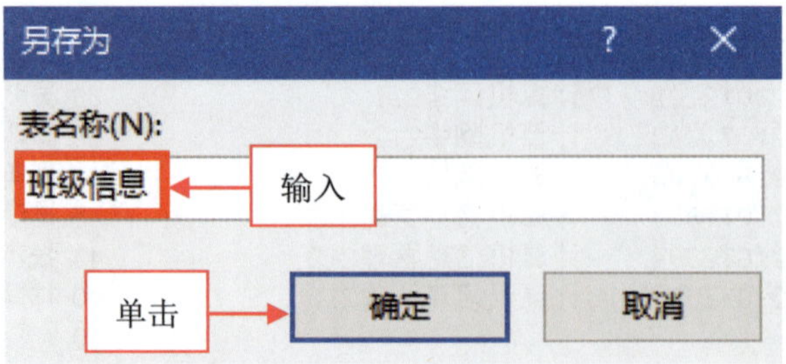

图 3-12　单击“确定”按钮

Step 03 执行操作后，进入设计视图的相关页面，单击 ID 字段所在的单元格；单击“表设计”功能区中的“主键”按钮，如图 3-13 所示，取消主键。

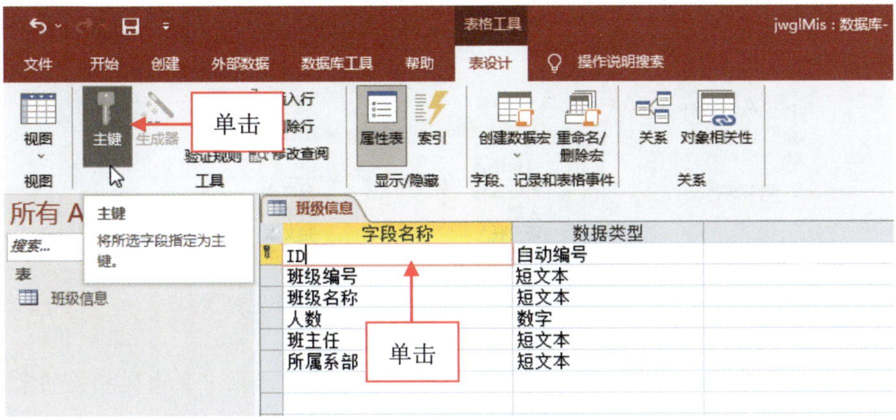

图 3-13　单击“主键”按钮（1）

Step 04 执行操作后，单击“班级编号”字段所在的单元格；单击“表设计”功能区中的“主键”按钮，如图 3-14 所示，即可将其设置为主键。

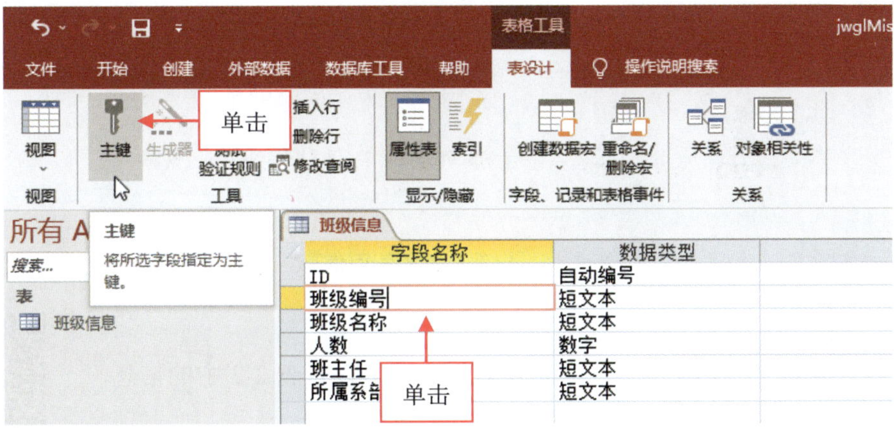

图 3-14　单击“主键”按钮（2）

4. 设置索引信息

为了方便查找信息，有时候需要在表格中设置索引信息。那么，如何给表格设置索引信息呢？具体操作步骤如下。

设置索引信息

Step 01 进入设计视图的相关页面，单击“班级编号”字段所在的单元格；单击“表设计”功能区中的“索引”按钮，如图 3-15 所示。

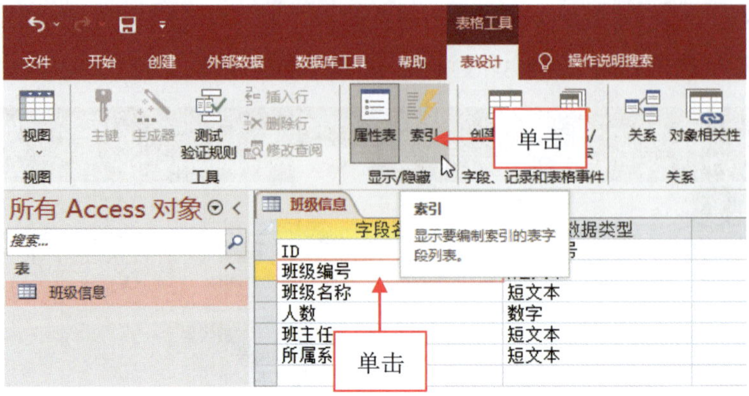

图 3-15　单击“索引”按钮

Step 02 执行操作后，会弹出“索引：班级信息”对话框，该对话框中会出现相关的索引信息，如图 3-16 所示。如果要调整索引信息，只需在该对话框中进行编辑即可。

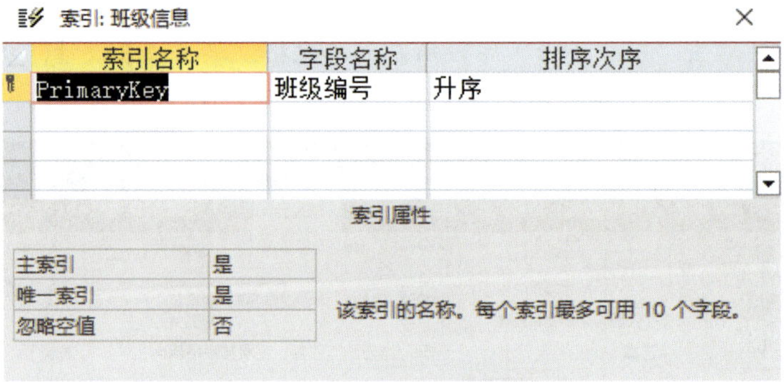

图 3-16　出现相关的索引信息

5. 设置常规信息

除了主键和索引之外，还需要通过“常规”选项卡设置表 2-2 中的信息，其具体操作步骤如下。

设置常规信息

Step 01 进入设计视图的相关页面，单击“班级编号”字段所在的单元格，页面下方会出现“常规”选项卡和“查阅”选项卡，在“常规”选项卡中根据需要设置相关信息（字段大小和索引是必须要设置的），如图 3-17 所示。

图 3-17　在“常规”选项卡中根据需要设置相关信息

Step 02 根据同样的操作，设置其他字段的常规信息，即可完成表格常规信息的设置。

6．删除多余内容

有时候表格中可能会出现一些多余的信息，例如，通过输入信息创建表会自动出现 ID 字段，而该字段的信息又是不需要的，此时便可以通过如下操作删除该字段的内容。

Step 01 进入设计视图的相关页面，单击“表设计“功能区中的“视图”按钮；选择“数据表视图（H）”选项，会弹出 Microsoft Access 对话框，单击对话框中的“是（Y）”按钮，如图 3-18 所示。

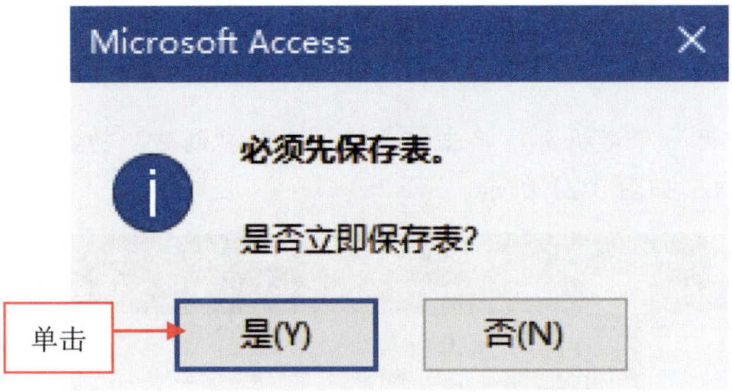

图 3-18　单击“是（Y）”按钮

Step 02 执行操作后，返回 Access 的信息编辑页面，选中要删除的字段，如 ID 字段，会弹出一个列表框；选择列表框中的“删除字段（L）”选项，如图 3-19 所示。

Step 03 执行操作后，如果表格中的 ID 字段消失了，就说明多余内容删除成功了，如图 3-20 所示。

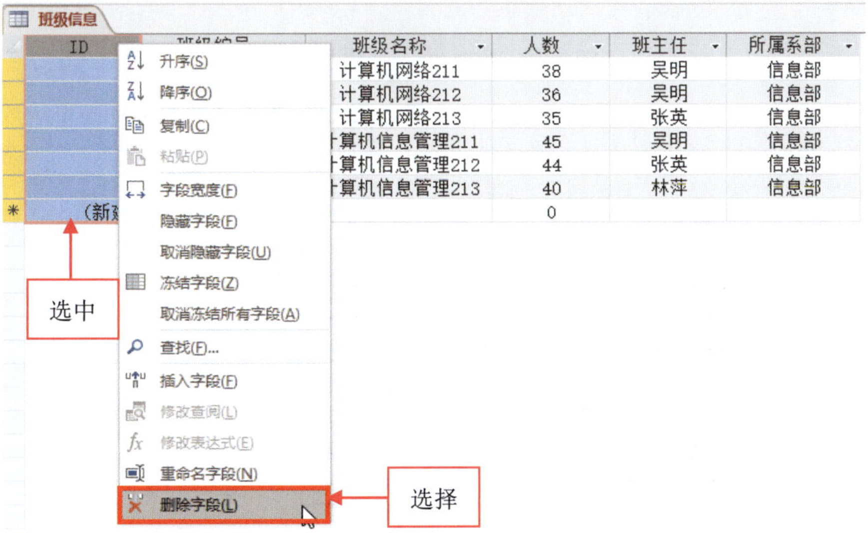

图 3-19　选择列表框中的“删除字段（L）”选项

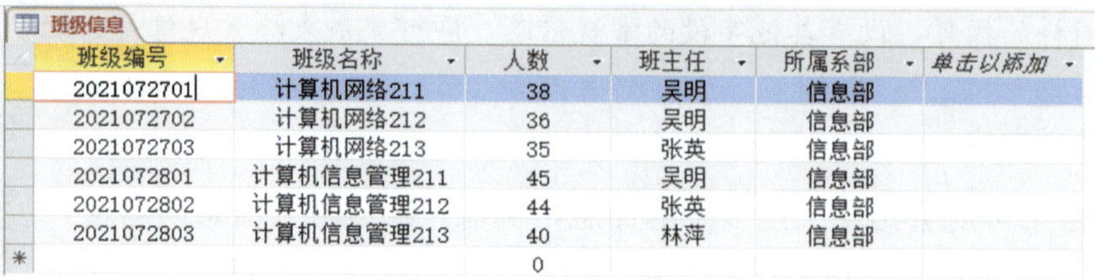

班级编号	班级名称	人数	班主任	所属系部	单击以添加
2021072701	计算机网络211	38	吴明	信息部	
2021072702	计算机网络212	36	吴明	信息部	
2021072703	计算机网络213	35	张英	信息部	
2021072801	计算机信息管理211	45	吴明	信息部	
2021072802	计算机信息管理212	44	张英	信息部	
2021072803	计算机信息管理213	40	林萍	信息部	
		0			

图 3-20　多余内容删除成功

3.2.2　通过“表设计”功能创建表

通过“表设计”功能创建表

除了通过输入信息创建表之外，还可以借助 Access 中的“表设计”功能创建表。例如，可以结合表 2-4 和表 2-5 中的信息，通过“表设计”功能创建一个表，具体操作步骤如下。

Step 01 在 Access 中，打开一个数据库，单击信息编辑页面“创建”功能区中的“表设计”按钮，如图 3-21 所示。

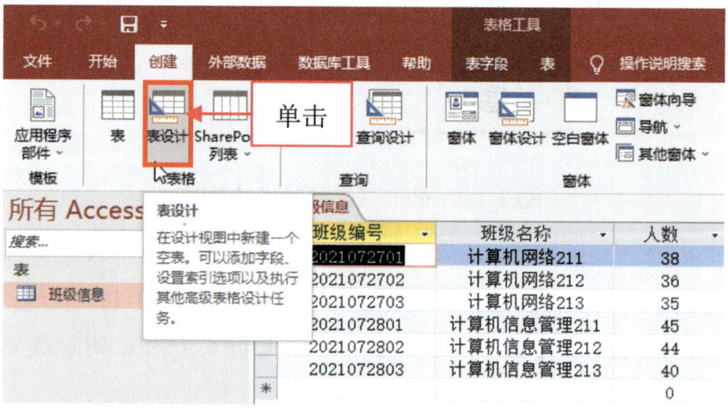

图 3-21　单击“表设计”按钮

Step 02 执行操作后，进入设计视图的相关页面，根据表 2-4 中的信息在该页面中输入相关信息，如图 3-22 所示，并设置主键、搜索和各字段的“常规”选项卡信息。

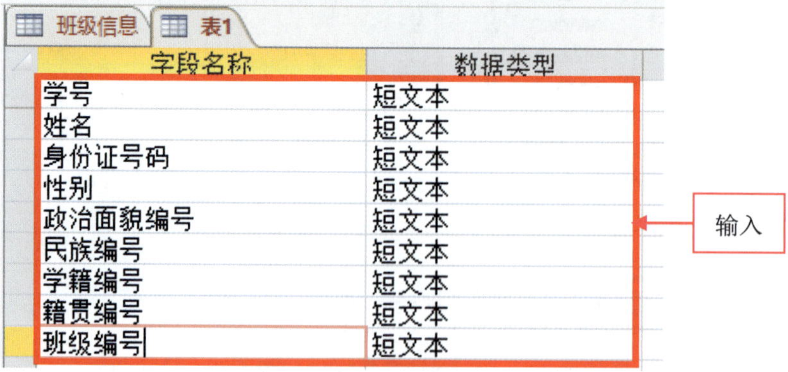

字段名称	数据类型
学号	短文本
姓名	短文本
身份证号码	短文本
性别	短文本
政治面貌编号	短文本
民族编号	短文本
学籍编号	短文本
籍贯编号	短文本
班级编号	短文本

图 3-22　输入相关信息

Step 03 执行操作后，单击“表设计”功能区中的“视图”按钮；选择“数据表视图（H）”选项，如图 3-23 所示。

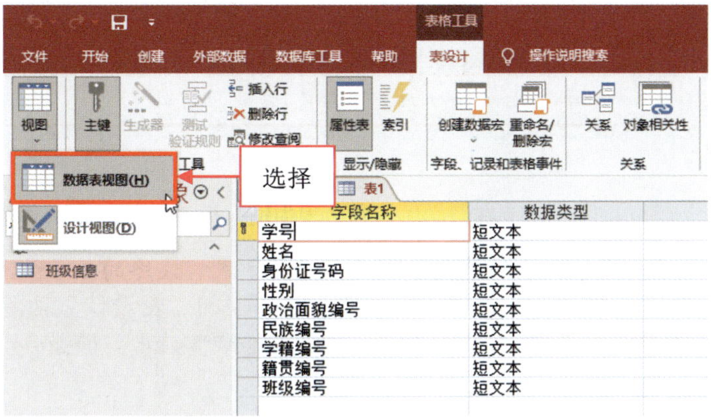

图 3-23　选择“数据表视图（H）”选项

Step 04 执行操作后，会弹出 Microsoft Access 对话框，单击对话框中的“是（Y）”按钮，如图 3-24 所示。

Step 05 执行操作后，会弹出“另存为”对话框，在该对话框中输入表名称；单击“确定”按钮，如图 3-25 所示。

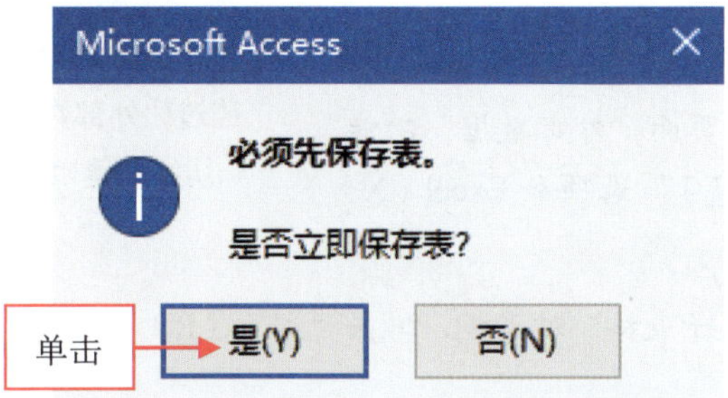

图 3-24　单击“是（Y）”按钮

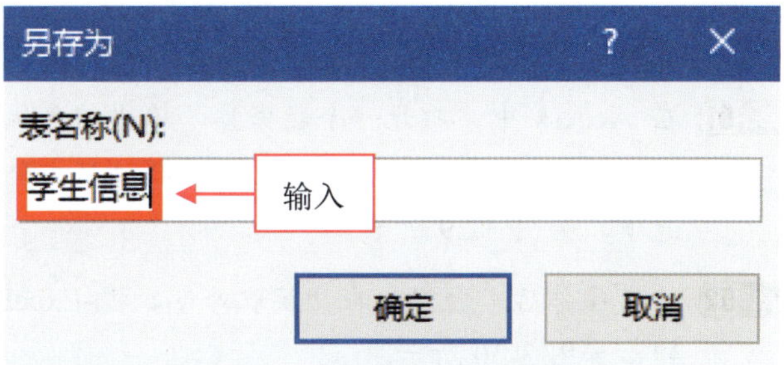

图 3-25　单击“确定”按钮

Step 06 执行操作后，进入 Access 的“学生信息”表信息编辑页面，该页面中会显示各字段的名称，如图 3-26 所示。

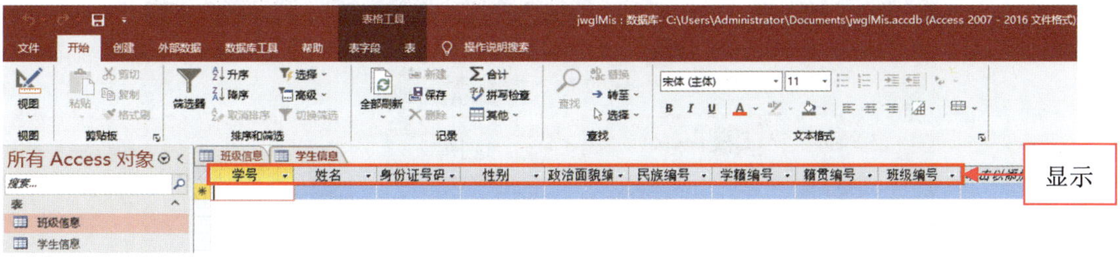

图 3-26　显示各字段的名称

Step 07 根据表 2-5 的信息，在“学生信息”表中输入相关内容，如图 3-27 所示。

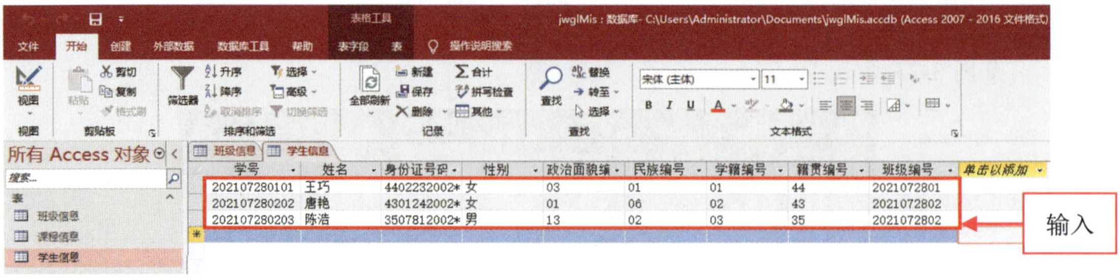

图 3-27　在“学生信息”表中输入相关内容

Step 08 内容输入完成后，调整表格的单元格宽度和对齐方式，最终的效果如图 3-28 所示。

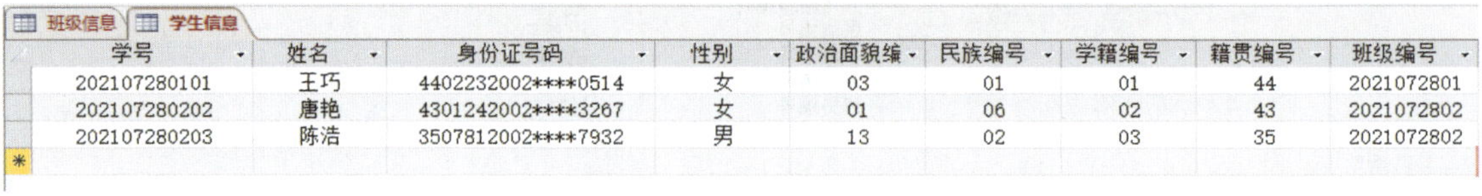

学号	姓名	身份证号码	性别	政治面貌编	民族编号	学籍编号	籍贯编号	班级编号
202107280101	王巧	4402232002****0514	女	03	01	01	44	2021072801
202107280202	唐艳	4301242002****3267	女	01	06	02	43	2021072802
202107280203	陈浩	3507812002****7932	男	13	02	03	35	2021072802

图 3-28　调整表格的单元格宽度和对齐方式后的效果

3.2.3　通过“外部数据”功能创建表

有时候可能已经通过 Excel 等软件制作了一张表，此时只需通过“外部数据”功能将制作完的表格直接导入数据库即可创建表，具体操作步骤如下。

通过“外部数据”功能创建表

Step 01 在 Access 中，打开一个数据库，单击信息编辑页面“外部数据”功能区中的“新数据源”按钮；依次选择“从文件（F）”选项和 Excel（X）选项，如图 3-29 所示。

Step 02 执行操作后，会弹出在“获取外部数据-Excel 电子表格”对话框，单击“浏览（R）...”按钮，如图 3-30 所示。

Step 03 执行操作后，会弹出“打开”对话框，在该对话框中选择要打开的 Excel 文件；单击“打开（O）”按钮，如图 3-31 所示。

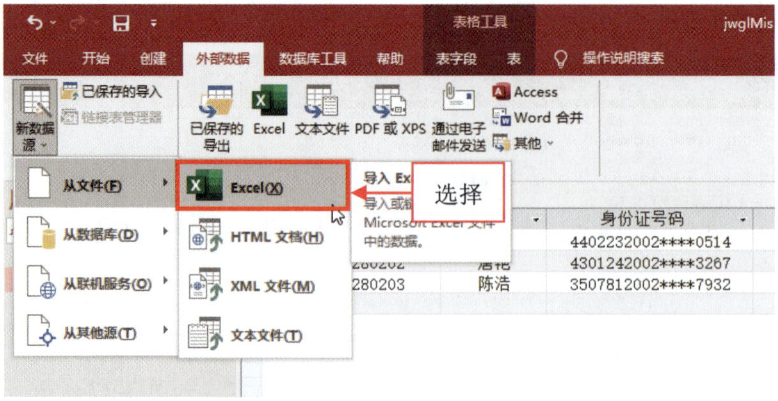

图 3-29　选择 Excel（X）选项

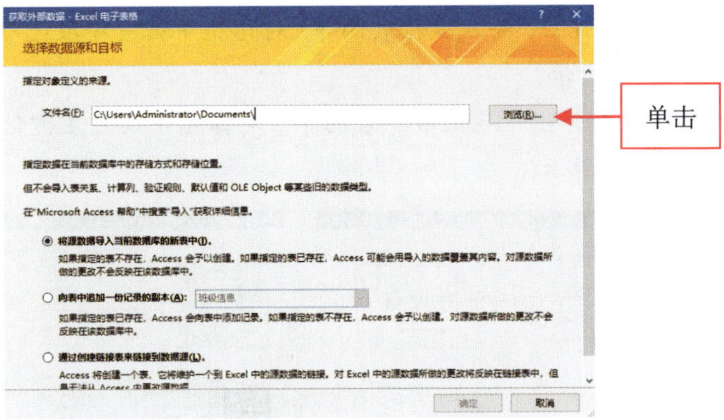

图 3-30　单击“浏览（R）…”按钮

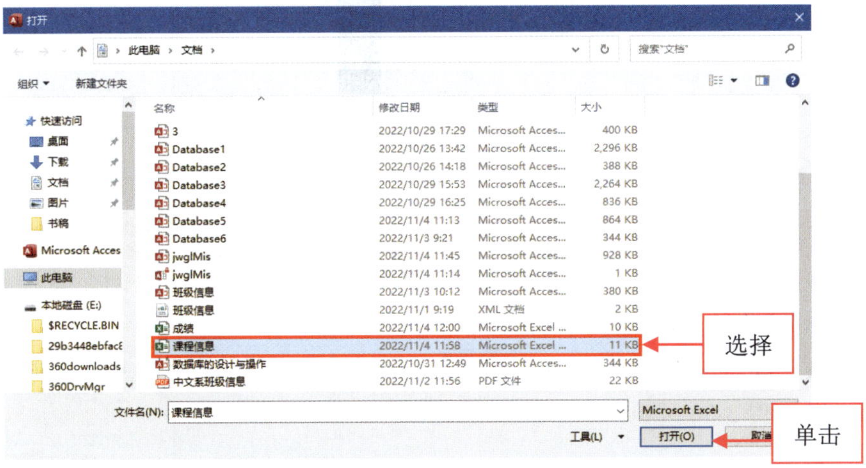

图 3-31　单击“打开（O）”按钮

Step 04 执行操作后，返回“获取外部数据-Excel 电子表格”对话框，单击“确定”按钮，如图 3-32 所示。

Step 05 执行操作后，会弹出“导入数据表向导”对话框，在该对话框中确定表格的第一行中是否包含标题，单击“下一步（N）”按钮，如图 3-33 所示。

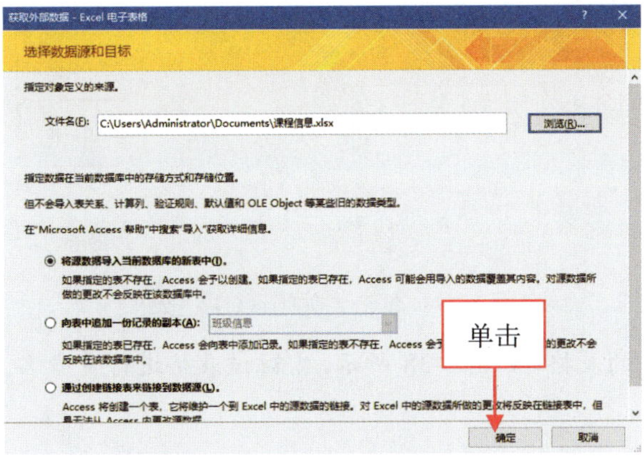

图 3-32　单击“确定”按钮

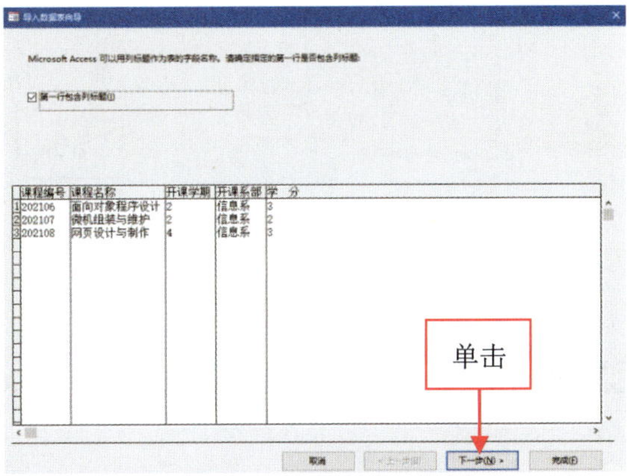

图 3-33　单击“下一步（N）”按钮（1）

Step 06 执行操作后，在新弹出“导入数据表向导”对话框中设置字段选项信息；单击“下一步(N)”按钮，如图 3-34 所示。

Step 07 执行操作后，在新弹出“导入数据表向导”对话框中设置主键信息；单击“下一步（N）”按钮，如图 3-35 所示。

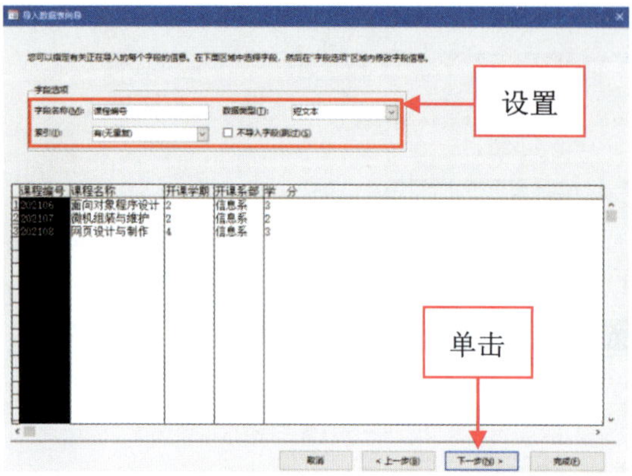

图 3-34　单击“下一步（N）”按钮（2）

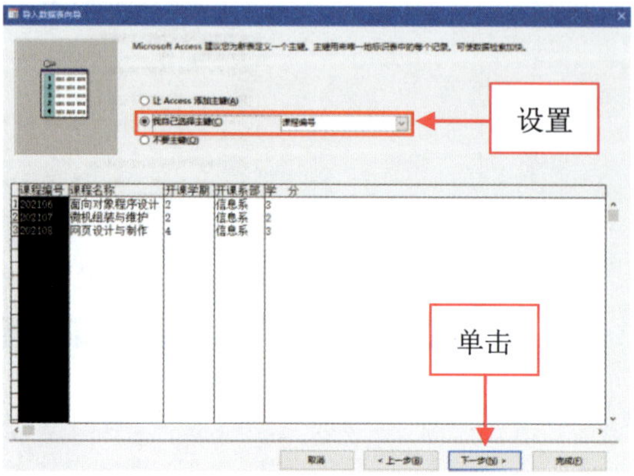

图 3-35　单击“下一步（N）”按钮（3）

> **▶ 专家指点**
>
> 在图 3-31 中可以直接将 Sheet1 改为表格名称（即课程信息），不过，这样做很容易在导入 Excel 的过程中出现 Access 闪退的情况。

Step 08 执行操作后，会弹出新的“导入数据表向导”对话框，单击对话框下方的“完成（F）”按钮，如图 3-36 所示。

Step 09 执行操作后，会弹出新的“获取外部数据-Excel 电子表格”对话框，单击对话框下方的“关闭（C）”按钮，如图 3-37 所示。

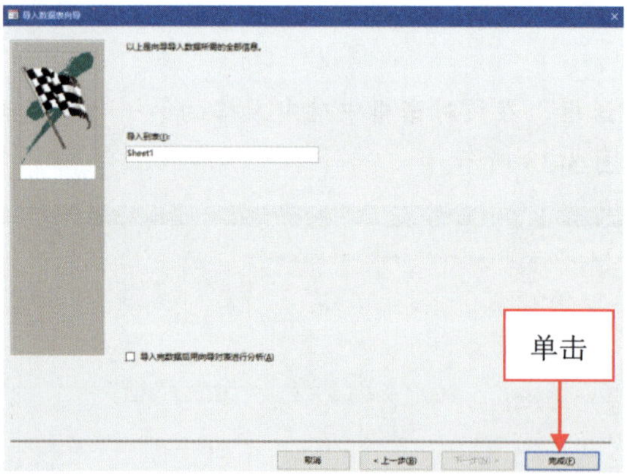

图 3-36　单击“完成（F）”按钮

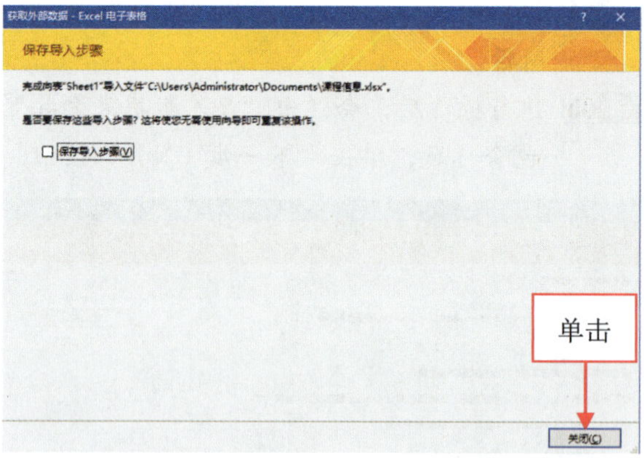

图 3-37　单击“关闭（C）”按钮

Step 10 执行操作后，系统会创建一个名为 Sheet1 的表格，如图 3-38 所示，需对该表格进行重命名。

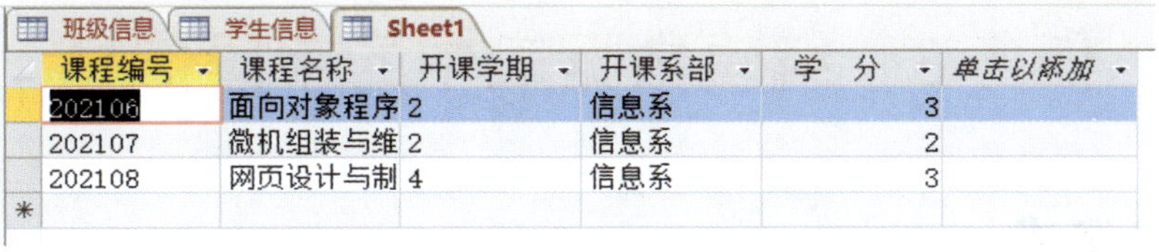

图 3-38　系统创建一个名为 Sheet1 的表格

Step 11　关闭 Sheet1 表格，在页面左侧中选中该表格，单击鼠标右键会弹出一个列表框；选择列表框中的“重命名（M）”选项，如图 3-39 所示。

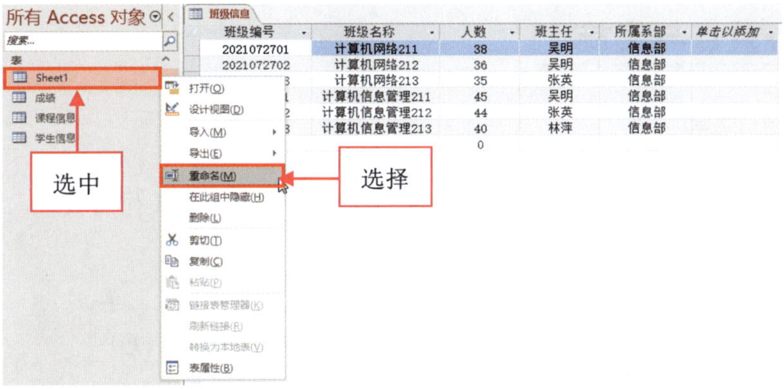

图 3-39　选择“重命名（M）”选项

Step 12　执行操作后，输入表格的名称（即课程信息），如图 3-40 所示。

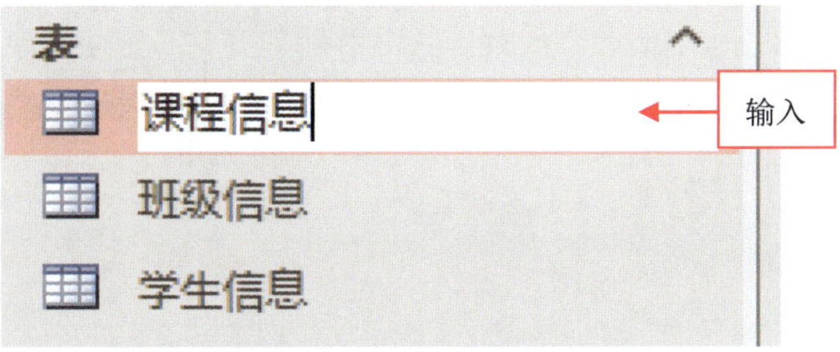

图 3-40　输入表格的名称

Step 13　执行操作后，即可完成表格的重命名，此时打开该表格，即可查看创建好的表格内容，如图 3-41 所示。

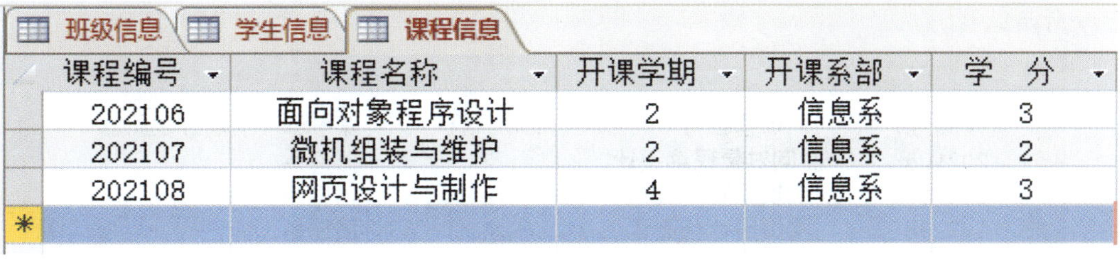

图 3-41　查看创建好的表格内容

任务 3　编辑数据表中的字段信息

任务概述

创建好数据表之后，可以对表格中的字段信息进行编辑。本任务主要讲解数据表中字段的相关操作，帮助读者更好地完成字段信息的编辑。

任务重点与实施

3.3.1　隐藏字段信息

当某个字段的信息不需要在表格中显示时，便可以通过如下操作将其隐藏。

隐藏字段信息

Step 01　在 Access 中，打开某个数据库中的表格，选中要隐藏的字段，单击鼠标右键，会弹出一个列表框；选择列表框中的“隐藏字段（F）”选项，如图 3-42 所示。

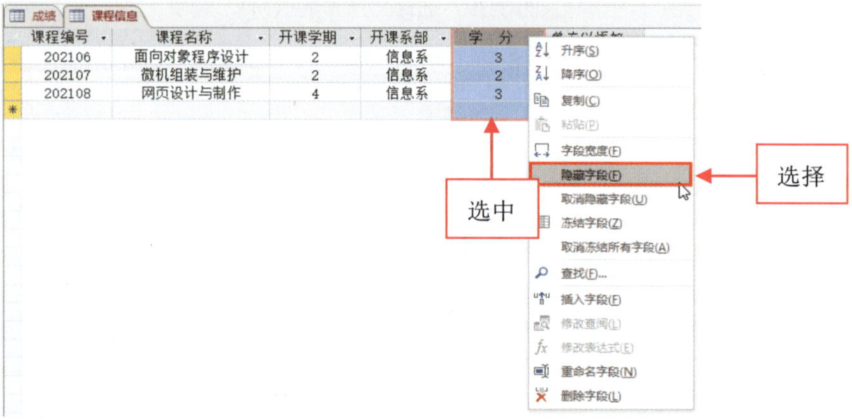

图 3-42　选择“隐藏字段（F）”选项

Step 02　执行操作后，如果对应数据表中不再显示选中的字段，就说明该字段隐藏成功了，如图 3-43 所示。

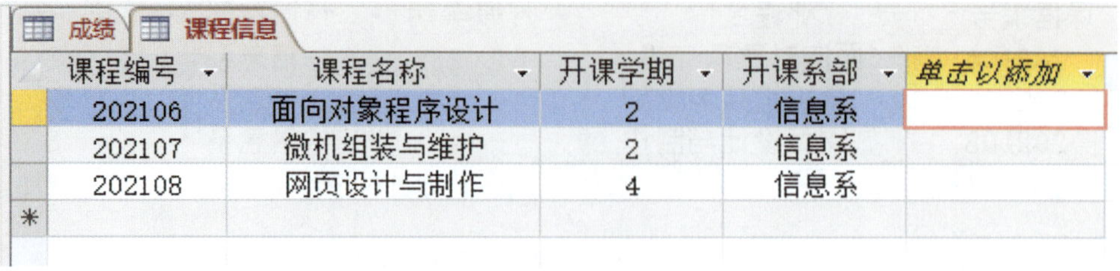

图 3-43　字段隐藏成功

当然，隐藏的字段也可以恢复（即取消隐藏），具体操作步骤如下。

Step 01 选中对应数据表中的某个字段，单击鼠标右键，会弹出一个列表框；选择列表框中的“取消隐藏字段（U）选项，如图 3-44 所示。

取消隐藏字段

Step 02 执行操作后，会弹出“取消隐藏列”对话框，在该对话框中选中要取消隐藏的字段前方的复选框，如“学分”字段前方的复选框，如图 3-45 所示，单击“关闭（C）”按钮，即可将已隐藏的字段恢复。

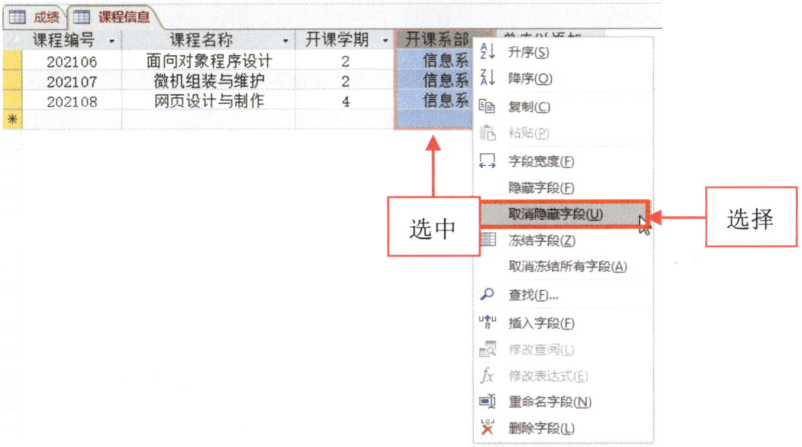

图 3-44　选择“取消隐藏字段（U）选项

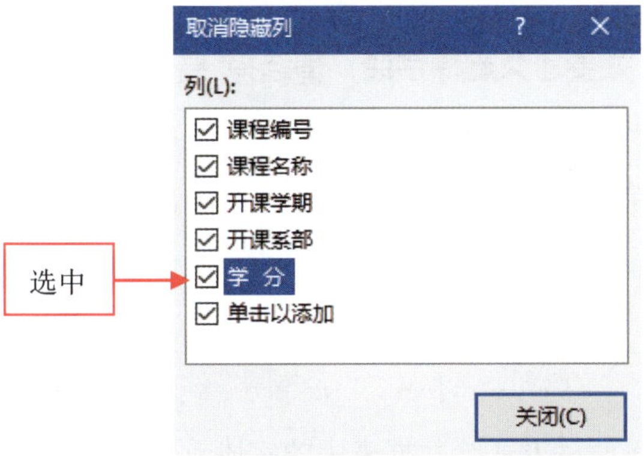

图 3-45　选中“学分”字段前方的复选框

3.3.2　删除字段信息

删除字段信息

如果表格中的字段信息是多余的，可以直接将其删除。需要说明的是，字段被删除之后是无法直接恢复的，所以还需要谨慎进行操作。通常，可以通过如下操作将某个字段删除。

Step 01 选中对应数据表中的某个字段，单击鼠标右键，会弹出一个列表框；选择列表框中的“删除字段（L）”选项，如图 3-46 所示。

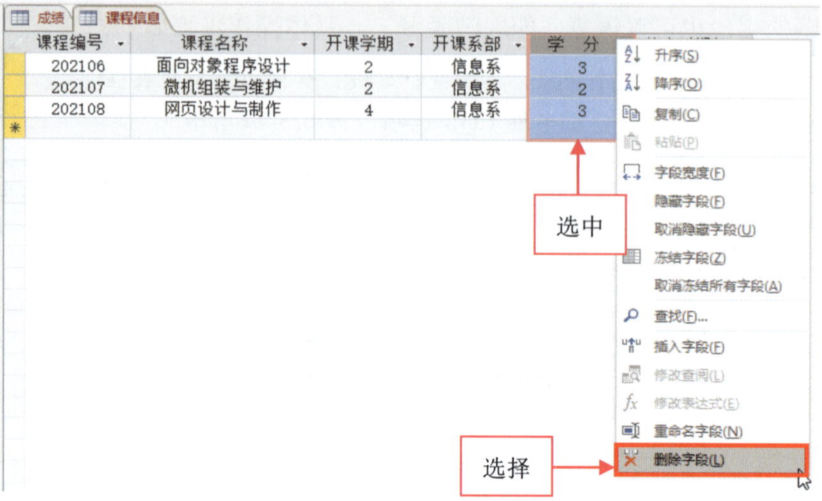

图 3-46 选择“删除字段（L）”选项

Step 02 执行操作后，会弹出 Microsoft Access 对话框，单击对话框中的“是（Y）”按钮，如图 3-47 所示，即可将对应字段删除。

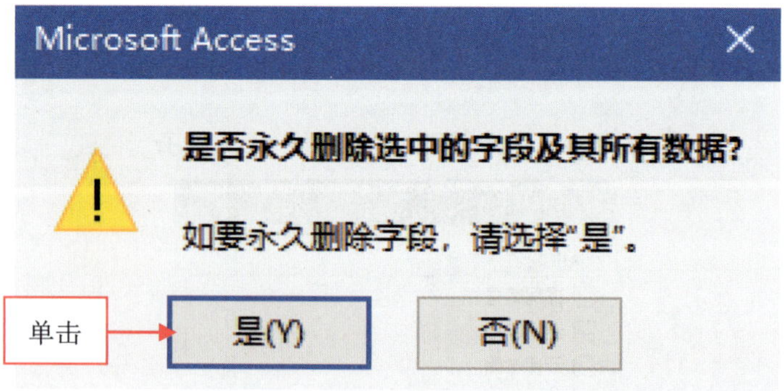

图 3-47 单击“是（Y）”按钮

3.3.3 给字段重命名

在 Access 中，可以通过以下两种方式给数据表中的字段重命名。

（1）选中对应数据表中的某个字段，单击鼠标右键，会出现一个列表框；选择列表框中的“重命名字段（N）”选项；在字段名称单元格中输入字段的新名称。

（2）双击要重命名的字段名称对应的单元格；在对应字段名称单元格中输入字段的新名称。

3.3.4 移动字段位置

如果要将字段调整位置，可以通过移动字段来实现，具体操作步骤如下。

移动字段位置

Step 01 选中对应数据表中要移动位置的字段，按住鼠标左键，该字段左侧会出现一块黑色的区域，如图 3-48 所示。

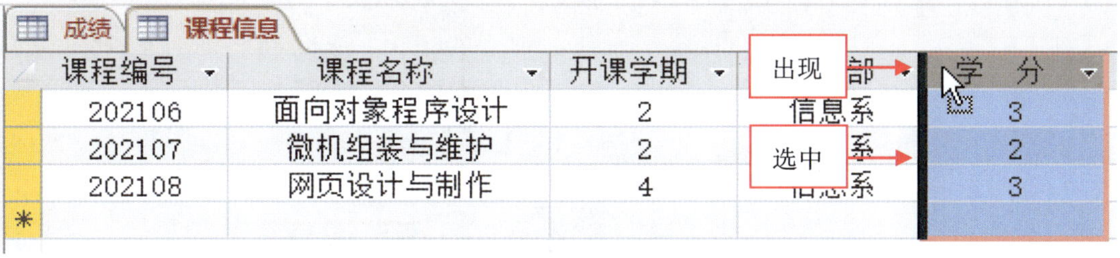

图 3-48　字段左侧出现一块黑色的区域

Step 02 移动鼠标光标的位置，将其指向对应字段需移动到的位置，如图 3-49 所示，此时指示的位置会出现一块黑色的区域。

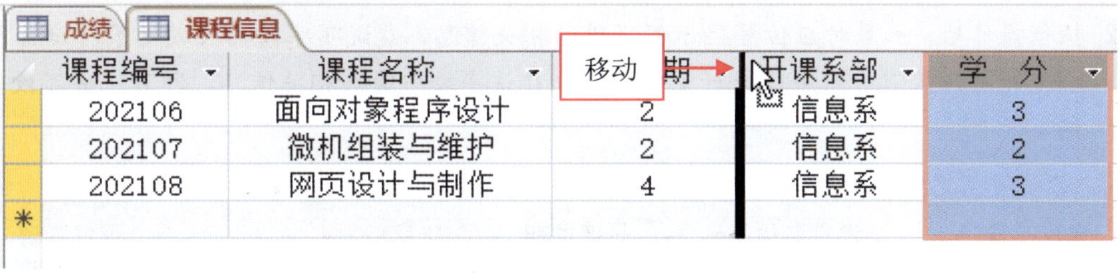

图 3-49　将光标指向对应字段需移动到的位置

Step 03 松开鼠标左键，如果被选中字段出现在需要移动到的位置，就说明该字段的位置移动成功了，如图 3-50 所示。

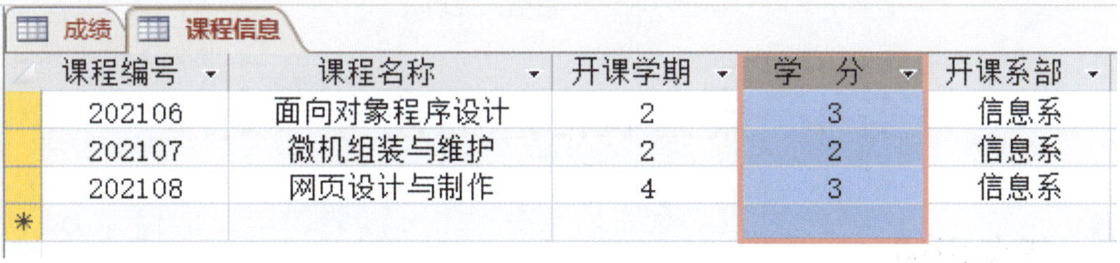

图 3-50　字段的位置移动成功

3.3.5　插入字段信息

如果需要在数据表中增加内容，可以直接插入字段，然后编辑该字段的信息，具体操作步骤如下。

插入字段信息

Step 01 确定要插入字段的位置（如果要在 A 字段的左侧插入字段，需要选中 A 字段），单击鼠标右键，会弹出一个列表框；选择列表框中的“插入字段（F）”选项，如图 3-51 所示。

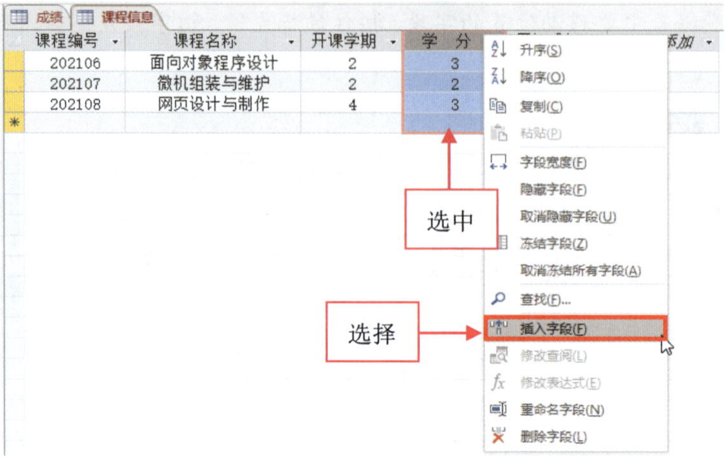

图 3-51　选择"插入字段（F）"选项

Step 02 执行操作后，如果对应位置显示新字段的相关信息，就说明字段插入成功了，如图 3-52 所示。此时，只需对新字段进行重命名，并在该字段中输入相关信息，即可完成字段信息的插入。

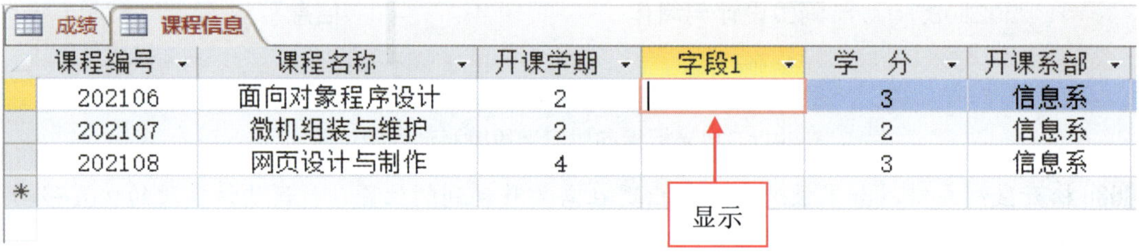

图 3-52　字段插入成功

任务 4　数据表信息的设置和处理

任务概述

在 Access 中，可以对数据表信息进行相关的设置和处理，例如，调整数据表的外观和布局、对数据表数据进行排序、从数据表中筛选数据，这一任务节就来分别进行讲解。

任务重点与实施

3.4.1　调整数据表的外观和布局

为了更好地使用数据表，可以根据自身需求对数据表的外观和布局进行调整。本任务主要介绍调整数据表外观和布局的常见操作技巧。

给数据表数据加粗

1. 给数据表数据加粗

当表格中的数据显示得不够清晰时，可以对数据表数据进行加粗，具体操作步骤如下。

Step 01 打开要加粗数据的表格，单击“开始”功能区中的 **B** 图标，如图 3-53 所示。

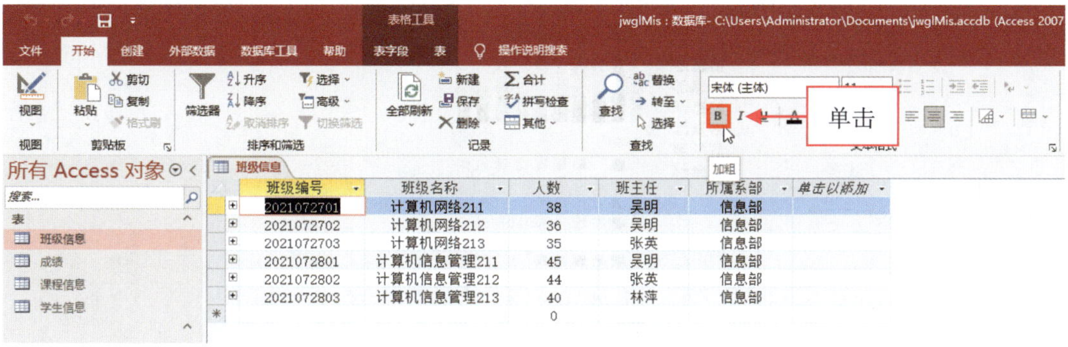

图 3-53　单击 B 图标

Step 02 执行操作后，即可加粗表格中的所有数据，效果如图 3-54 所示。

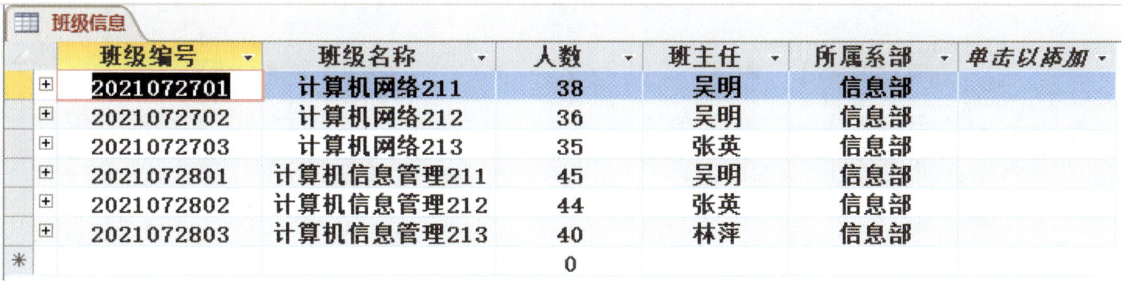

班级编号	班级名称	人数	班主任	所属系部	单击以添加
2021072701	计算机网络211	38	吴明	信息部	
2021072702	计算机网络212	36	吴明	信息部	
2021072703	计算机网络213	35	张英	信息部	
2021072801	计算机信息管理211	45	吴明	信息部	
2021072802	计算机信息管理212	44	张英	信息部	
2021072803	计算机信息管理213	40	林萍	信息部	
		0			

图 3-54　加粗数据表中所有数据的效果

2. 调整数据表数据的颜色

在 Access 中，表格数据的字体颜色默认为黑色，如果要调整数据表数据的字体颜色，可以执行以下操作。

调整数据表数据的颜色

Step 01 打开要调整字体颜色的表格，单击“开始”功能区中 A 图标右侧的 ˅ 图标，如图 3-55 所示。

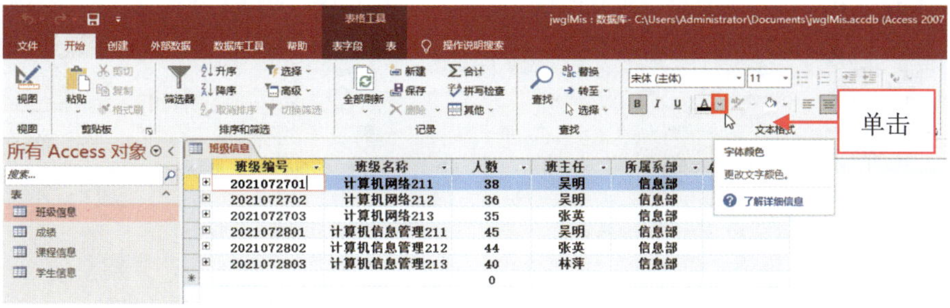

图 3-55　单击 ˅ 图标

Step 02 执行操作后，会弹出字体颜色选择对话框，从该对话框中选择合适的颜色，如“橙色”，如图 3-56 所示。

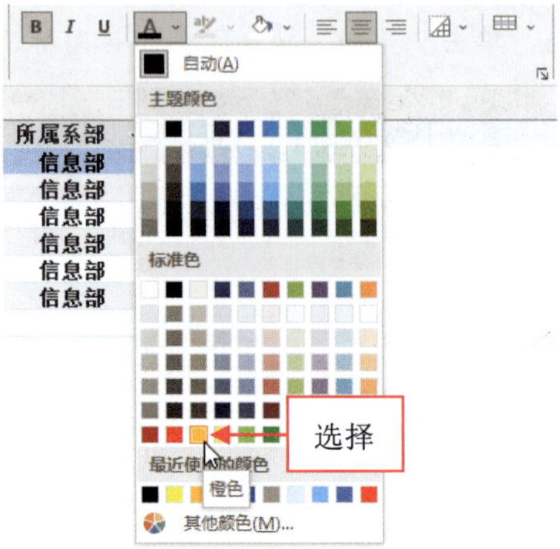

图 3-56　选择“橙色”

Step 03 执行操作后，即可调整表格数据的字体颜色，效果如图 3-57 所示。

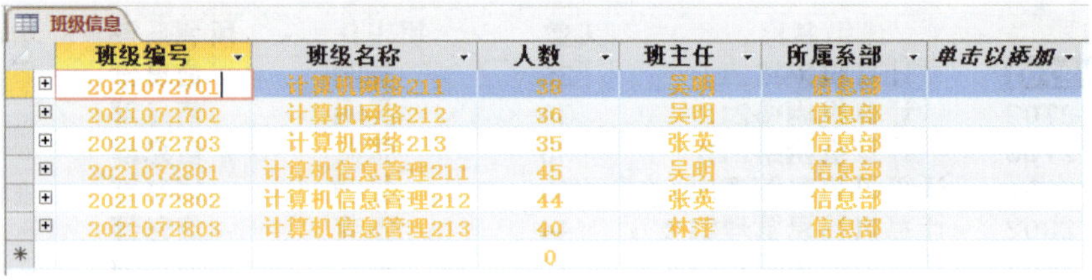

图 3-57　调整表格数据字体颜色后的效果

3. 调整数据表单元格的背景色

在 Access 中，可以通过背景色调整，给数据表中的奇数项记录设置背景颜色。通常，可以通过如下操作调整数据表单元格的背景色。

调整数据表单元格的背景色

Step 01 打开要调整背景色的表格，单击“开始”功能区中图标右侧的图标，如图 3-58 所示。

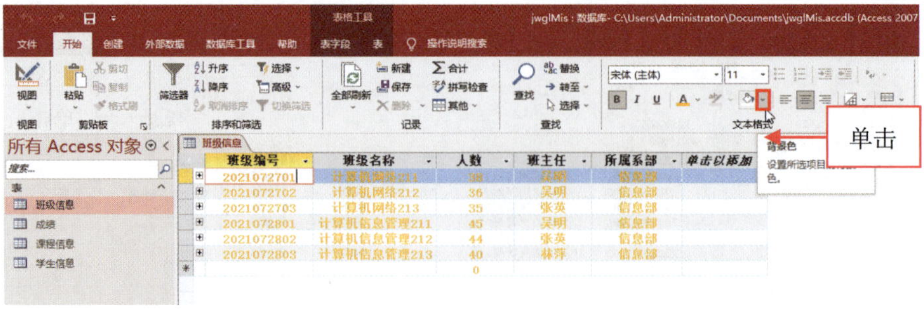

图 3-58　单击图标

Step 02 执行操作后，会弹出背景颜色选择对话框，从该对话框中选择合适的颜色，如“浅灰 3”，效果如图 3-59 所示。

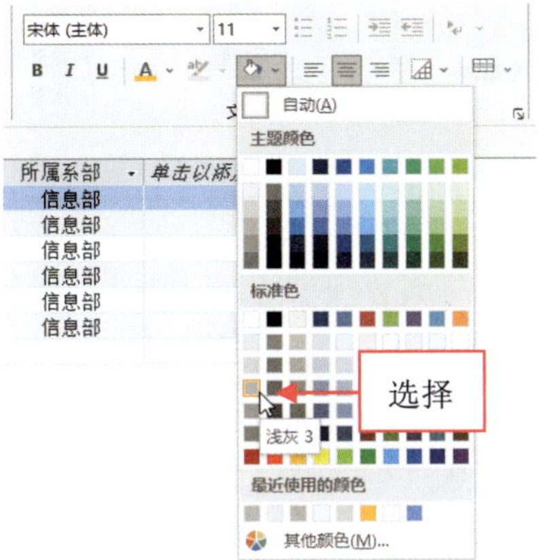

图 3-59　选择“浅灰 3”

Step 03 执行操作后，即可调整表格中奇数项记录的背景色，效果如图 3-60 所示。

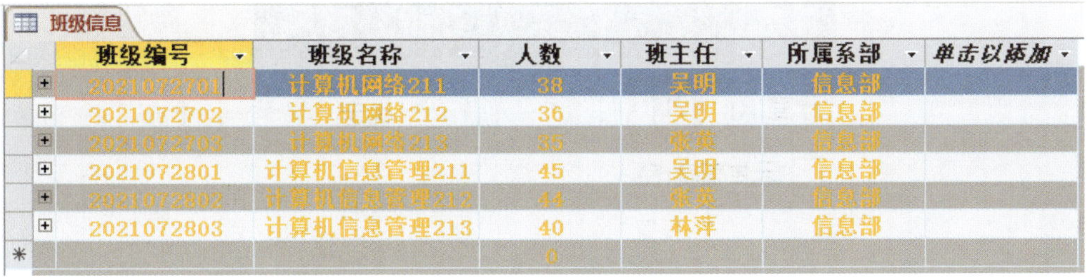

图 3-60　调整表格中奇数项背景色后的效果

4．调整数据表的行高和列宽

有时候数据表的行高和列宽可能不太合理，此时便需要进行一些调整。通常，可以通过功能区和单击鼠标右键来调整数据表的行高和列宽。具体可以通过如下操作调整数据表的行高。

调整数据表的行高和列宽（1）

Step 01 打开要调整行高的表格，单击“开始”功能区中的“其他”按钮，如图 3-61 所示。

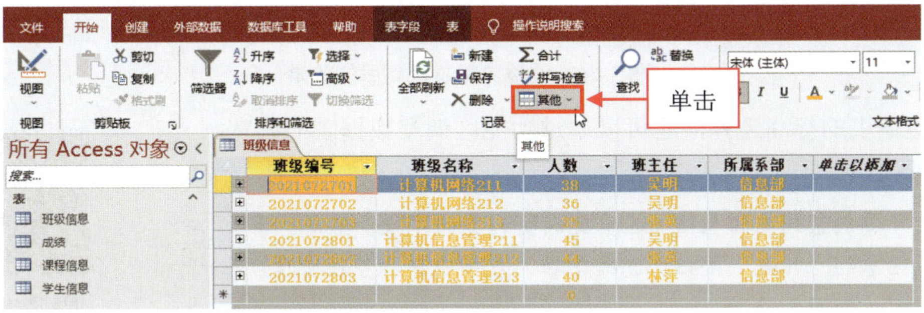

图 3-61　单击“其他”按钮

Step 02 执行操作后，会弹出一个下拉列表框，选择列表框中的“行高（H）…”选项，如图 3-62 所示。

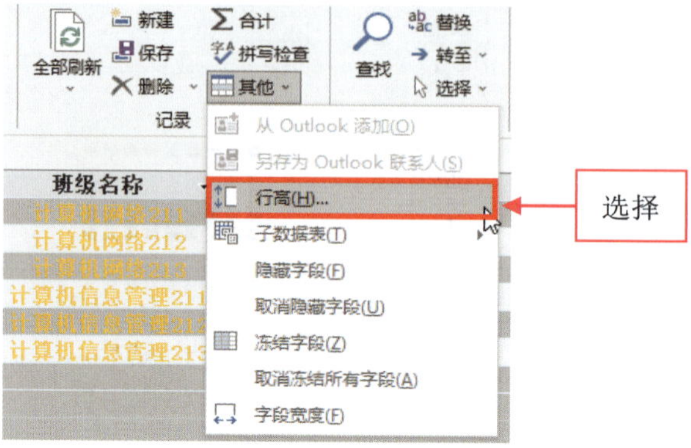

图 3-62 选择“行高（H）…”选项

Step 03 执行操作后，会弹出“行高”对话框，在该对话框中设置行高；单击“确定”按钮，如图 3-63 所示。

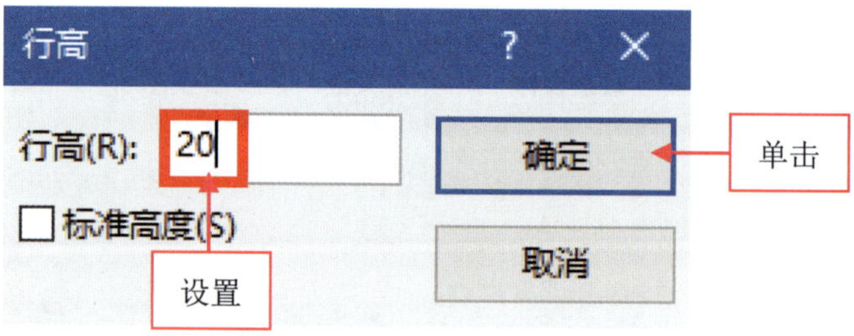

图 3-63 单击“确定”按钮

Step 04 执行操作后，即可调整数据表的行高，效果如图 3-64 所示。

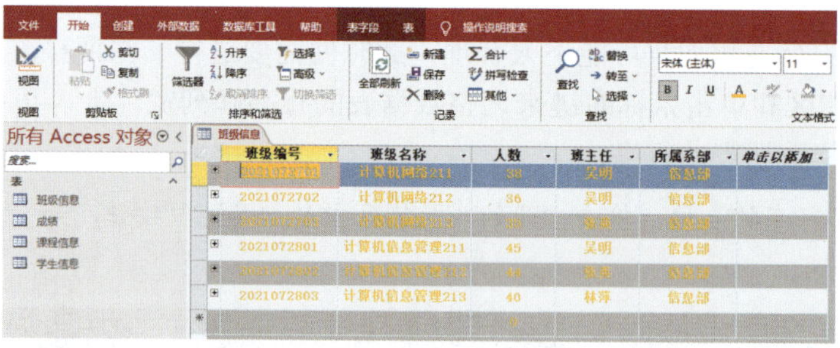

图 3-64 调整数据表行高后的效果

除了数据表的行高之外，还可以通过功能区调整数据表的列宽，具体操作步骤如下。

Step 01 打开要调整列宽的表格，选中要调整列宽的字段；单击“开始”功能区中的“其他”按钮；选择下拉列表框中的“字段宽度（F）”选项，如图 3-65 所示。

调整数据表的行高和列宽（2）

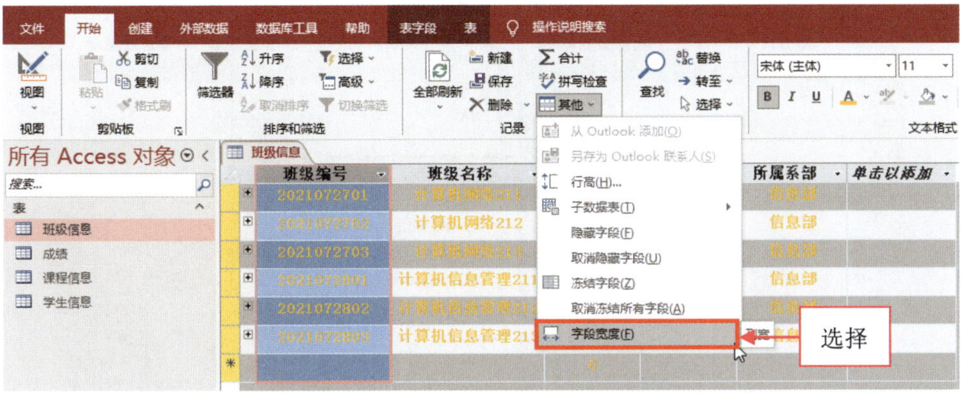

图 3-65　选择“字段宽度（F）”选项

Step 02 执行操作后，会弹出“列宽”对话框，在该对话框中设置列宽；单击“确定”按钮，如图 3-66 所示。

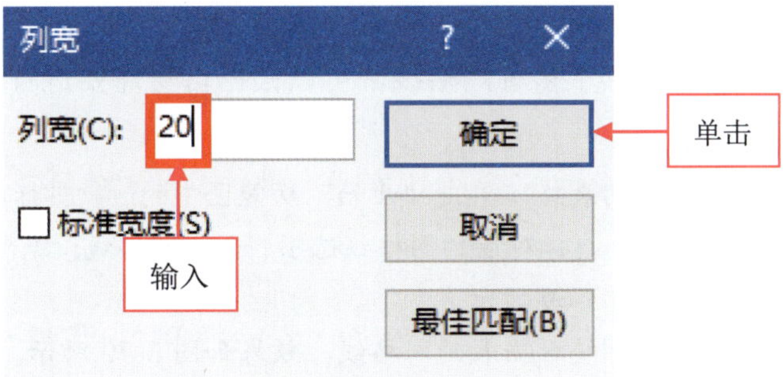

图 3-66　单击“确定”按钮

Step 03 执行操作后，即可调整数据表的列宽，效果如图 3-67 所示。

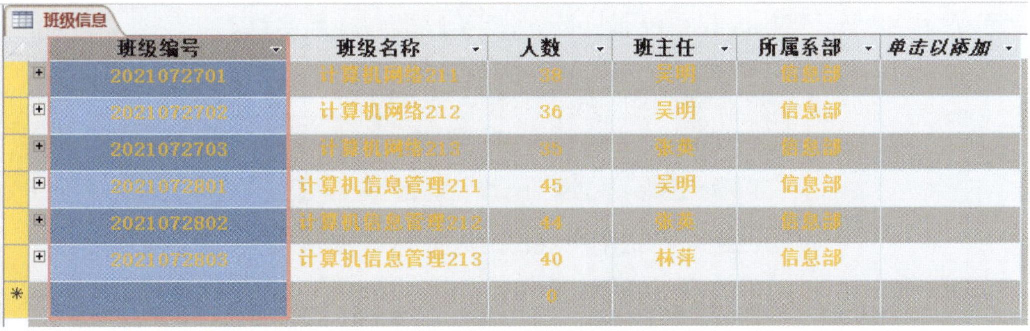

图 3-67　调整数据表列宽后的效果

如果只是要调整数据表列宽，也可以打开表格，选中其中的一个字段并单击鼠标右键；选择弹出的列表框中的“字段宽度（F）”选项，如图 3-68 所示。执行操作后，只需在弹出的“列宽”对话框中设置列宽，并单击“确定”按钮，即可调整数据表中对应字段的列宽。

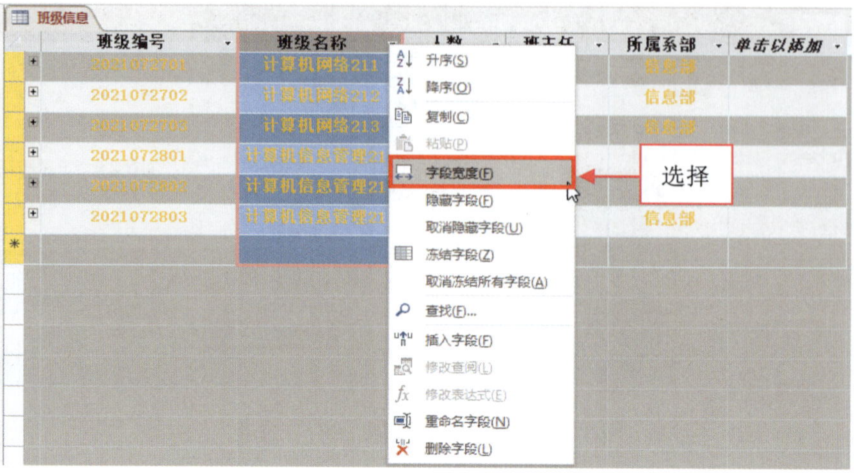

图 3-68　选择“字段宽度（F）”选项

5．调整数据表的网格线

Access 的数据表中提供了多种网格线，可以根据自身需要进行调整，具体操作步骤如下。

调整数据表的网格线

Step 01 打开要调整网格线的表格，单击“开始”功能区中的图标，会弹出一个列表框；选择对应的网格线选项，如“网格线：纵向（V）”选项，如图 3-69 所示。

Step 02 执行操作后，即可调整数据表的网格线，效果如图 3-70 所示。

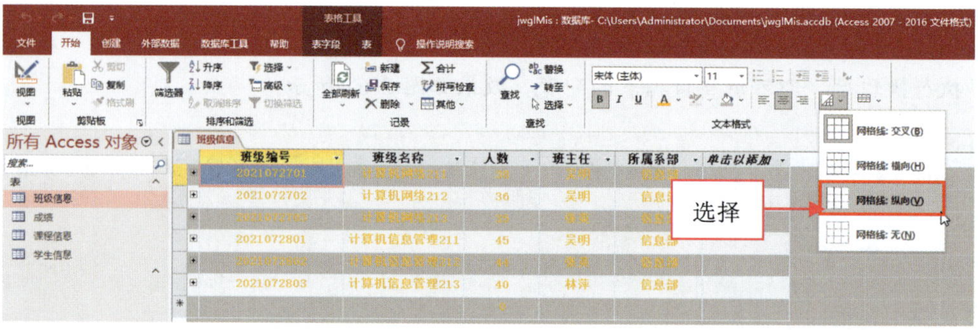

图 3-69　选择“网格线：纵向（V）”选项

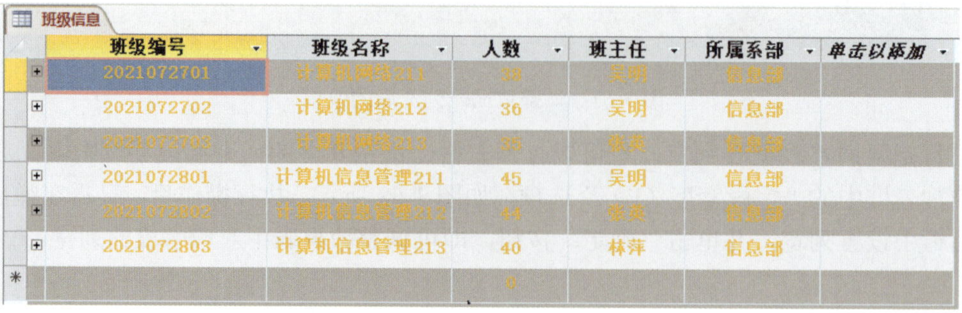

图 3-70　数据表的网格线调整成功

6．调整数据表的可选行颜色

在 Access 的数据表中，可选行是指数据表的偶数项记录（即数据表中除字段名称和背景色设置外的其他行）。和背景色一样，可选行的颜色也是可以进行调整的，具体操作步骤如下。

调整数据表的可选行颜色

Step 01 打开对应的表格，单击“开始”功能区中图标右侧的图标，如图 3-71 所示。

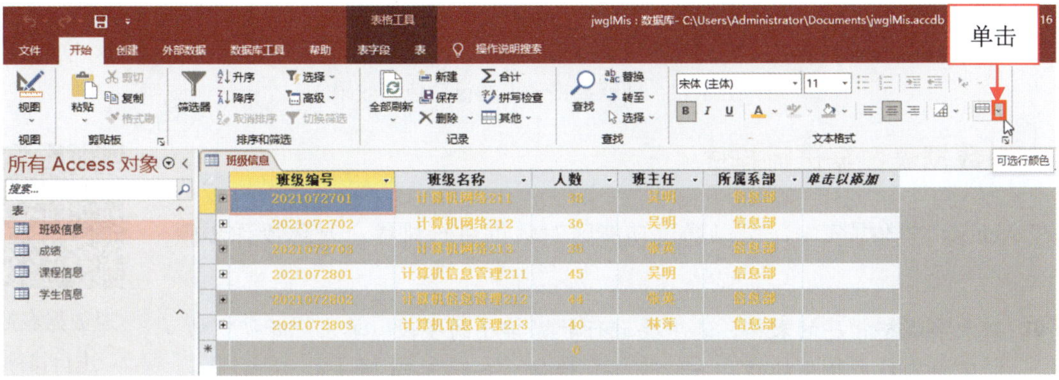

图 3-71　单击图标

Step 02 执行操作后，会弹出可选行颜色选择对话框，从该对话框中选择合适的颜色，如“浅蓝 3”，如图 3-72 所示。

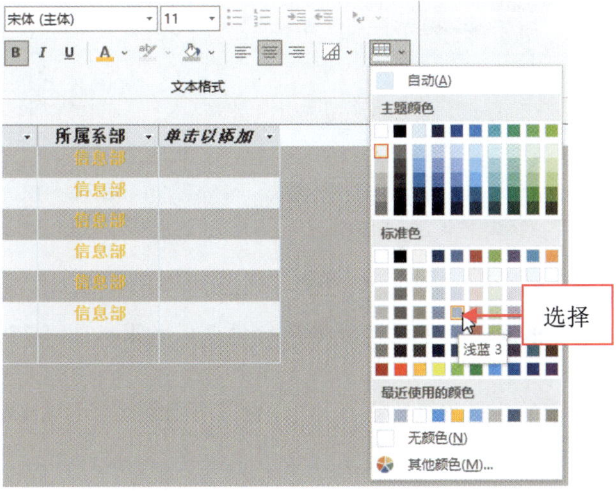

图 3-72　选择“浅蓝 3”

Step 03 执行操作后，即可调整数据表的可选行颜色，效果如图 3-73 所示。

> **▶ 专家指点**
>
> 在调整数据表的外观和布局时，大多数情况下，都无需特意选中表格中的内容，因为系统会自动对除字段标题之外的内容进行调整。例如，调整数据表格中数据的颜色、单元格背景、网格线和可选行颜色，都是无需特意去选中表格内容的。

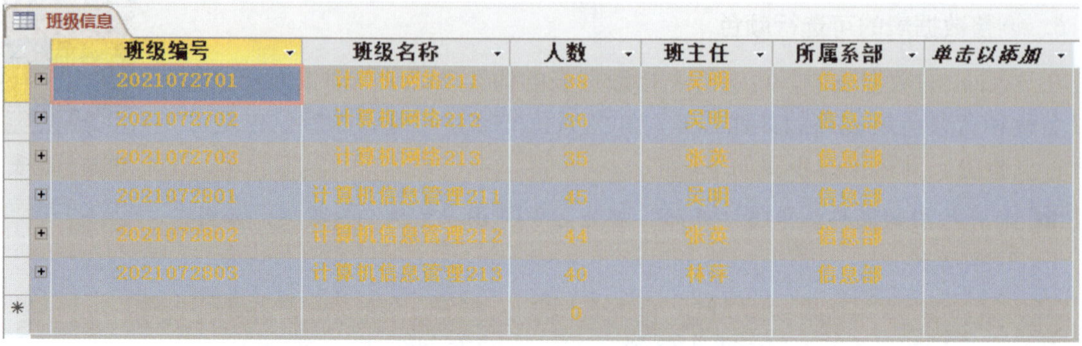

图 3-73　调整数据表可选行颜色的效果

3.4.2　对数据表数据进行排序

在 Access 的数据表中，可以通过功能区对数据进行排序，具体操作步骤如下。

对数据表数据进行排序

Step 01 打开要调整排序的表格，选中要进行数据排序的字段；单击“开始”功能区中的对应排序按钮，如“降序”按钮，如图 3-74 所示。

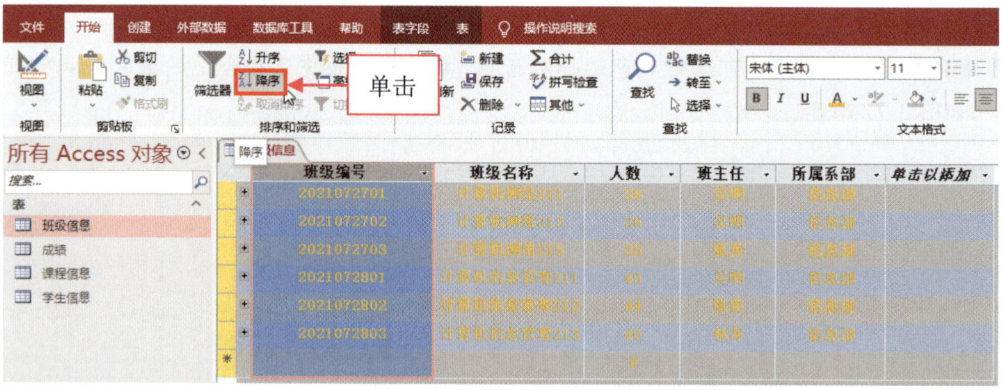

图 3-74　单击“降序”按钮

Step 02 执行操作后，即可根据选中字段的数据进行排序，效果如图 3-75 所示。

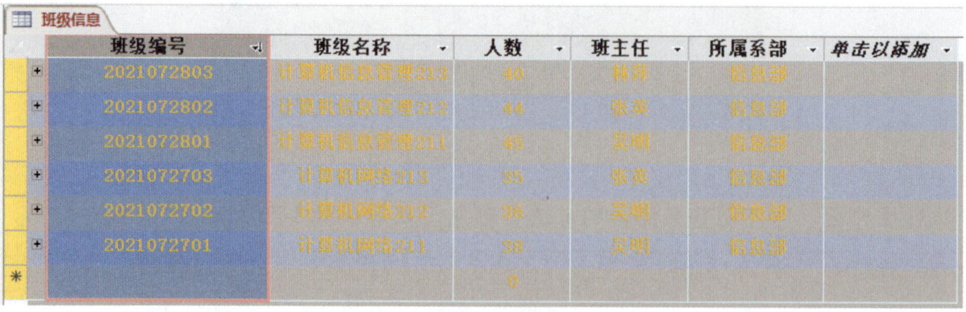

图 3-75　根据选中字段数据进行排序的效果

除了功能区之外，还可以通过单击鼠标右键对数据表中的数据进行排序。打开要调整打开要调整排序的表格，选中要进行数据排序的字段并单击鼠标右键，会弹出一个列表框，如图 3-76 所示。只需在该列表框中选择“升序（S）”选项或“降序（O）”选项，即可根据选中字段的数据进行排序。

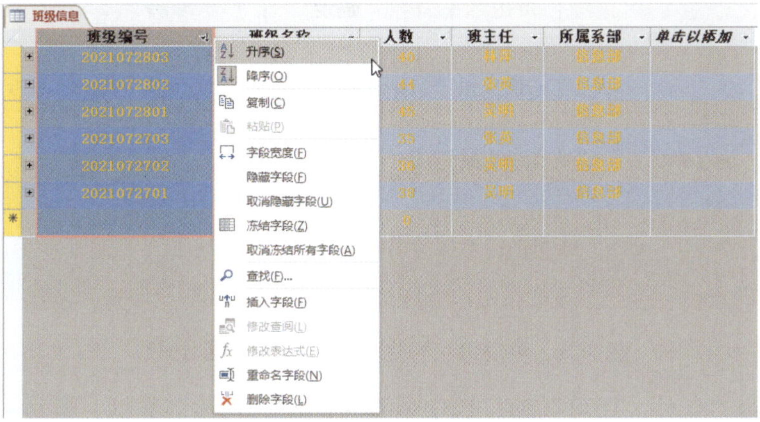

图 3-76　弹出列表框

3.4.3　从数据表中筛选数据

从数据表中筛选数据（1）

数据表创建完成后，可以从中筛选出自身所需的数据。通常，可以借助 Access 的文本筛选器来筛选数据，具体操作如下。

Step 01 打开要筛选数据的表格，单击对应字段名称右侧的 ▾ 图标，会弹出一个对话框，选择对话框中的“文本筛选器（F）”（如果选中的字段中都是数字，该处会显示为“数字选器（F）”）选项，会弹出一个新的列表框，选择新列表框中筛选条件的对应选项，如“开头是（I）...”选项，如图 3-77 所示。

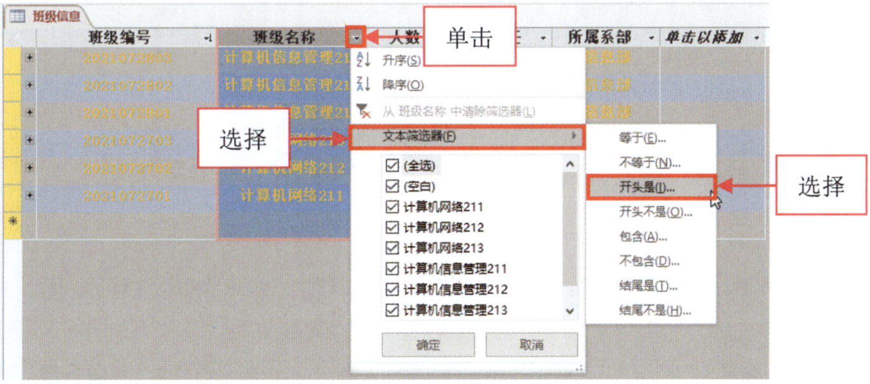

图 3-77　选择“开头是（I）…”选项

Step 02 执行操作后，会弹出“自定义筛选”对话框，根据提示在对话框中输入信息；单击“确定”按钮，如图 3-78 所示。

Step 03 执行操作后，即可根据输入的信息进行数据筛选，效果如图 3-79 所示。

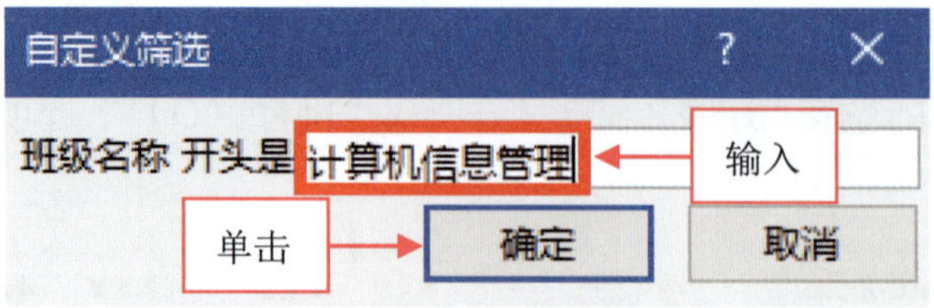

图 3-78　单击“确定”按钮

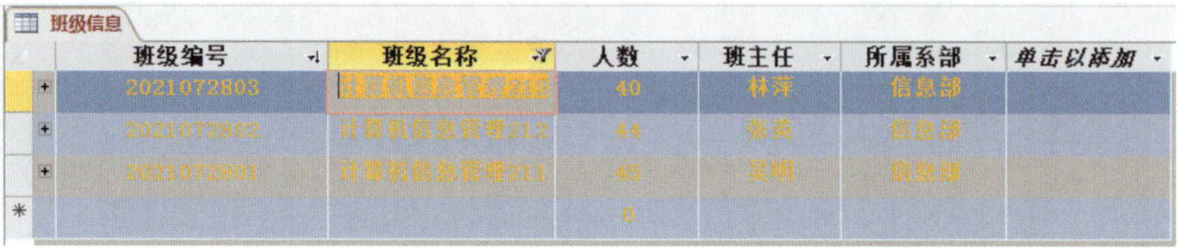

图 3-79　根据输入的信息进行数据筛选的效果

除了文本筛选器之外，还可以通过选中要查看的信息来筛选数据，具体操作步骤如下。

从数据表中筛选数据（2）

Step 01 打开要筛选数据的表格，单击对应字段名称右侧的 ▾ 图标，会弹出一个对话框；选中要查看的信息前方的复选框（即取消选中不需要查看的信息）；单击“确定”按钮，如图 3-80 所示。

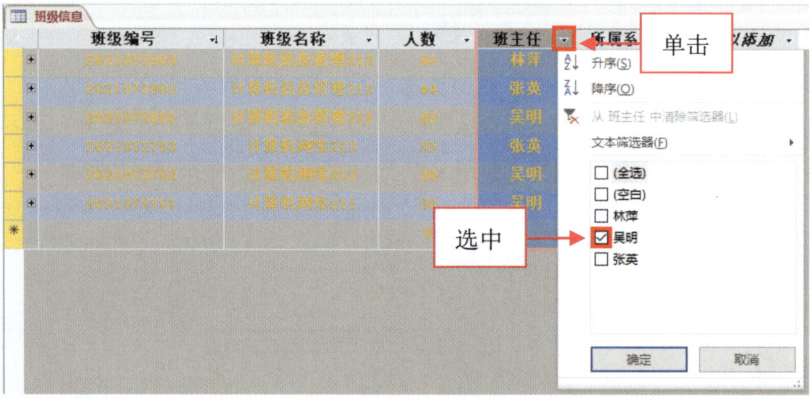

图 3-80　选中要查看的信息前方的复选框

Step 02 执行操作后，即可根据选中的信息进行数据筛选，效果如图 3-81 所示。

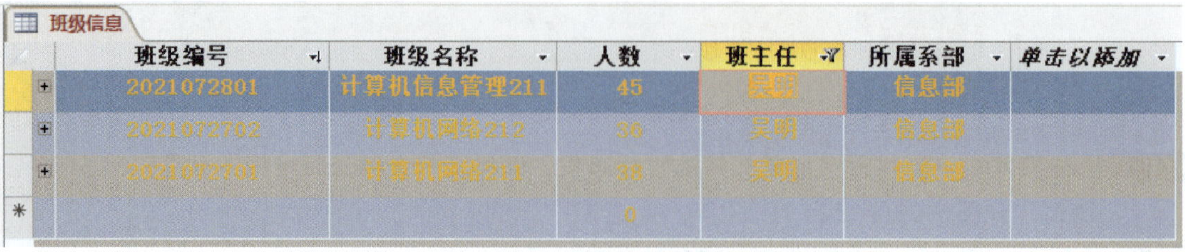

图 3-81　根据选中的信息进行数据筛选的效果

任务 5　数据表关系的创建和管理

任务概述

数据库关系是指两个表的共有字段之间的关联性，通过定义表之间的关系，可以将数据库中各个数据表中的信息联系起来。只有定义了关系，创建查询、窗体以及数据表等对象才可以同时显示多个数据表中的数据。本任务主要介绍表关系的创建和管理方法，帮助读者快速掌握相关的操作技巧。

任务重点与实施

3.5.1　创建表关系

创建表关系(1)

可以为具有关系的数据表创建表关系，具体操作步骤如下。

Step 01　在 Access 中，打开某个数据库（不要打开数据库中的表格），单击“数据库工具”功能区中的“关系”按钮，如图 3-82 所示。

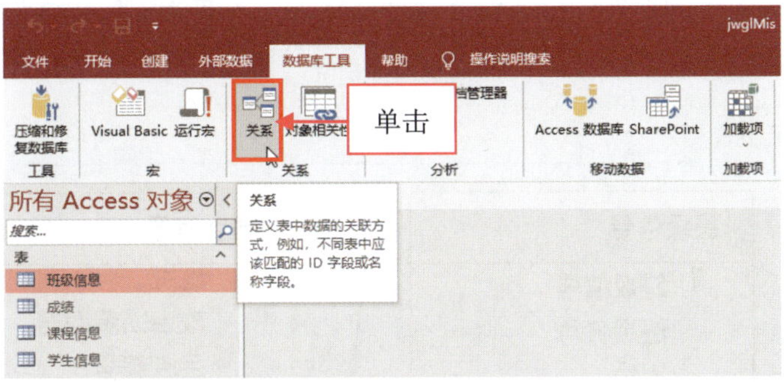

图 3-82　单击“关系”按钮

Step 02　执行操作后，会出现“关系设计”功能区，单击该功能区中的“添加表”按钮，如图 3-83 所示。

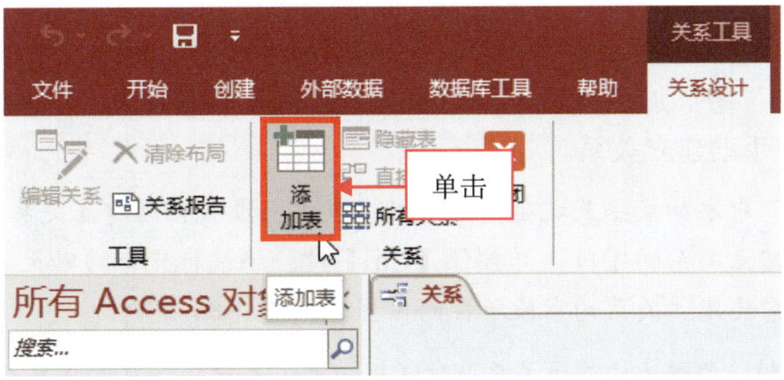

图 3-83　单击“添加表”按钮

Step 03 执行操作后，会弹出“显示表”对话框，按住【Ctrl】键选中要添加关系的两个数据表；单击“添加（A）”按钮，如图 3-84 所示。

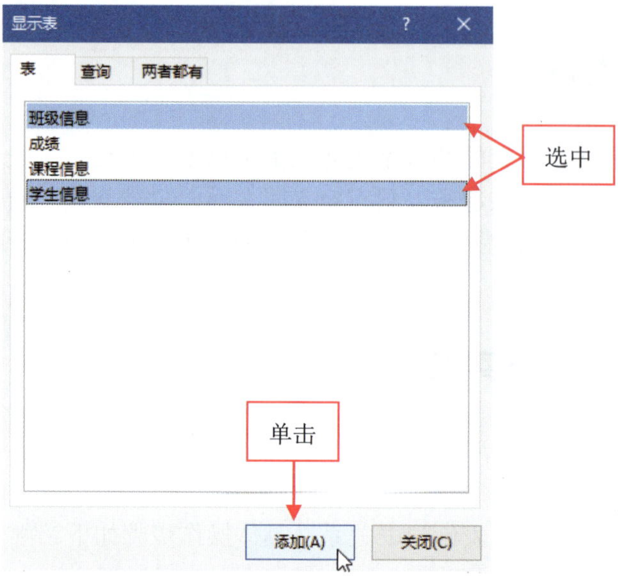

图 3-84　单击“添加（A）”按钮

Step 04 执行操作后，有的数据表之间可能会自动创建关系（有一根线将这两个数据表中的某个字段连接），如图 3-85 所示。

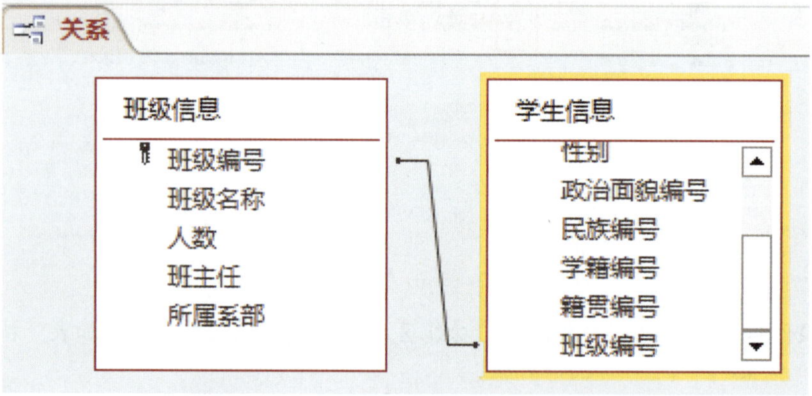

图 3-85　数据表之间自动创建关系

如果在“显示表”中添加数据表之后，数据表之间没有自动建立关系，可以通过以下操作来手动建立关系。

创建表关系（2）

Step 01 在“显示表”中添加数据表之后，如果数据表之间没有自动建立关系，可以选中要建立关系的字段，并按住【Ctrl】键；将鼠标光标移动至另一个表格中需要建立关系的字段所在的位置，如图 3-86 所示。

Step 02 松开【Ctrl】键，会弹出“编辑关系”对话框，确认表中的信息无误之后，单击“创建（C）”按钮，如图 3-87 所示。

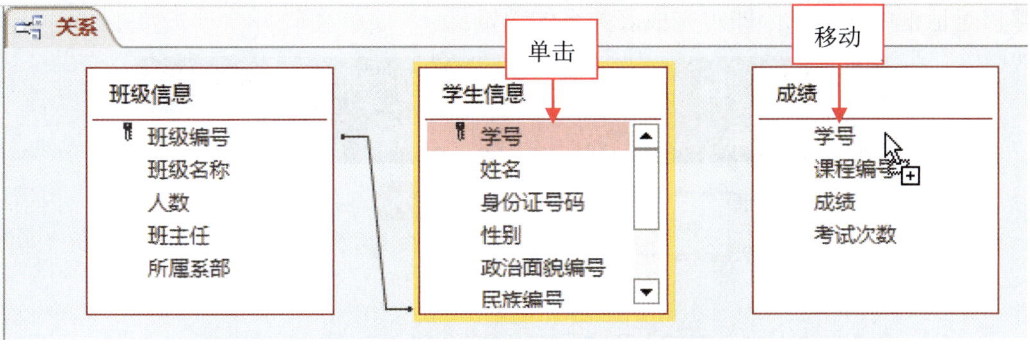

图 3-86　将鼠标光标移动至另一个表格中需要建立关系的字段所在的位置

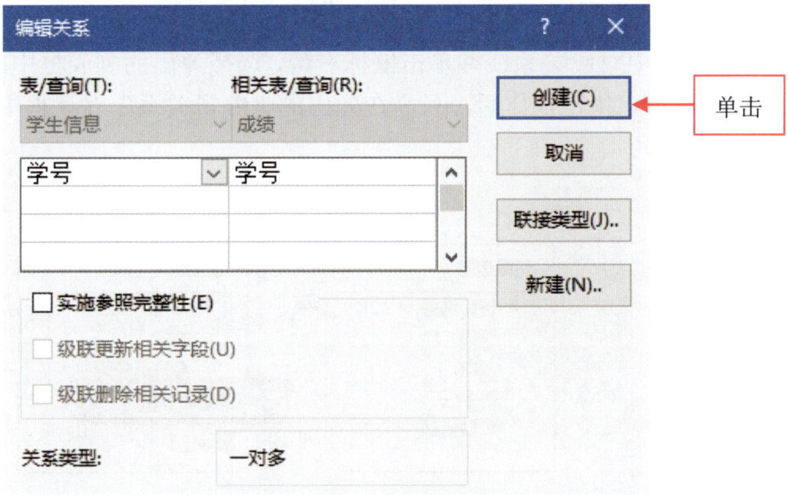

图 3-87　单击“创建（C）”按钮

Step 03 执行操作后，如果有一根线将这两个数据表中的对应字段连接，就说明关系创建成功了，如图 3-88 所示。

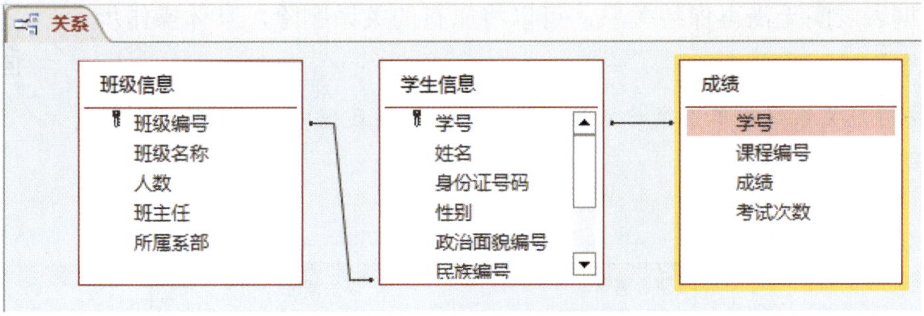

图 3-88　关系创建成功

3.5.2　编辑表关系

在 Access 中，可以通过两种方法来编辑表关系，一种是打开数据库之后，单击“关系设计”功能区中的“编辑关系”按钮，如图 3-89 所示。执行操作后，会弹出“编辑关系”对话框，只需调整该对话框中的信息，即可完成表关系的编辑。

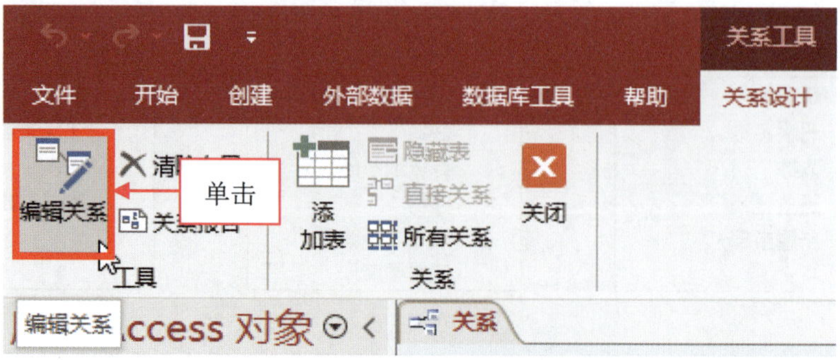

图 3-89　单击“编辑关系”按钮

另一种方法是选中对应关系线并单击鼠标右键，选择弹出的列表框中的“编辑关系（R）…”选项，如图 3-90 所示。执行操作后，只需在弹出的“编辑关系”对话框中调整相关信息，即可完成表关系的编辑。

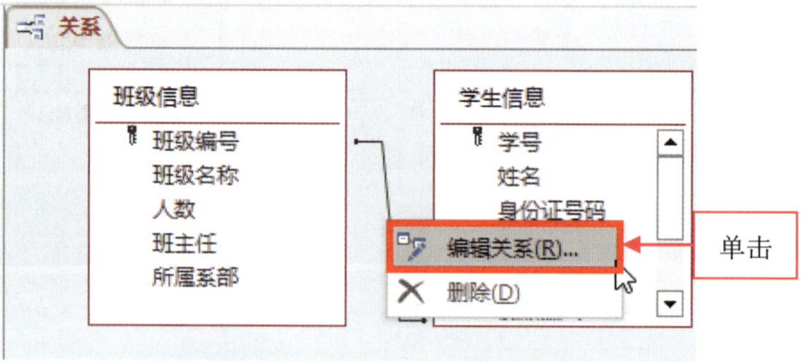

图 3-90　选择“编辑关系（R）…”选项

3.5.3　删除表关系

如果数据表之间无需再保持关系，可以将原有的关系删除，具体操作步骤如下。

删除表关系

Step 01　单击对应关系线并单击鼠标右键，选择弹出的列表框中的“删除（D）”选项，如图 3-91 所示。

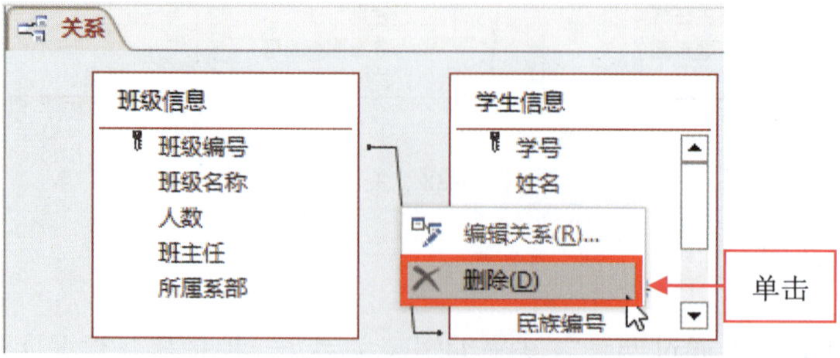

图 3-91　选择“删除（D）”选项

Step 02 执行操作后，会弹出 Microsoft Access 对话框，单击对话框中的“是(Y)”按钮，如图 3-92 所示。

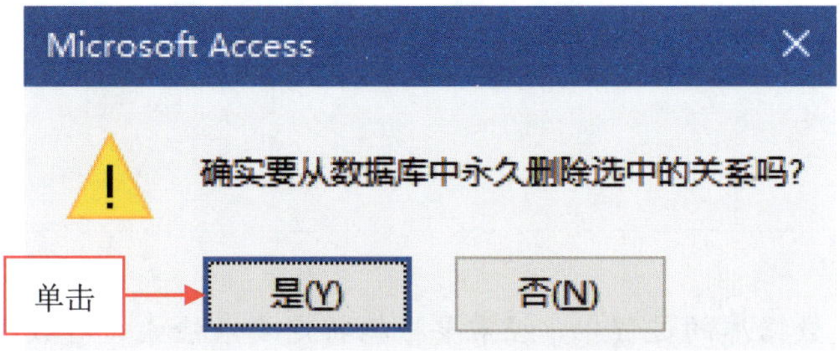

图 3-92　单击“是（Y）”按钮

Step 03 执行操作后，即可删除对应表之间的关系，如图 3-93 所示。

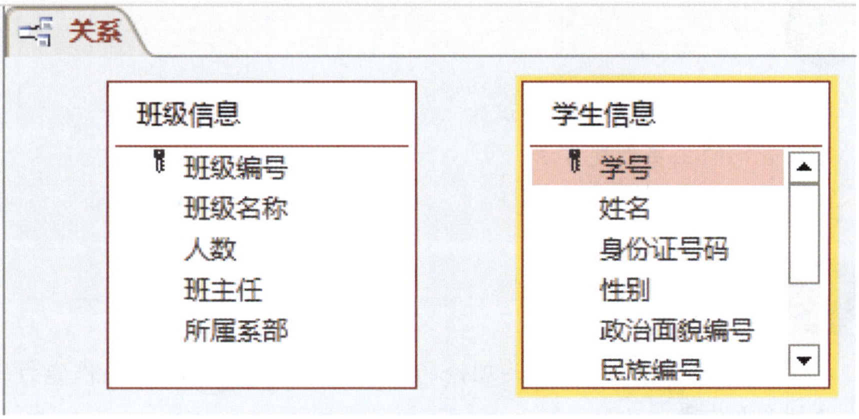

图 3-93　删除对应表之间的关系

项 目 小 结

本项目主要介绍了 Access 数据表的基础知识和数据表的相关操作技巧，首先介绍了数据表的组成和创建，其次介绍了数据表信息的编辑和设置，最后介绍了数据表关系的创建和管理。通过本项目的学习，读者能够快速增加对 Access 数据表的了解，独立完成数据表的基础操作。

项 目 习 题

鉴于本项目知识的重要性，为了帮助读者更好地掌握所学知识，本项目将通过上机习题，帮助读者进行简单的知识回顾和补充。本习题需要掌握数据表关系的创建方法。

1．如何为素材中的“成绩”和“课程信息”数据表创建关系？

2．如何通过 Access 的“Access 选项”对话框添加“查找”这个快速访问工具？

项目 4　查询的创建与使用

项目概述

在使用 Access 数据库的过程中，经常要根据特定要求检索一些数据，此时就需要用到查询功能。本项目将重点讲解 Access 查询的基本知识和常见操作技巧，帮助读者快速掌握 Access 的查询方法。

学习目标

- 了解 Access 查询的基本知识。
- 掌握查询的主要创建方法。
- 掌握查询信息的编辑技巧。

思政目标

- 培养学生注重对计算机相关理论的学习，又注重学生实际操作能力的培养，使得学生得到全面发展。
- 激发和培养学生学习计算机的兴趣，使学生树立自信心，养成良好的学习习惯和形成有效的学习策略，发展自主学习的能力和团队协作精神。

任务 1　Access 查询的基本知识

TASK 任务概述

Access 数据库具有很强的数据查询和统计能力，利用查询既可以检索符合特定条件的数据，也可以通过查询向数据表中添加新数据。本任务主要介绍 Access 的查询。

TASK 任务重点与实施

4.1.1　查询

查询是通过对一个或多个表提取数据创建的，主要用来对数据进行检索和加工，查询结果可以作为其他数据库对象使用。查询本身也是一个表，但查询并不产生一个物理记录的集合，它在使用时从数据源中提取记录，而且记录的内容会随着数据源的更新而变化。查询像数据表一样，是数据库的一个组成部分。

4.1.2 查询的类型

Access 的查询主要可以分为以下几类。

1．选择查询

选择查询是比较常见的查询类型，它是从一个或多个数据表中检索数据。使用选择查询可以对记录进行分组，并且对记录进行总计、计数和求平均值等。

2．参数查询

执行参数查询时，会显示一个对话框，用户可以在该对话框中输入信息，例如，查询条件。用户可以设计参数查询来提取指定范围的内容。例如，输入两个日期，然后检索这两个日期之间的所有记录。

3．交叉表查询

使用交叉表查询可以计算并重新组织数据的结构，这样可以更方便地分析数据。交叉表查询计算数据的总计、平均值、计数或其他类型的总和，这种数据可分为两组信息：一组在数据表的左侧排列；另一组在数据表的顶端排列。

4．操作查询

使用操作查询只需进行一次操作即可对许多记录进行更改和移动。操作查询的形式主要有以下四种。

（1）删除查询：可以从一个或多个数据表中删除一组记录。

（2）更新查询：可以对一个或多个数据表中的一组记录进行全局更改。

（3）追加查询：可以将一个或多个数据表中的一组记录添加到一个或多个表的末尾。

（4）生成表查询：可以根据一个或多个数据表中的全部或部分数据新建数据表。生成表查询有助于创建数据表，将数据表导出到其他 Access 数据库。

5．SQL 查询

结构化查询语言（structured query language，SQL），SQL 查询是使用 SQL 语句创建的查询。在 Access 中，用户可以使用 SQL 语句来查询、更新和管理数据库。Access 中的所有查询都可以认为是一个 SQL 查询，在其他查询提供的创建工具中，虽然不用输入 SQL 语句，但系统最终都将自动生成 SQL 查询。

4.1.3 查询的功能

如果隐藏数据表中不需要显示或打印的列，只显示或打印数据表中的其他数据，这样也能完成类似查询的功能，但是这样做只能从一个数据表中选择所需的数据，而不能保存结果。而使用查询既可以按照不同的方式查看、更改和分析数据，也可以用查询作为窗体、报表和数据访问页的记录源。查询的主要功能如下。

（1）选择字段：从数据表中选择所需的部分字段。

（2）选择记录：从数据表中选择符合规定条件的部分记录。

（3）排序记录：对数据表的数据进行重新排序，按新的顺序浏览记录。

（4）修改数据：采用查询可以一次修改、删除或增加一组相关的记录。

（5）建立新表：采用生成数据表查询，可以根据查询结果新建一个查询结果表。

（6）统计计算：建立一个计算字段，利用计算字段保存统计结果。

（7）数据来源：查询可以作为窗体、报表和数据访问页的数据来源。

4.1.4 查询的视图

在创建查询和编辑查询信息时，经常需要切换视图。查询的视图主要有以下三种。

（1）设计视图。设计视图也就是查询设计器，通过该视图可以设计除 SQL 查询之外的任何类型的查询。

（2）数据表视图。数据表视图是查询的数据浏览器，通过该视图可以查看查询运行结果、浏览检索的数据。

（3）SQL 视图。SQL 视图是按照 SQL 语法规范显示查询语句，该视图主要用于 SQL 查询。

任务 2 查询的主要创建方法

任务概述

在 Access 中，可以通过“设计视图”“查询向导”和“SQL 视图”功能来创建查询。下面将分别进行讲解。

任务重点与实施

4.2.1 通过“查询设计”创建查询

使用“设计视图”可以创建基于一个表或多个表的选择查询。下面以查询所有学生的情况为例介绍具体的操作步骤。

通过“查询设计”创建查询

Step 01 在 Access 中，打开包含查询信息的数据库，单击“创建”功能区中的“查询设计”按钮，如图 4-1 所示。

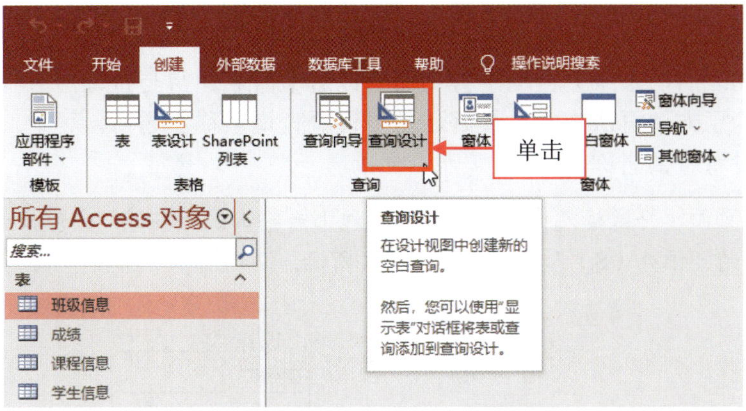

图 4-1　单击“查询设计”按钮

Step 02 执行操作后，会弹出“显示表”对话框，按住【Ctrl】键选中要添加的数据表；单击“添加（A）”按钮，如图 4-2 所示。

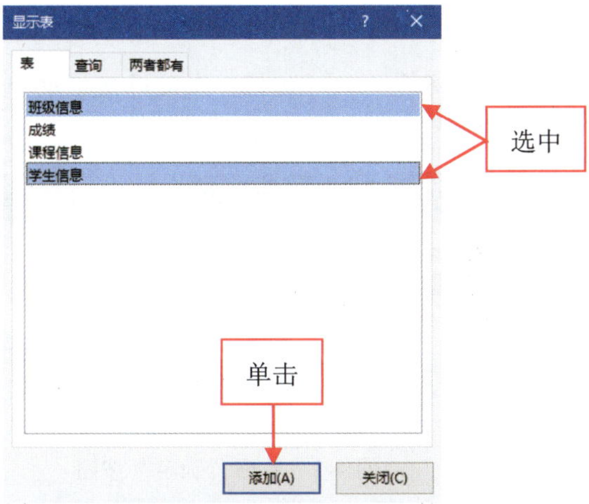

图 4-2　单击“添加（A）”按钮

Step 03 执行操作后，如果出现查询页面及相关的查询信息，就说明查询创建成功了，如图 4-3 所示。

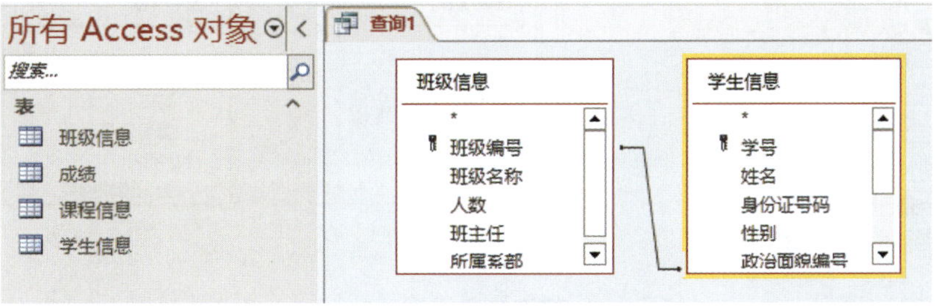

图 4-3　查询创建成功

完成查询的初步创建之后，还需要对查询信息进行相关设置，完善查询的信息。下面主要讲解查询设置的一些常见操作。

设置查询名称

1．设置查询名称

查询创建成功之后，系统会自动给查询命名，这个命名通常与查询内容无关。因此，为了方便再次查看，最好还是要设置查询名称。通常，可以通过如下操作设置查询名称。

Step 01 进入查询页面，将鼠标光标停留在查询标题上并单击鼠标右键，会弹出一个列表框，选择列表框中的“保存（S）”选项，如图 4-4 所示。

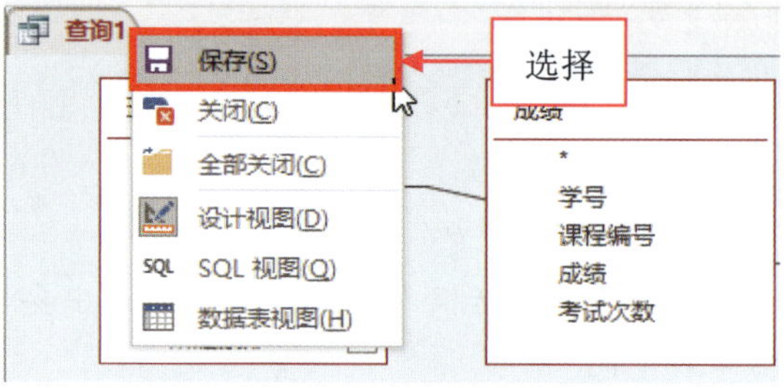

图 4-4　选择“保存（S）”选项

Step 02 执行操作后，会弹出“另存为”对话框，在该对话框中输入查询名称，如“查询所有学生的信息”；单击“确定”按钮，如图 4-5 所示。

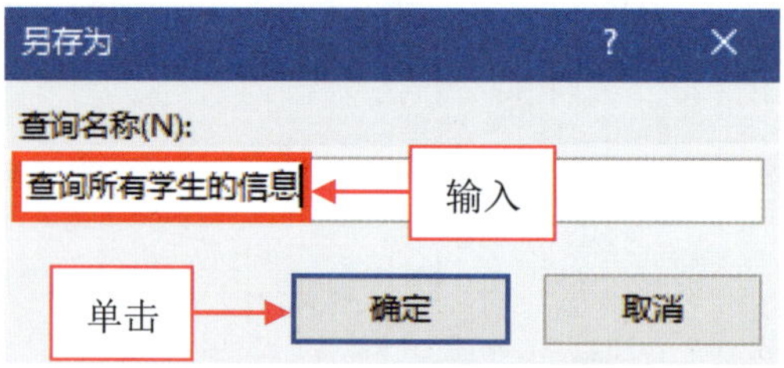

图 4-5　单击“确定”按钮

Step 03 执行操作后，如果显示刚刚输入的查询名称，就说明查询名称设置成功了，如图 4-6 所示。

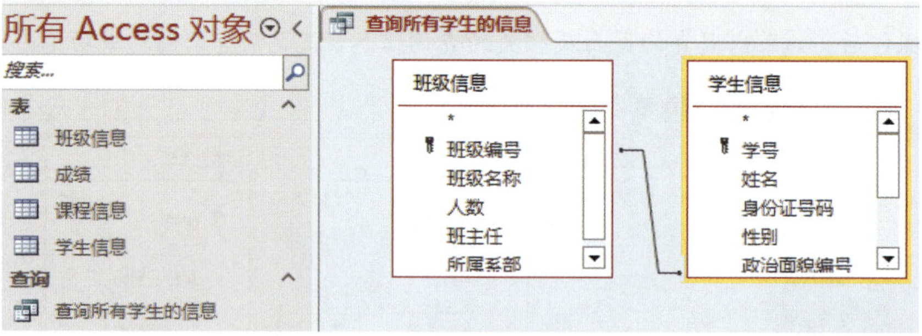

图 4-6　查询名称设置成功

设置排序方式

2．设置排序方式

在 Access 中，可以对排序方式进行设置，让查询结果按照要求进行展示。其具体操作步骤如下。

Step 01 进入查询页面，双击页面中对应的字段，将其添加至下方的窗口中（添加成功后，下方窗口中会显示字段和表的名称），如图 4-7 所示。

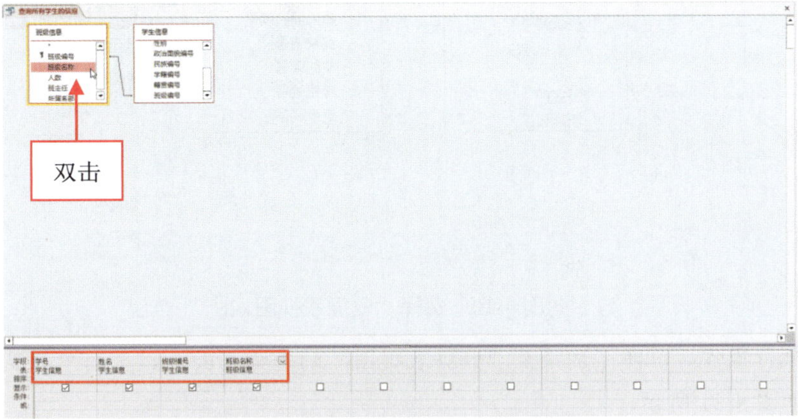

图 4-7　将对应字段添加至下方的窗口中

Step 02 执行操作后，单击对应字段“排序”右侧的图标，会弹出一个列表框；选择列表框中的对应排序选项，如“升序”选项，如图 4-8 所示。

Step 03 执行操作后，如果对应字段“排序”的右侧显示“升序”，就说明排序方式设置成功了，如图 4-9 所示。

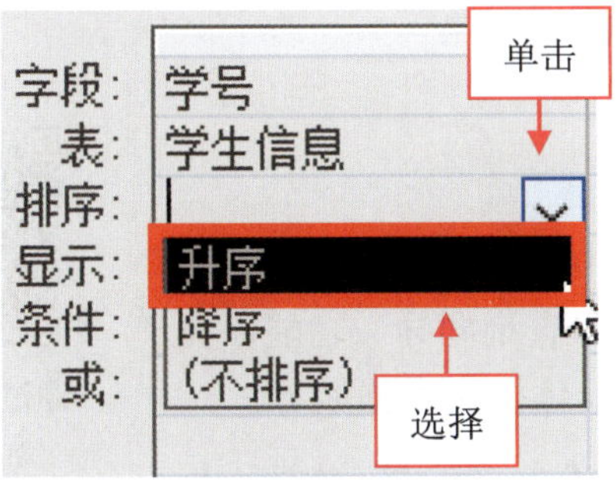

图 4-8　选择“升序”选项

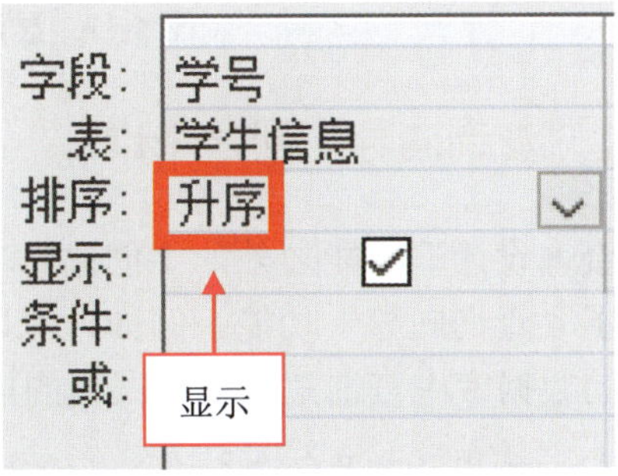

图 4-9　排序方式设置成功

3．浏览查询结果

“设计视图”的查询页面中主要是显示已添加表格中相关字段的关系，而不会显示想要查询的信息。因此，如果要浏览查询结果，那么需要通过如下操作切换至“数据表视图”的查询页面。

浏览查询结果

Step 01 进入查询页面，在页面右侧的空白处单击鼠标右键，会弹出一个列表框，选择列表框中的“数据表视图（H）”选项，如图 4-10 所示。

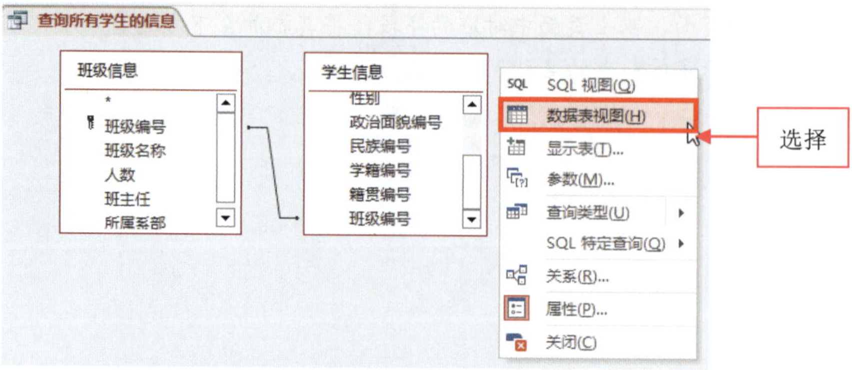

图 4-10　选择“数据表视图（H）”选项

Step 02 执行操作后，即可切换至“数据表视图”的查询页面，该页面中会显示相关的查询结果，如图 4-11 所示。

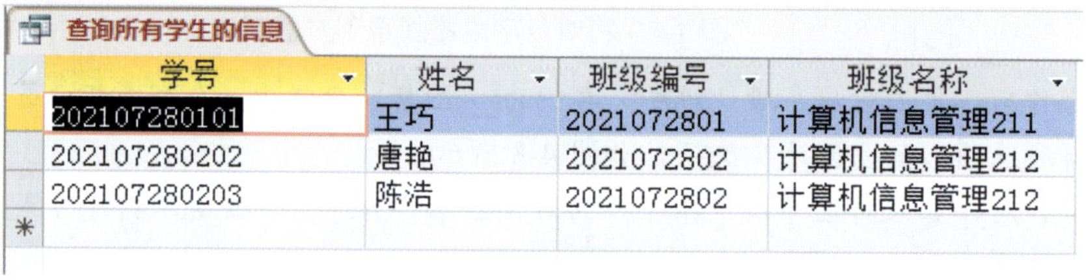
查询所有学生的信息

学号	姓名	班级编号	班级名称
202107280101	王巧	2021072801	计算机信息管理211
202107280202	唐艳	2021072802	计算机信息管理212
202107280203	陈浩	2021072802	计算机信息管理212

图 4-11　显示相关的查询结果

4.2.2　通过“查询向导”创建查询

除了“查询设计”功能之外，“创建”功能区中的“查询”板块中还为用户提供了“查询向导”功能。例如，可以借助“查询向导”功能，在上一小节中的数据库中查询王巧所选课程的成绩，具体操作步骤如下。

通过“查询向导”创建查询

Step 01 在 Access 中，打开包含查询信息的数据库，单击“创建”功能区中的“查询向导”按钮，如图 4-12 所示。

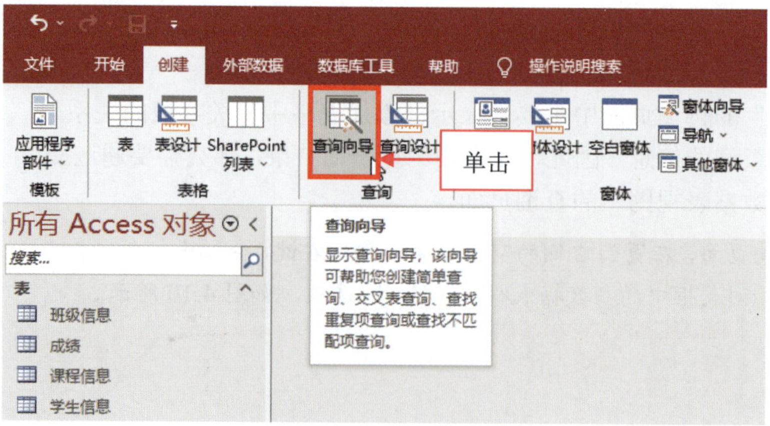

图 4-12　单击“查询向导”按钮

Step 02 执行操作后，会弹出“新建查询”对话框，选择对话框中的“简单查询向导”选项；单击“确定”按钮，如图 4-13 所示。

Step 03 执行操作后，会弹出“简单查询向导”对话框，在该对话框中选择要创建查询的表；双击对应的字段，如图 4-14 所示。

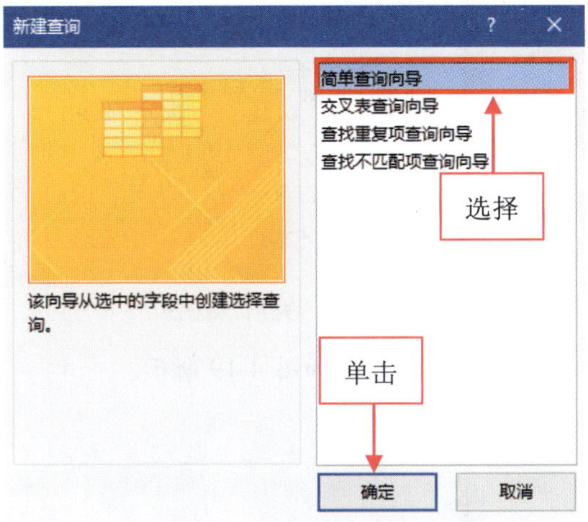

图 4-13　单击“确定”按钮

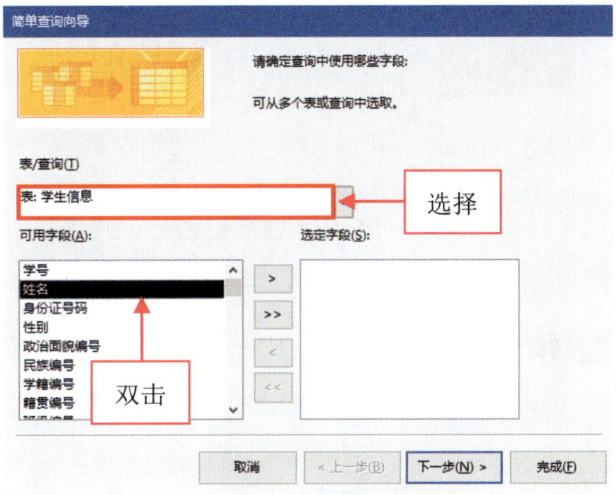

图 4-14　双击对应的字段

Step 04 执行操作后，如果“选定字段（S）：”的下方显示刚刚双击的字段，就说明该字段添加成功了，如图 4-15 所示。

Step 05 参照同样的方法将其他字段（如“课程信息”表中的“课程名称”和“学分”字段、“成绩”表中的“成绩字段”）添加至“选定字段（S）：”中；单击“下一步（N）”按钮，如图 4-16 所示。

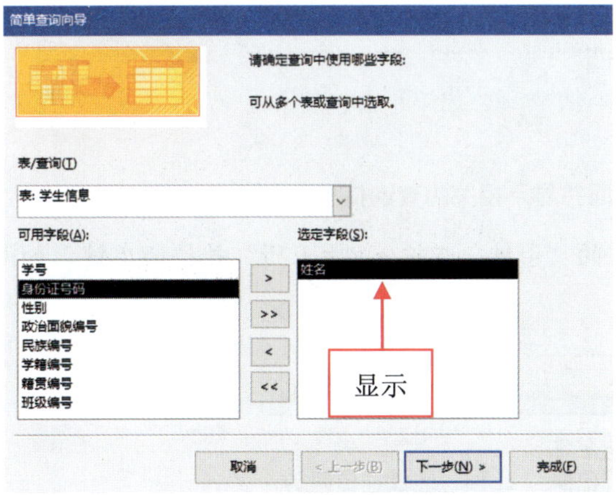

图 4-15　字段添加成功

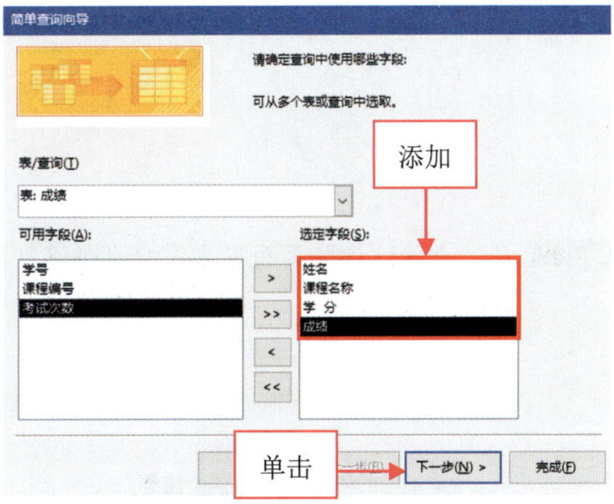

图 4-16　单击“下一步（N）”按钮（1）

Step 06 执行操作后，会弹出新的“简单查询向导”对话框，选中对话框中“明细（显示每个记录的每个字段）（D）”前方的复选框；单击“下一步（N）”按钮，如图 4-17 所示。

Step 07 执行操作后，会弹出新的“简单查询向导”对话框，在该对话框中输入查询的标题；选中“修改查询设计（M）”前方的复选框；单击“完成”按钮，如图 4-18 所示。

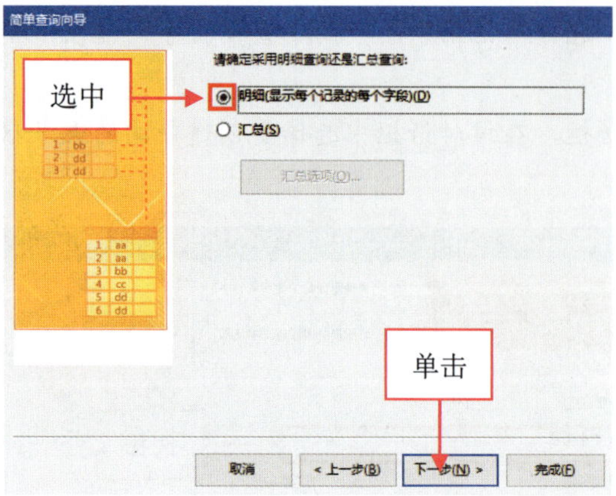

图 4-17　单击“下一步（N）”按钮（2）

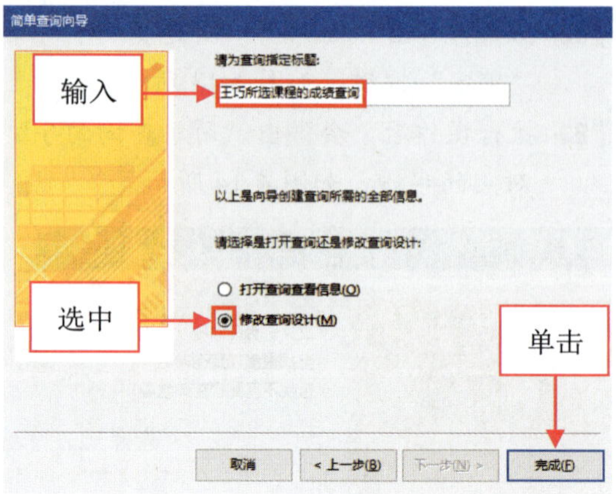

图 4-18　单击“完成”按钮

Step 08 执行操作后，会进入“查询设计”页面并显示相关的查询信息，如图 4-19 所示。

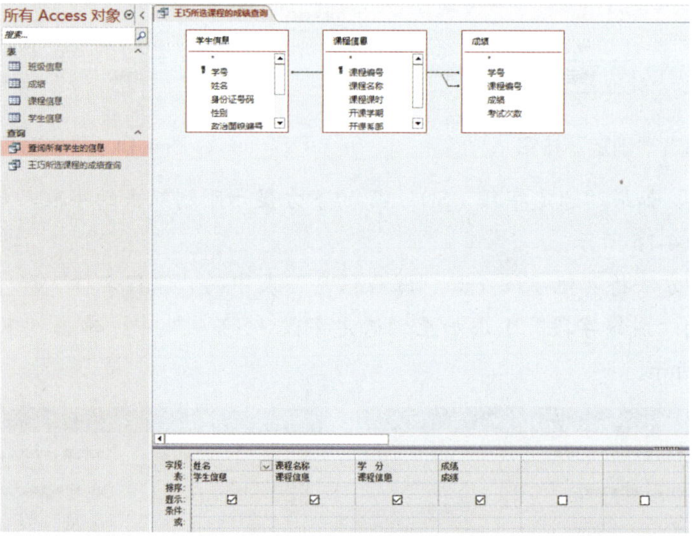

图 4-19　进入“查询设计”页面并显示相关的查询信息

Step 09 在“查询设计”页面下方窗口“姓名”字段的“条件”中输入“=王巧”并按回车键，如图 4-20 所示。

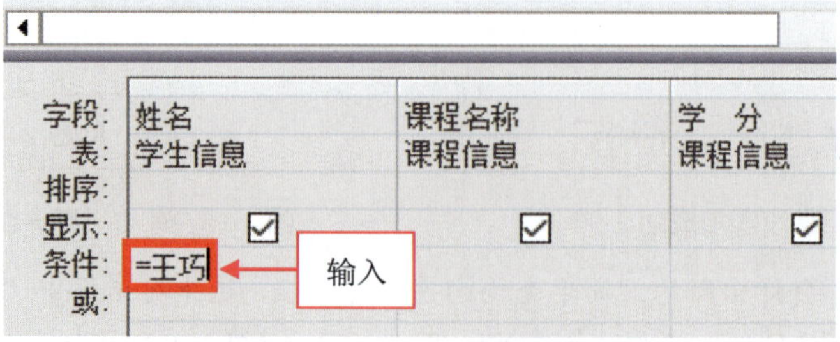

图 4-20　输入“=王巧”

Step 10 执行操作后，如果王巧被打上了双引号，就说明查询条件设置成功了，如图 4-21 所示。

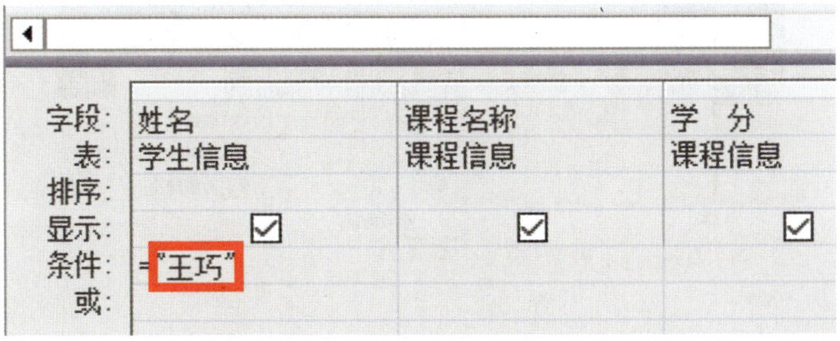

图 4-21　查询条件设置成功

Step 11 执行操作后，在页面右侧的空白处单击鼠标右键，会弹出一个列表框，选择列表框中的“数据表视图（H）”选项，如图 4-22 所示。

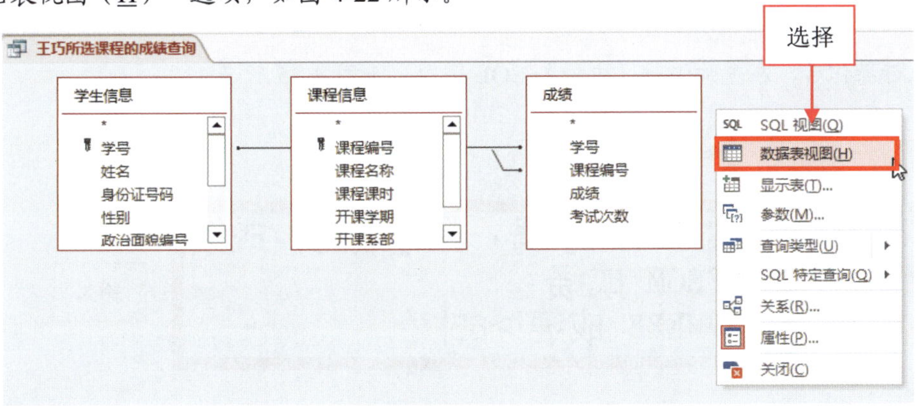

图 4-22　选择“数据表视图（H）”选项

Step 12 执行操作后，即可切换至“数据表视图”的查询页面，该页面中会显示相关的查询结果，如图 4-23 所示。

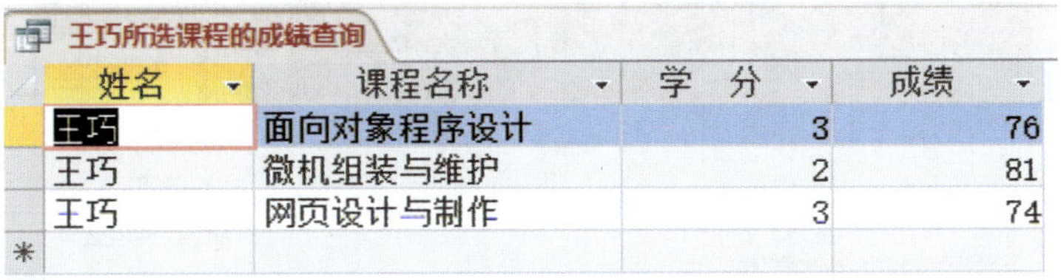

图 4-23　显示相关的查询结果

4.2.3　通过“SQL 视图”创建查询

SQL 查询是使用 SQL 语句创建查询，Access 中所有的查询本质上都可以认为是 SQL 查询，利用其他查询工具，目的是为简化编写 SQL 语句，由系统自动生成 SQL 语句。例如，可以借助“查询向导”功能，在上一小节中的数据库中查询 85 以上的成绩，具体操作步骤如下。

通过“SQL 视图”
创建查询

Step 01 在 Access 中，打开包含查询信息的数据库，单击“创建”功能区中的“查询设计”按钮，进入对应页面，单击功能区中的“SQL 视图”按钮，如图 4-24 所示。

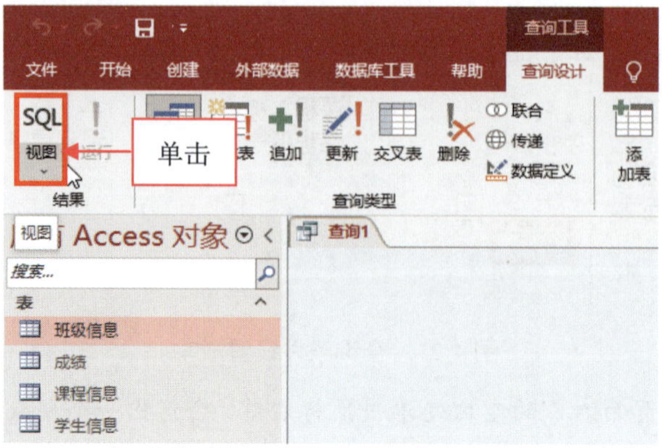

图 4-24　单击“SQL 视图”按钮

Step02 执行操作后，在查询编辑区中输入 SQL 语句，如图 4-25 所示。

图 4-25　输入 SQL 语句

Step03 执行操作后，单击“查询设计”功能区中的“视图”按钮；选择“数据表视图（H）”选项，如图 4-26 所示。

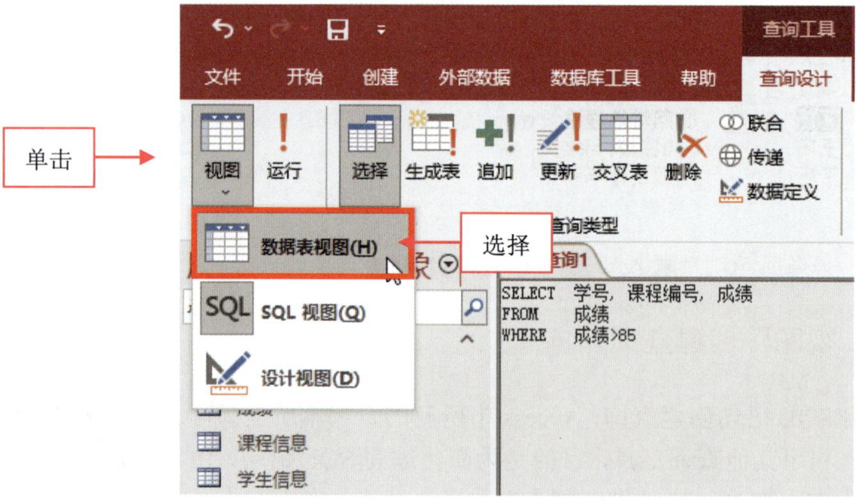

图 4-26　选择“数据表视图（H）”选项

Step04 执行操作后，即可查看查询结果，如图 4-27 所示。此时的查询标题与内容没有直接的联系，可以通过保存查询结果来设置查询名称。

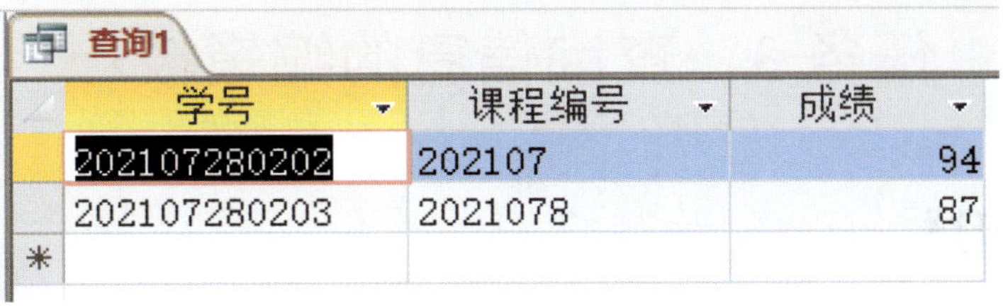

图 4-27　查看查询结果

Step 05 将鼠标光标停留在查询标题上并单击鼠标右键，会弹出一个列表框，选择列表框中的“保存（S）”选项，如图 4-28 所示。

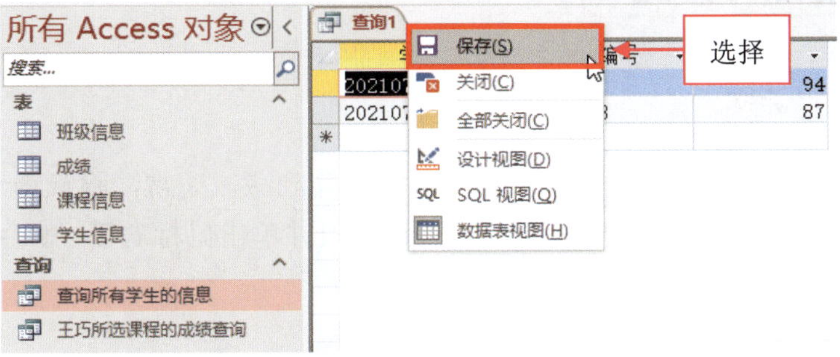

图 4-28　选择“保存（S）”选项

Step 06 执行操作后，会弹出“另存为”对话框，在该对话框中输入查询名称；单击“确定”按钮，如图 4-29 所示。

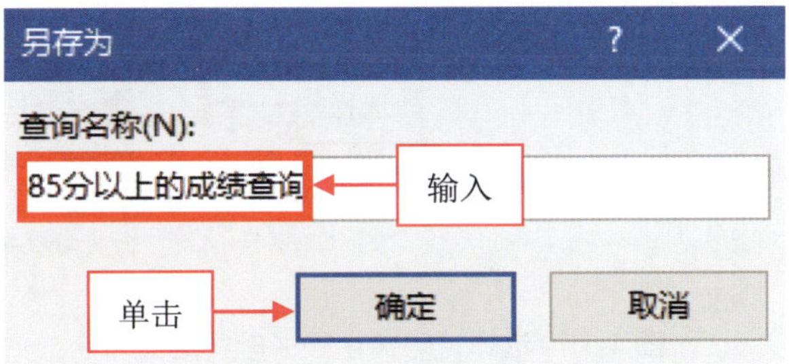

图 4-29　单击“确定”按钮

Step 07 执行操作后，如果显示刚刚输入的查询名称，就说明查询名称设置成功了，如图 4-30 所示，与此同时，该查询也保存成功了。

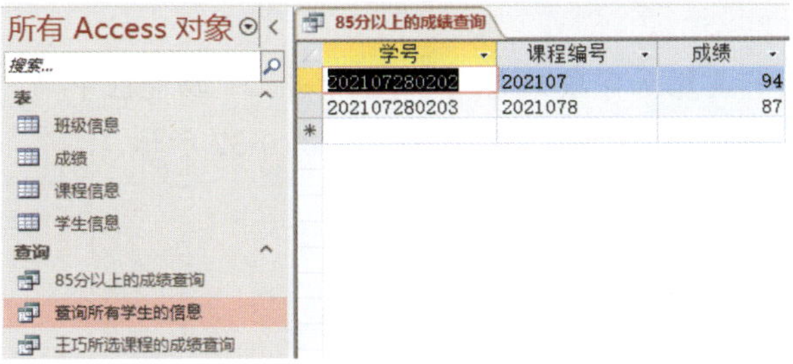

图 4-30　查询名称设置成功

任务 3　查询信息的编辑技巧

任务概述

创建好查询之后，可以根据自身需求进行相关编辑，让查询结果按要求进行呈现。本任务将从字段操作的角度来为读者讲解查询信息的编辑技巧。

任务重点与实施

4.3.1　隐藏查询的字段

如果某个字段不需要呈现在查询中，可以直接将其隐藏。通常，隐藏查询字段和隐藏数据表中字段的操作大致相同，只需选中要隐藏的查询字段并单击鼠标右键，就会弹出一个列表框；选择列表框中的“隐藏字段（F）”选项，如图 4-31 所示。

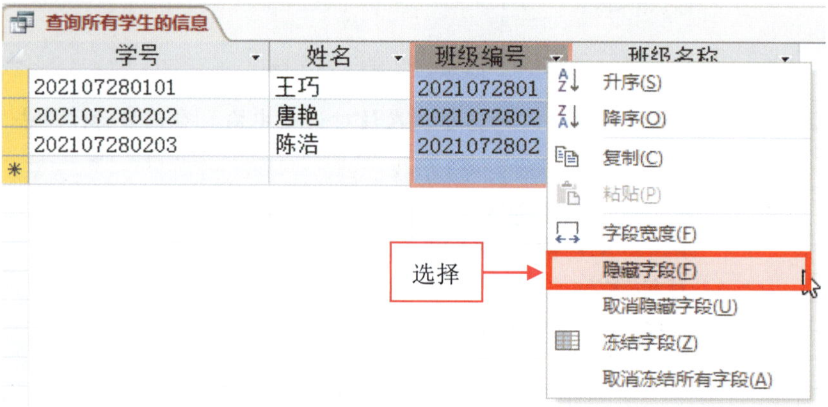

图 4-31　选择“隐藏字段（F）”选项

4.3.2　增加查询的字段

如果发现查询中有关键信息没有呈现出来，可以通过增加查询字段来实现，具体操作步骤如下。

增加查询的字段

Step 01 在 Access 中，打开要增加字段的查询，单击“开始”功能区中的“视图”按钮；选择“设计视图（D）”选项，如图 4-32 所示。

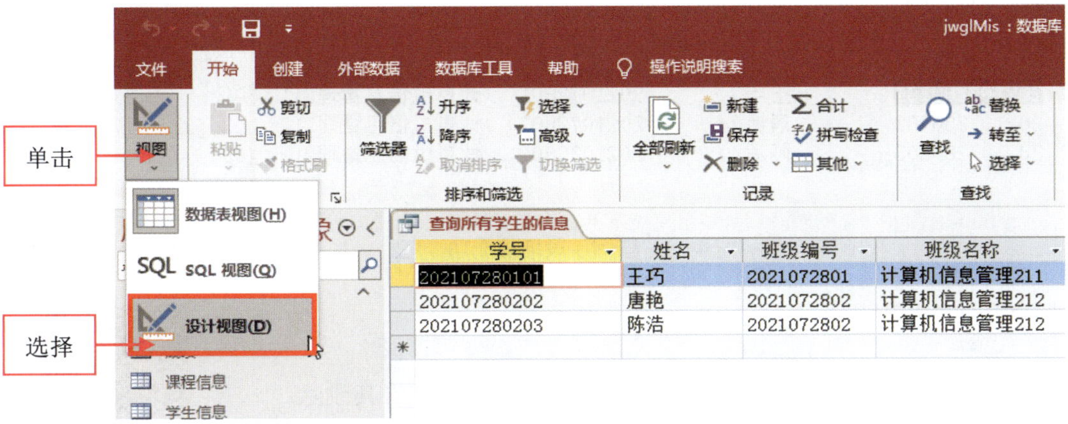

图 4-32　选择“设计视图（D）”选项

Step 02 执行操作后，进入“设计视图”的查询页面，双击要增加的查询字段，如图 4-33 所示。

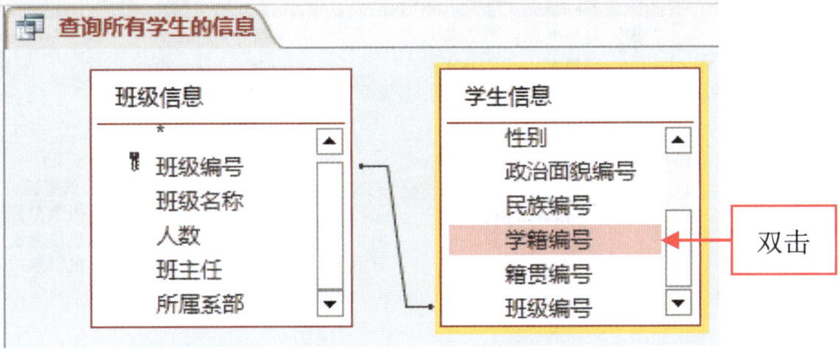

图 4-33　双击要增加的查询字段

Step 03 执行操作后，单击“查询设计”功能区中的“视图”按钮；选择“数据表视图（H）”选项，如图 4-34 所示。

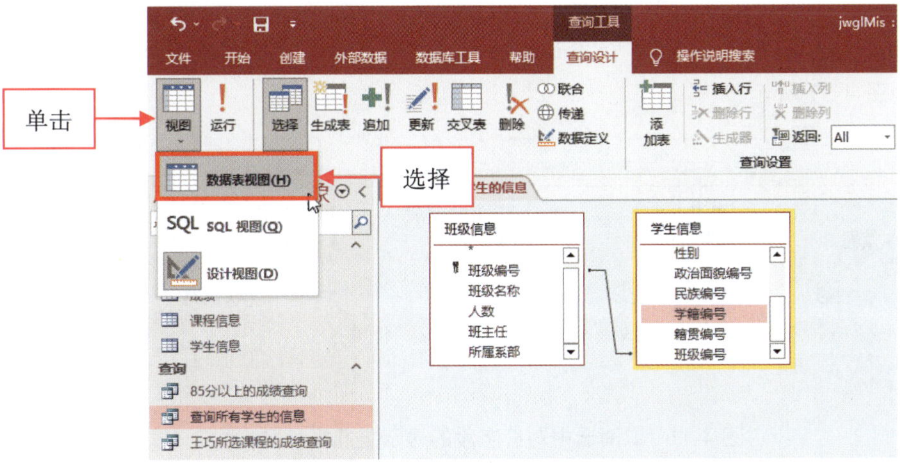

图 4-34　选择“数据表视图（H）”选项

Step 04 执行操作后，如果刚刚双击的字段显示在查询页面中，就说明查询字段增加成功了，如图 4-35 所示。

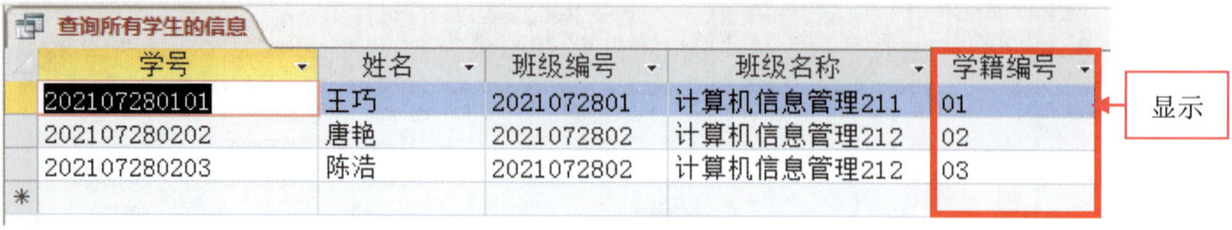

图 4-35　查询字段增加成功

4.3.3　删除查询的字段

删除查询的字段

如果查询中的字段信息是多余的，可以通过如下操作直接将其删除。

Step 01 在 Access 中，打开要删除字段的查询，单击“开始”功能区中的“视图”按钮；选择“设计视图（D）”按钮，如图 4-36 所示。

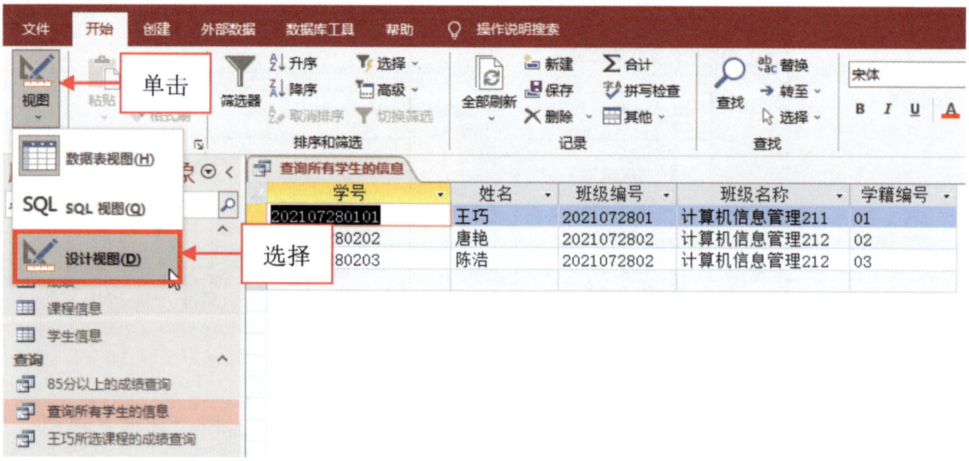

图 4-36　选择“设计视图（D）”选项

Step 02 执行操作后，进入“设计视图”的查询页面，在下方的窗口中取消选中对应字段的显示复选框，如图 4-37 所示。

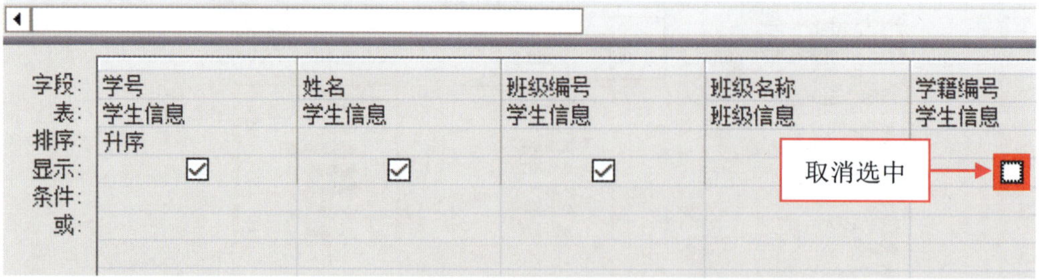

图 4-37　取消选中对应字段的显示复选框

Step 03 执行操作后，返回查询的“数据表视图”页面，如果页面中不再显示刚刚取消选中的字段，就说明该字段删除成功了。

4.3.4　冻结查询的字段

冻结查询的字段

如果查询结果中的字段很多，可能会出现屏幕无法显示全部内容的情况。此时，为了浏览全部的查询结果，就需要使用水平滚动条。但是，使用水平滚动条查看内容，可能会造成前面的字段内容无法再显示出来。为了解决这个问题，Access 中推出了“冻结字段”功能。用户可以选择将重要的字段冻结，让其一直展示在屏幕中。通常，可以通过如下操作冻结查询的字段。

Step 01 在 Access 中，打开要冻结字段的查询，选中要冻结的字段，单击鼠标右键，会弹出一个列表框；选择列表框中的“冻结字段（Z）”选项，如图 4-38 所示。

Step 02 执行操作后，如果对应字段出现在查询内容的最左侧，就说明该字段冻结成功了，如图 4-39 所示。

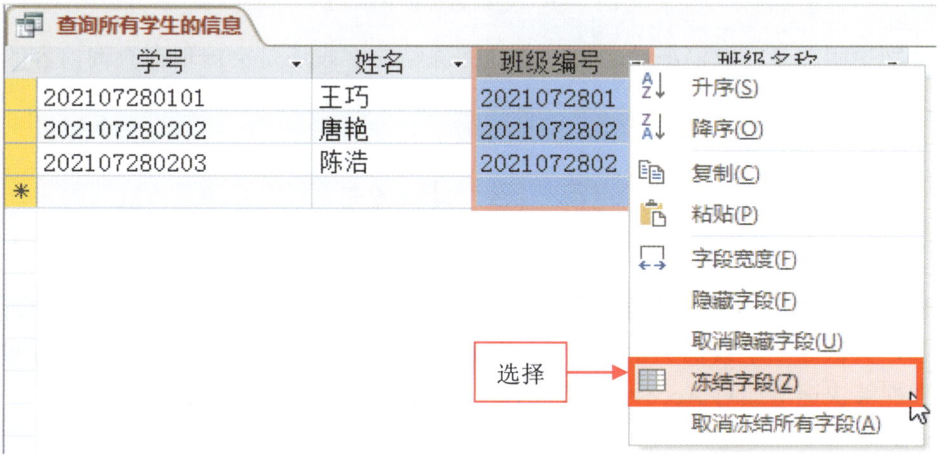

图 4-38　选择“冻结字段（Z）”选项

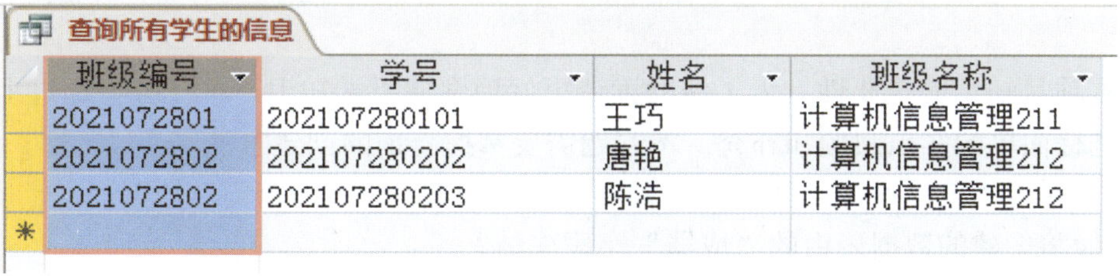

图 4-39　字段冻结成功

当然，如果不需要再冻结字段，也可以将其取消。通常，只需选中查询中的某个字段并单击鼠标右键，就会弹出一个列表框；选中列表框中的“取消冻结所有字段（A）”选项，如图 4-40 所示，即可取消冻结字段。

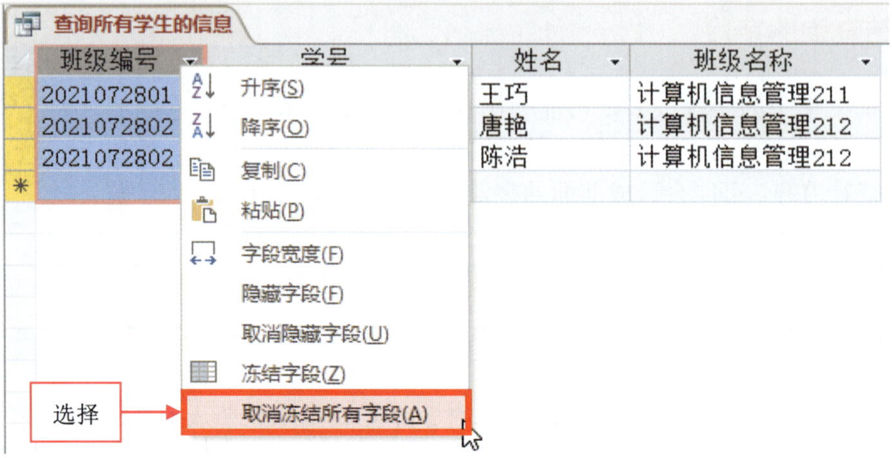

图 4-40　查询名称设置成功

需要特别说明的是，取消冻结之后，之前被冻结的字段还是会出现在查询内容的最左侧。如果要将其调整至冻结之前的位置，还得通过移动操作来实现。

项 目 小 结

本项目主要介绍了 Access 查询的基础知识和查询的相关操作技巧，首先介绍了查询的类型、功能和识图，其次介绍了查询的创建方法，最后介绍了查询信息的编辑技巧。通过对本项目的学习，读者能够快速增加对 Access 查询的了解，掌握查询的基本操作技巧。

项 目 习 题

鉴于本项目知识的重要性，为了帮助读者更好地掌握所学知识，本任务将通过上机习题，帮助读者进行简单的知识回顾和补充。本习题需要掌握查询的创建方法。

1. 如何通过“查询设计”创建一个名为“陈浩所选课程成绩查询”的查询？
2. 如何将创建的数据表中的“成绩”字段冻结？

项目 5　宏的创建与使用

项目概述

宏是由宏操作命令组成的。一个宏命令能够完成一个操作动作。每个宏命令是由动作名称和操作参数组成的。如果有许多个宏执行不同的操作，可以将宏建立为不同的宏组，以便数据库的管理和维护。本项目将重点讲解宏的创建与使用，帮助读者快速掌握宏的使用方法。

学习目标

- 掌握宏的创建方法。
- 了解宏的常见操作。
- 掌握宏的应用技巧。

思政目标

- 培养学生良好的道德品质，用科学的眼光教导学生认识发展的重要性。
- 培养符合社会需求的高素质计算机专业人才。

任务 1　宏的创建方法

任务概述

可以根据自身的需求，选择宏进行创建。本任务主要讲解宏的几种创建方法。

任务重点与实施

5.1.1　创建独立的宏

在 Access 中，用户可以借助数据库信息编辑页面中的功能区创建独立的宏，具体操作步骤如下。

创建独立的宏

Step 01 在 Access 中，打开某个数据库，单击“创建”功能区“宏与代码”面板中的“宏”按钮，如图 5-1 所示。

Step 02 执行操作后，会出现宏的编辑窗口，单击其中的图标，如图 5-2 所示。

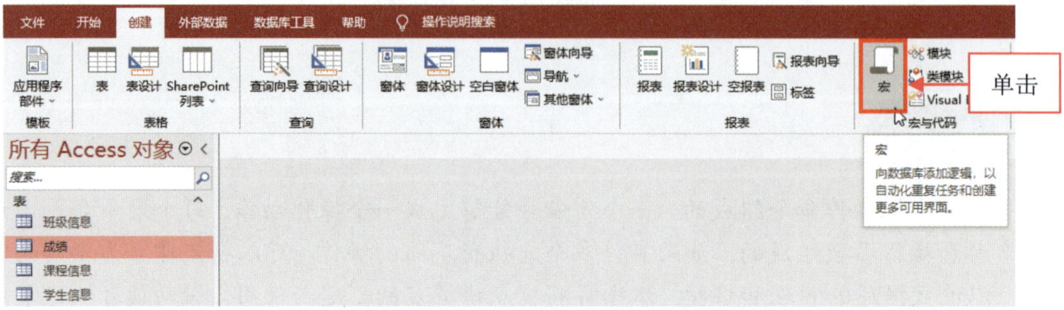

图 5-1　单击“宏”按钮

图 5-2　单击图标

Step 03 执行操作后，会出现一个下拉列表框，从中选择对应的宏操作选项，如 OpenForm 选项，如图 5-3 所示。

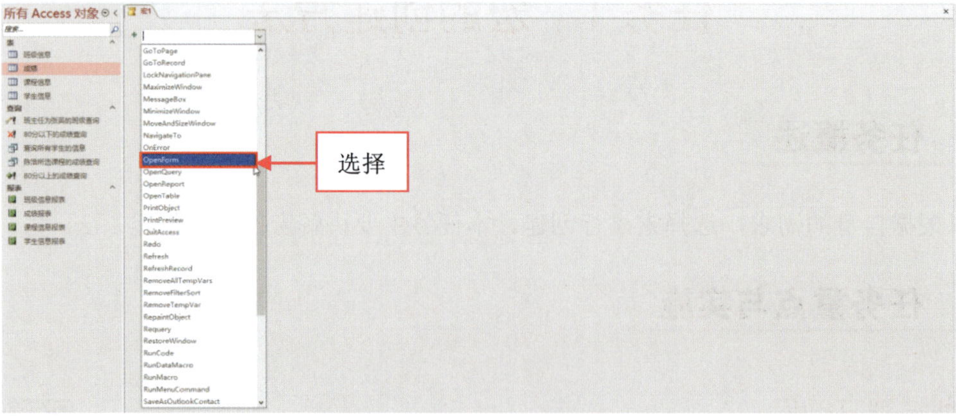

图 5-3　选择 OpenForm 选项

Step 04 执行操作后，会出现对应宏操作的编辑窗口，该窗口中会出现对应宏操作包含的选项（其中显示“必需”的选项，是一定要设置的），单击第 1 个选项（即“窗体名称”选项）右侧的图标，如图 5-4 所示。

图 5-4　单击第一个选项右侧的图标

Step 05 执行操作后，会弹出一个列表框，选择对应的窗体名称选项，如“成绩窗体”选项，如图 5-5 所示。

Step 06 执行操作后，如果第 1 个选项中显示刚刚选择的窗体，就说明该选项设置成功了，如图 5-6 所示。

Step 07 参照同样的操作，设置窗口中的其他选项，如图 5-7 所示。

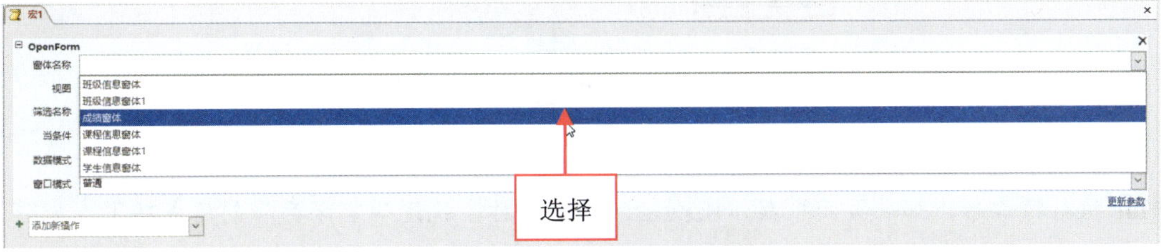

图 5-5　选择“成绩窗体”选项

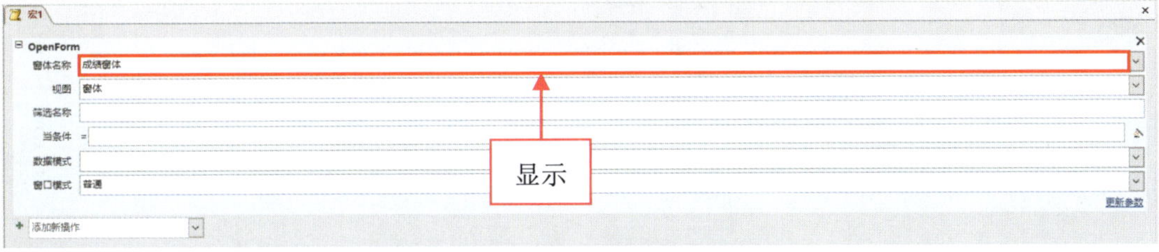

图 5-6　第 1 个选项设置成功

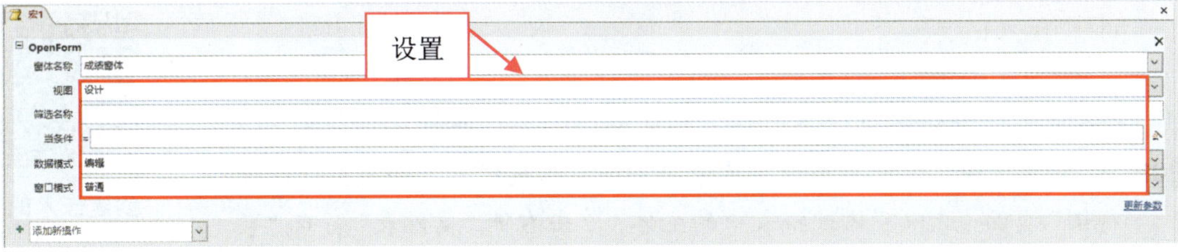

图 5-7　设置窗口中的其他选项

Step 08 将鼠标光标放置在宏名称上，并单击鼠标右键，选择快捷菜单中的“保存（S）”选项，如图 5-8 所示。

图 5-8　选择“保存（S）”选项

Step 09　执行操作后，会弹出“另存为”对话框，在该对话框中输入宏名称，如“成绩窗体的宏”，单击“确定”按钮，如图 5-9 所示。

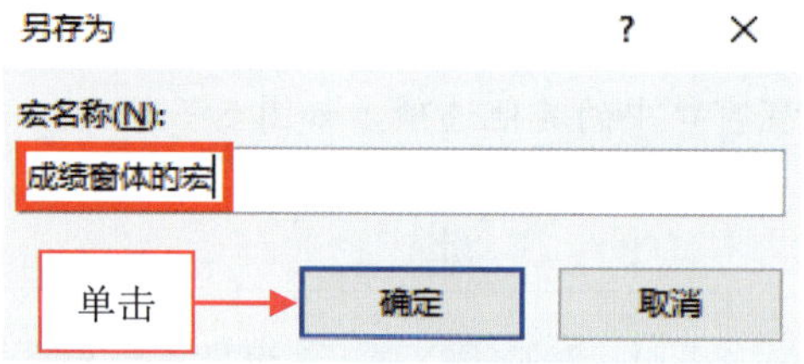

图 5-9　单击“确定”按钮

Step 10　执行操作后，如果页面中显示刚刚输入的宏名称，就说明宏保存和创建成功了，如图 5-10 所示。

图 5-10　宏保存和创建成功

5.1.2　创建嵌入的宏

创建嵌入的宏

在 Access 中，可以在窗体或报表中创建嵌入的宏，具体操作步骤如下。

Step 01　在 Access 中，打开某个数据库中的一个窗体或报表，切换至“设计视图”页面，选中窗体或报表中的主体，单击右侧“属性表”窗口“事件”选项卡中“双击”所在的一栏，如图 5-11 所示。

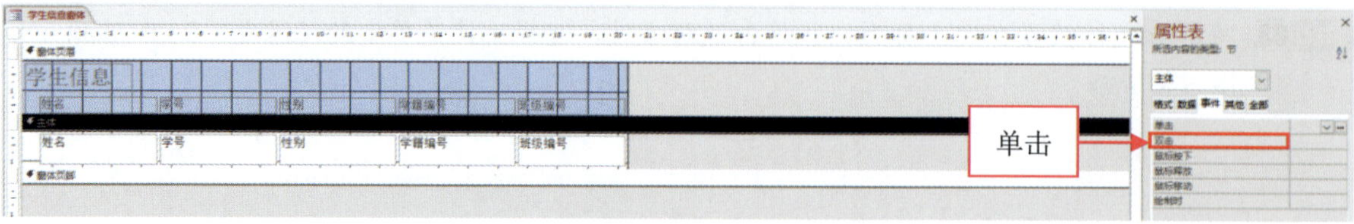

图 5-11　单击“双击”所在的一栏

Step 02 执行操作后，“事件”选项卡中“双击”所在一栏的右侧会出现两个图标，单击其中的⋯图标，如图 5-12 所示。

Step 03 执行操作后，会弹出“选择生成器”对话框，选择该对话框中的“宏生成器”选项，单击“确定”按钮，如图 5-13 所示。

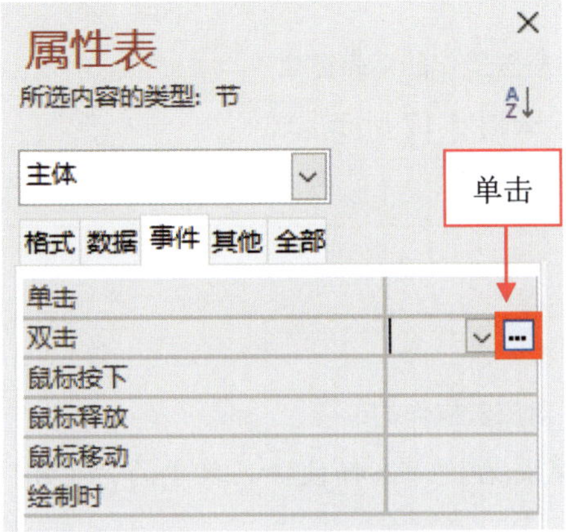

图 5-12　单击⋯图标

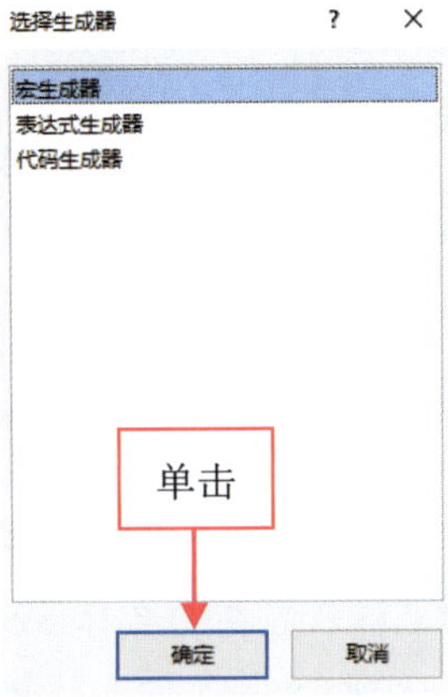

图 5-13　单击“确定”按钮

Step 04 执行操作后，会出现宏的编辑窗口，单击其中的∨图标，如图 5-14 所示。

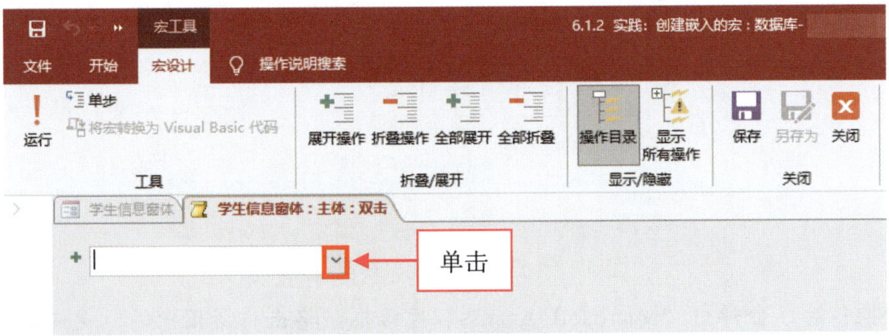

图 5-14　单击∨图标

Step 05 执行操作后，会出现一个下拉列表框，从中选择对应的宏操作选项，如 MessageBox 选项，如图 5-15 所示。

图 5-15　选择 MessageBox 选项

Step 06 执行操作后，会出现对应宏操作的编辑窗口，如图 5-16 所示。

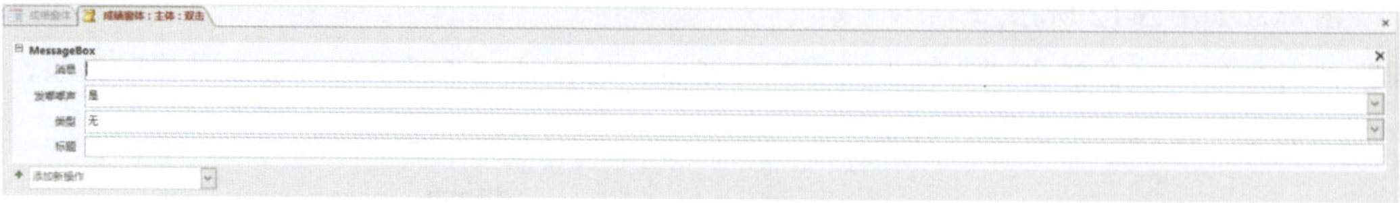

图 5-16　出现对应宏操作的编辑窗口

Step 07 根据自身需求设置对应宏操作的选项，如图 5-17 所示。

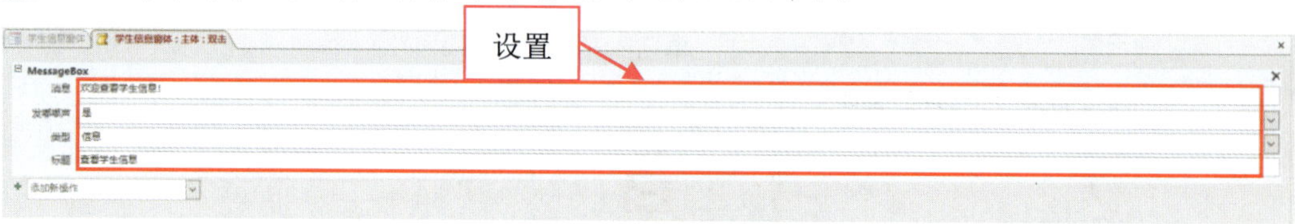

图 5-17　设置对应宏操作的选项

Step 08 将鼠标光标放置在宏名称上，并单击鼠标右键，选择快捷菜单中的“关闭（C）”选项，如图 5-18 所示。

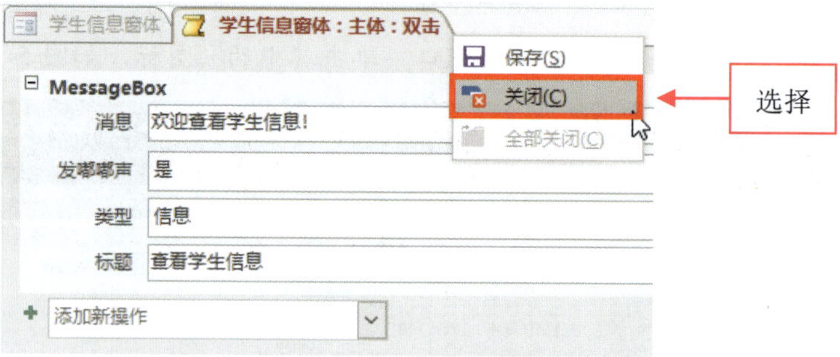

图 5-18　选择“关闭（C）”选项

Step 09 执行操作后，会弹出“Microsoft Access”对话框，单击对话框中的“是（Y）”按钮，如图 5-19 所示。

Step 10 执行操作后，返回对应窗体或报表的“设计视图”页面，如果页面“属性表”窗口“事件”选项卡“双击”一栏中显示嵌入的宏的相关信息，就说明嵌入的宏创建成功了，如图 5-20 所示。

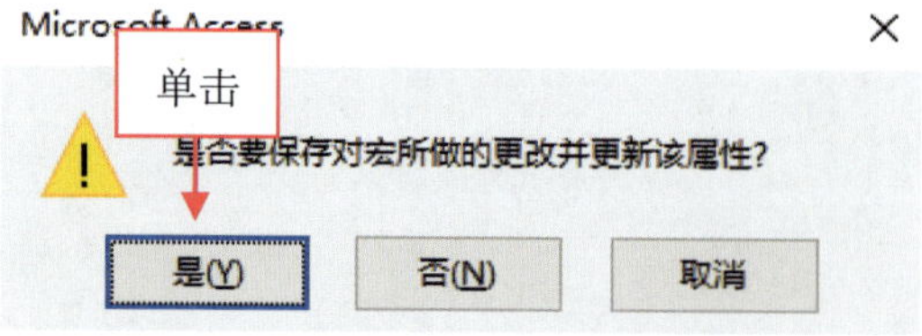

图 5-19　单击“是（Y）”按钮

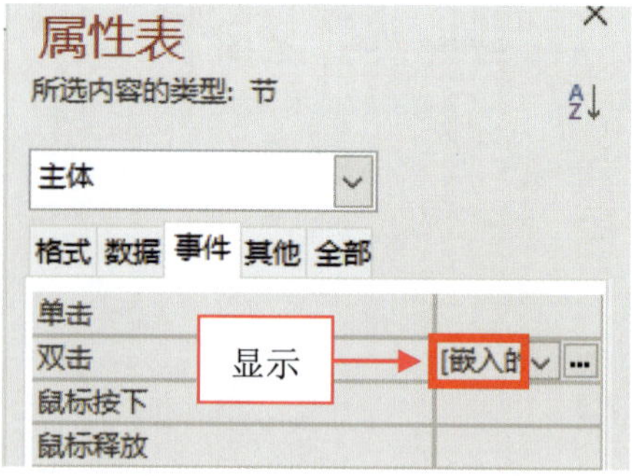

图 5-20　嵌入的宏创建成功

5.1.3　创建执行多个操作的宏

创建执行多个操作的宏

在 Access 中，可以创建一个宏并在该宏中执行多个（三个以上）操作，具体操作步骤如下。

Step 01 参照上一小节中的操作方法创建一个 MessageBox 类型的宏操作，单击“添加新操作”右侧的图标，如图 5-21 所示。

Step 02 执行操作后，会出现一个下拉列表框，从中选择对应的宏操作选项，如 OpenForm 选项，如图 5-22 所示。

Step 03 执行操作后，会出现对应宏操作的编辑窗口，设置该宏操作窗口中的选项，如图 5-23 所示。

Step 04 执行操作后，参照上一小节中的操作方法创建一个新的宏操作，并设置该宏操作窗口中的选项，如图 5-24 所示。

图 5-21　单击图标

图 5-22　选择 OpenForm 选项

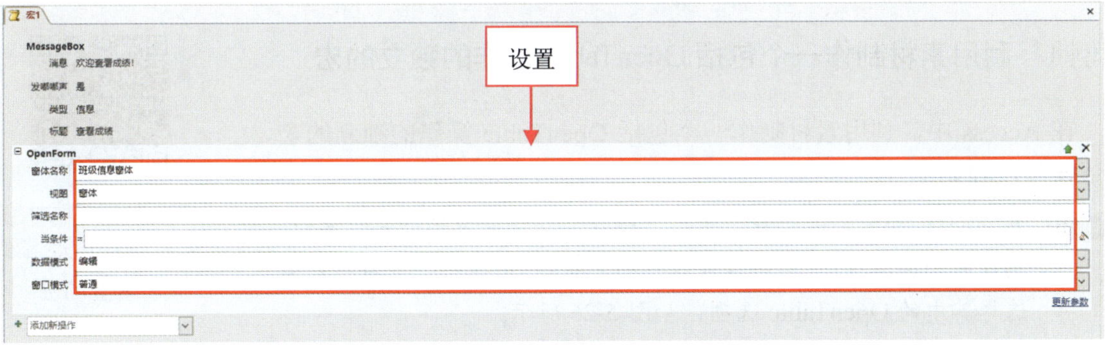

图 5-23　设置对应宏操作窗口中的选项

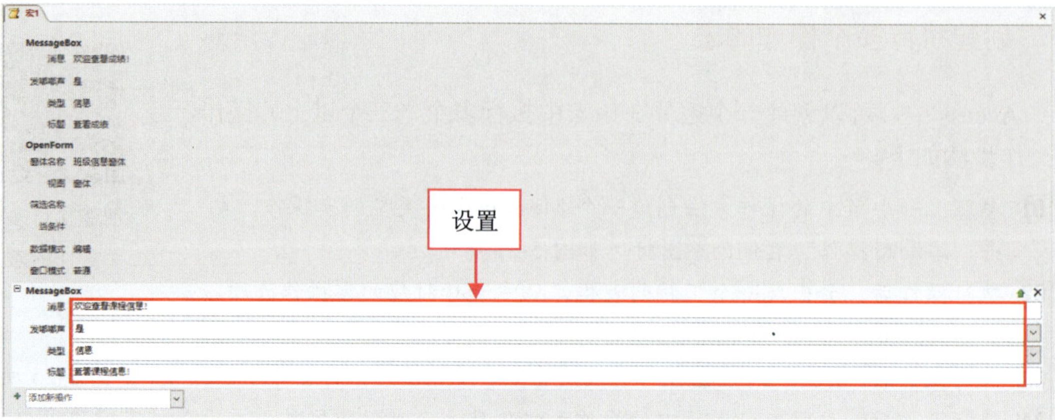

图 5-24　设置宏操作窗口中的选项

Step 05 如果还要创建其他的宏操作，只需参照上一小节中的方法进行操作即可。

Step 06 所有宏操作创建完成后，将鼠标光标放置在宏名称上，并单击鼠标右键，在弹出的快捷菜单中选择“保存（S）”选项，在弹出的“另存为”对话框中输入宏名称（如“执行多个操作的宏”），并单击“确定”按钮，即可完成宏的保存和创建，如图 5-25 所示。

图 5-25　完成宏的保存和创建

案例 1　利用素材制作一个包括 OpenTable 操作的独立的宏

在 Access 中，利用素材制作一个包括 OpenTable 操作的独立的宏，具体操作步骤如下。

利用素材制作一个包括 OpenTable 操作的独立的宏

Step 01 在 Access 中，打开素材，单击“创建”功能区中的“宏”按钮，出现宏的编辑窗口。单击该窗口中的图标，出现一个下拉列表框，选择其中的 OpenTable 选项，如图 5-26 所示。

Step 02 执行操作后，会出现对应宏操作的编辑窗口，该窗口中会出现 OpenTable 宏操作包含的选项，单击第 1 个选项（即“表名称”选项）右侧的图标，如图 5-27 所示。

Step 03 执行操作后，会弹出一个列表框，选择对应的表名称选项，如“班级信息”选项，如图 5-28 所示。

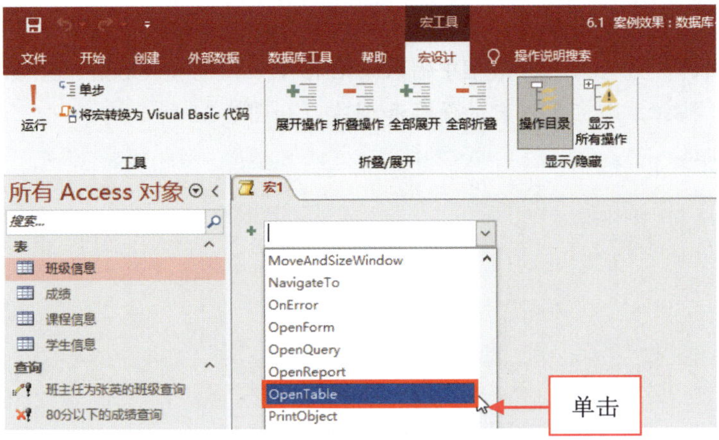

图 5-26　选择 OpenTable 选项

图 5-27　单击第 1 个选项右侧的图标

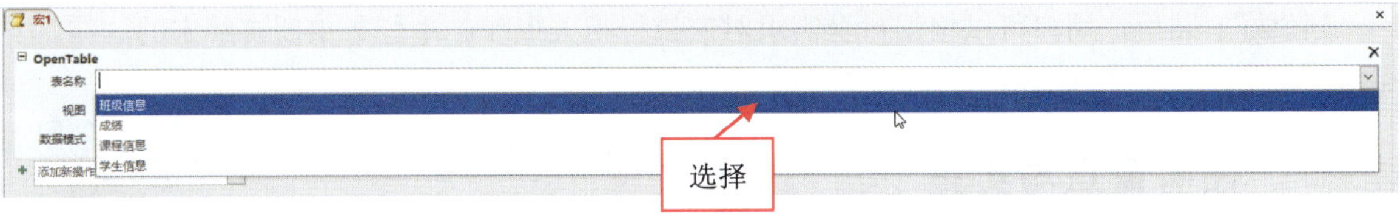

图 5-28　选择“班级信息”选项

Step 04 执行操作后，如果第 1 个选项中显示刚刚选择的表名称，就说明该选项设置成功了，如图 5-29 所示。

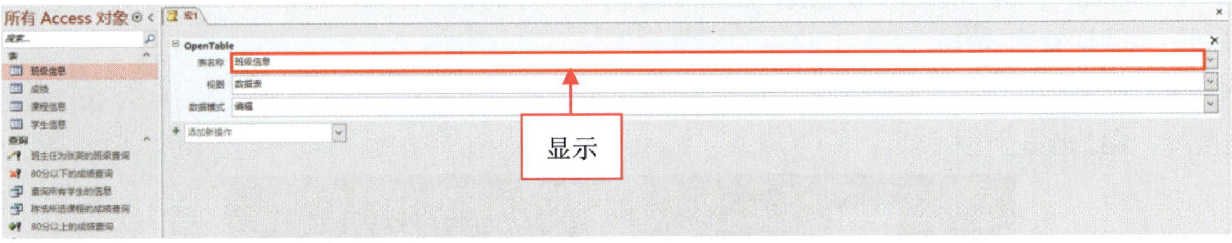

图 5-29　第 1 个选项设置成功

Step 05 参照同样的操作，设置窗口中的其他选项，如图 5-30 所示。

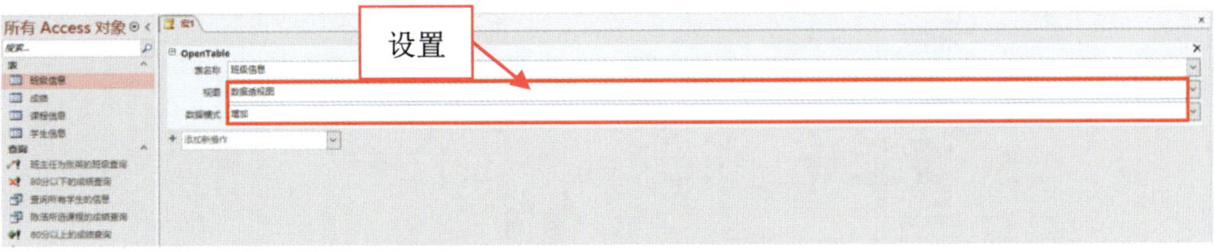

图 5-30　设置窗口中的其他选项

Step 06 将鼠标光标放置在宏名称上，并单击鼠标右键，在弹出的快捷菜单中选择“保存(S)”选项，在弹出的“另存为”对话框中输入宏名称（如“包含 OpenTabl 操作的宏”），并单击“确定”按钮，即可完成宏的保存和创建，如图 5-31 所示。

图 5-31　宏保存和创建成功

任务 2　宏的常见操作

任务概述

创建好宏之后，用户可以根据自身需求对宏执行相关操作。本任务主要讲解宏的一些常见操作，帮助读者更熟练地使用宏。

任务重点与实施

5.2.1　运行宏操作

运行宏操作

在 Access 中，不仅可以创建宏，还可以运行创建好的宏。通常，可以通过如下步骤运行宏操作。

Step 01 在 Access 中，打开某个宏，单击“宏工具”功能区“工具”面板中的“运行”按钮，如图 5-32 所示。

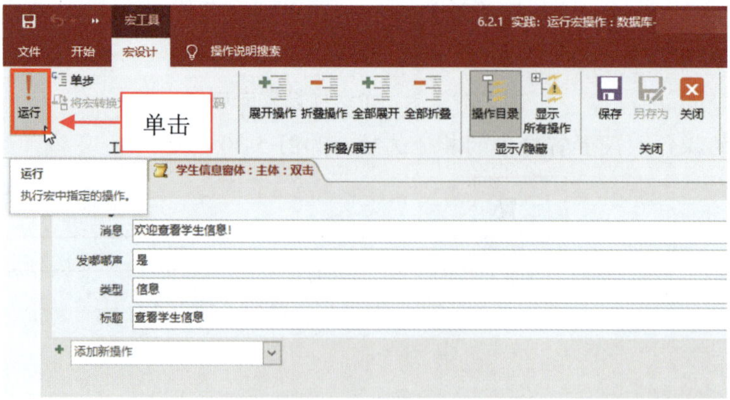

图 5-32　单击“运行”按钮

Step 02 执行操作后，如果运行宏的相关操作（例如，运行 MessageBox 的宏操作，弹出相关消息的对话框），就说明宏运行成功了，如图 5-33 所示。

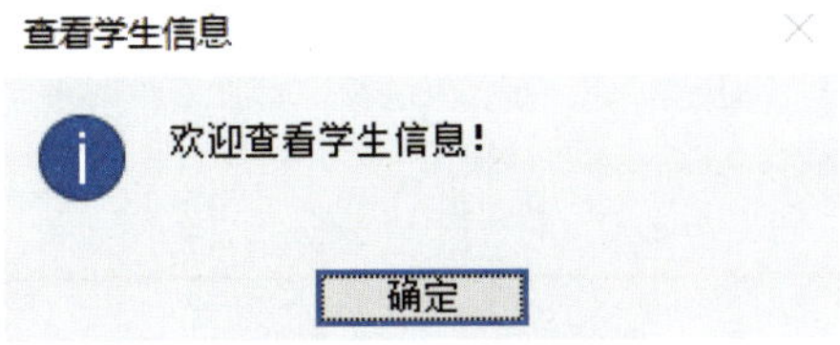

图 5-33　宏运行成功

5.2.2　复制宏操作

复制宏操作

如果要创建一个只有个别选项不同的宏操作，可以复制已创建的相似宏，然后再对有差别的选项进行设置。通常，用户可以通过如下操作复制宏。

Step 01 打开需要执行操作的宏，单击需要复制的宏操作所在的位置并单击鼠标右键，选择快捷菜单中的“复制（C）”选项，如图 5-34 所示。

图 5-34　选择“复制（C）”选项

Step 02 执行操作后，再次单击鼠标右键，选择弹出的快捷菜单中的“粘贴（P）”选项，如图 5-35 所示。

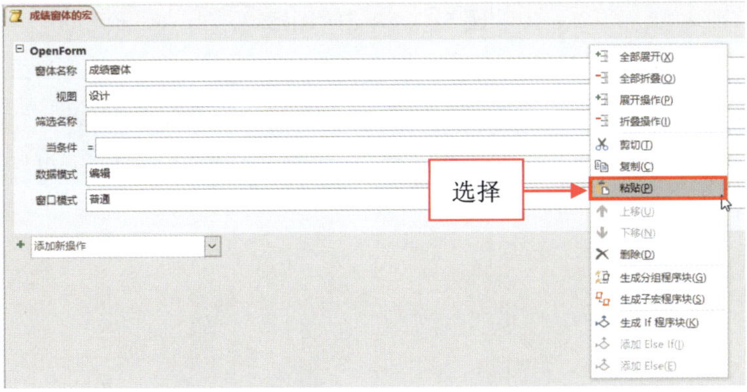

图 5-35　选择“粘贴（P）”选项

Step 03 执行操作后，如果对应宏的编辑窗口中出现了一个新的宏操作信息，就说明宏复制成功了，如图 5-36 所示。如果要调整复制的宏的信息，只需对其中的选项进行修改即可。

图 5-36　宏复制成功

5.2.3　调整宏操作的排序

当宏的编辑窗口中有多个宏操作时，可以通过移动宏来调整宏的排序。宏操作中会显示移动图标（即 图标或 图标），只需单击对应移动图标，即可调整宏的排序，具体操作步骤如下。

调整宏操作的排序

Step 01 打开包含多个宏操作的宏，选中要上移的宏操作，单击 图标（如果要将宏操作下移，则需要选中该宏操作，并单击 图标），如图 5-37 所示。

图 5-37　单击 图标

Step 02 执行操作后，如果对应宏操作上移，就说明宏的排序调整成功了，如图 5-38 所示。

图 5-38　宏的排序调整成功

5.2.4 给宏操作分组

给宏操作分组

当一个宏中包含多个宏操作时，用户可以给宏操作分组，对宏操作进行管理。可以通过如下操作给宏操作分组。

Step 01 打开包含多个宏操作的宏，在宏的编辑窗口中选中要进行分组的宏操作，并单击鼠标右键，选择快捷菜单中的“生成分组程序块（G）”选项，如图 5-39 所示。

图 5-39　选择“生成分组程序块（G）”选项

Step 02 执行操作后，输入分组名称，如图 5-40 所示，即可创建分组。此时，可以将其他宏操作添加进来，完成分组内容的组建。

图 5-40　输入分组名称

Step 03 选中要添加至至分组中的宏操作，按住鼠标左键，将鼠标光标拖曳至 End Group 的上方，如图 5-41 所示。

图 5-41　将鼠标光标拖曳至 End Group 的上方

Step 04 执行操作后，松开鼠标左键，如果刚刚选中的宏操作出现在 End Group 的上方，就说明该宏操作成功添加至分组中，如图 5-42 所示。

图 5-42　嵌宏操作成功添加至分组中

5.2.5 删除宏操作

删除宏操作

当宏操作不需要再运行时，用户可以将其删除，具体操作步骤如下。

Step 01 打开包含多个宏操作的宏，在宏的编辑窗口中选中要删除的宏操作，并单击鼠标右键，选择快捷菜单中的“删除（D）”选项，如图 5-43 所示。

图 5-43　选择“删除（D）”选项

Step 02 执行操作后，如果宏的编辑窗口中不再显示刚刚选中的宏操作，就说明该宏操作删除成功了，如图 5-44 所示。

图 5-44　宏操作删除成功

案例 2　创建“学生成绩”分组，并将素材中的所有宏操作添加进去

创建“学生成绩”分组，并将素材中的所有宏操作添加进去

在 Access 中，创建“学生成绩”分组，并将素材中的所有宏操作添加进去，具体操作步骤如下。

Step 01 打开包含多个宏操作的宏，在宏的编辑窗口中选中要进行分组的宏操作，并单击鼠标右键，选择快捷菜单中的“生成分组程序块（G）”选项，在弹出的输入框中输入“学生成绩”，如图 5-45 所示。

Step 02 将其他宏操作添加进来，完成分组内容的组建，如图 5-46 所示。

图 5-45　输入分组名称

图 5-46　分组内容组建完成

任务 3　宏的应用技巧

任务概述

在 Access 中，宏有着广泛的应用。本任务主要介绍宏的一些应用，帮助读者更好地掌握相关的操作技巧。

任务重点与实施

使用宏打印报表

5.3.1　使用宏打印报表

在 Access 中，可以借助宏来打印数据库中的报表，具体操作步骤如下。

Step 01 参照上一小节中的方法，创建一个包含 OpenReport 操作的宏，单击"报表名称"选项右侧的⌄图标，会弹出一个列表框，从列表框中选择要打印的报表对应的选项，如"成绩报表"选项，如图 5-47 所示。

Step 02 执行操作后，如果"报表名称"选项的右侧显示刚刚选择的报表选项，就说明该选项设置成功了。单击"视图"选项右侧的⌄图标，如图 5-48 所示。

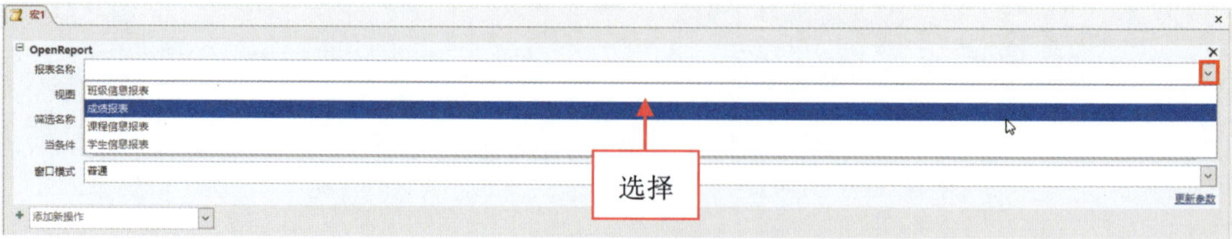

图 5-47　选择"成绩报表"选项

图 5-48　单击图标

Step 03 执行操作后，会弹出一个列表框，选择列表框中的“打印”选项，如图 5-49 所示。

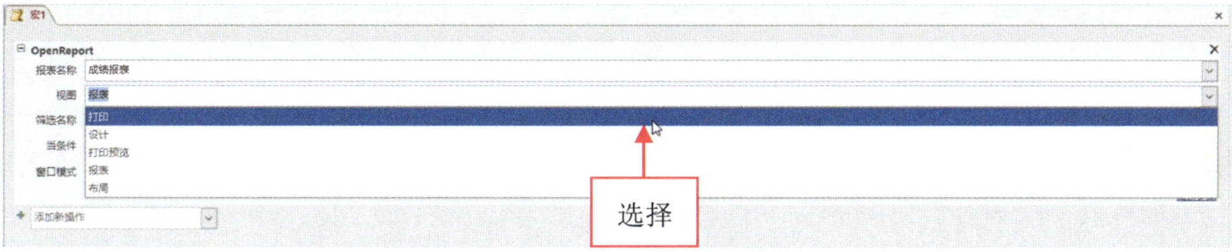

图 5-49　选择“打印”选项

Step 04 执行操作后，如果“视图”选项的右侧显示“打印”，就说明该选项设置成功了，如图 5-50 所示。

图 5-50　“视图”选项设置成功

Step 05 将鼠标光标放置在宏名称上，并单击鼠标右键，在弹出的快捷菜单中选择“保存（S）”选项，在弹出的“另存为”对话框中输入宏名称（如“用于打印的宏”），并单击“确定”按钮，即可完成宏的保存和创建，如图 5-51 所示。

图 5-51　完成宏的保存和创建

Step 06 运行该宏，Access 会启动打印机，打印对应的报表。

5.3.2　使用宏发送 Access 对象

在 Access 中，用户可以借助宏来给特定邮箱发送 Access 对象，具体操作步骤如下。

使用宏发送 Access 对象

Step 01 参照上一小节中的方法，创建一个包含 EMailDatabaseObject 操作的宏，会出现对应的编辑窗口，如图 5-52 所示。

图 5-52 出现 EMailDatabaseObject 操作的编辑窗口

Step 02 根据自身需求，设置编辑窗口中的选项（“到”选项的右侧，需要输入 Access 对象发送到的邮箱），如图 5-53 所示。

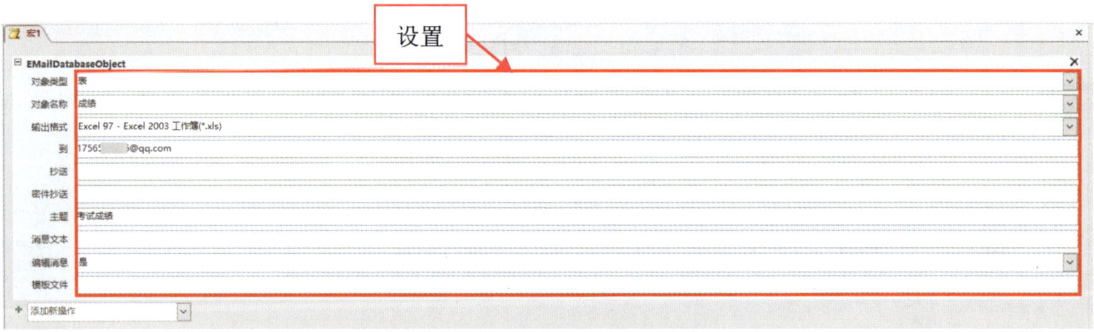

图 5-53 设置编辑窗口中的选项

Step 03 将鼠标光标放置在宏名称上，并单击鼠标右键，在弹出的快捷菜单中选择“保存（S）”选项，在弹出的“另存为”对话框中输入宏名称（如“发送 Access 对象的宏”），并单击“确定”按钮，即可完成宏的保存和创建，如图 5-54 所示。

图 5-54 完成宏的保存和创建

Step 04 运行该宏，Access 会启动邮件收发软件，向对应邮箱中发送 Access 对象。

5.3.3 使用宏实现数据的导出

在 Access 中，用户可以借助宏来实现数据的导出，具体操作步骤如下。

使用宏实现数据的导出

Step 01 参照上一小节中的方法，创建一个包含 ExportWithFormatting 操作的宏，会出现对应的编辑窗口，如图 5-55 所示。

Step 02 根据自身需求，设置编辑窗口中的选项，如图 5-56 所示。

图 5-55　出现 ExportWithFormatting 操作的编辑窗口

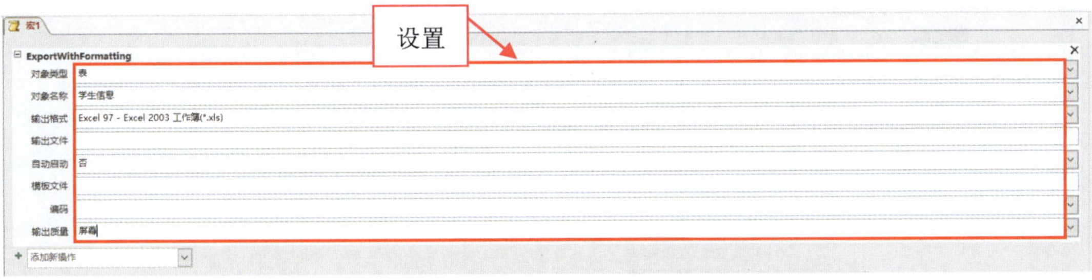

图 5-56　设置编辑窗口中的选项

Step 03 将鼠标光标放置在宏名称上，并单击鼠标右键，在弹出的快捷菜单中选择“保存（S）”选项，在弹出的“另存为”对话框中输入宏名称（如“用于导出数据的宏”），并单击“确定”按钮，即可完成宏的保存和创建，如图 5-57 所示。

图 5-57　完成宏的保存和创建

Step 04 运行该宏，会弹出“输出到”对话框，在该对话框中输入文件名，单击“确定”按钮，如图 5-58 所示。

Step 05 执行操作后，进入对应文件夹，即可查看已导出的数据文件，如图 5-59 所示。

图 5-58　单击“确定”按钮

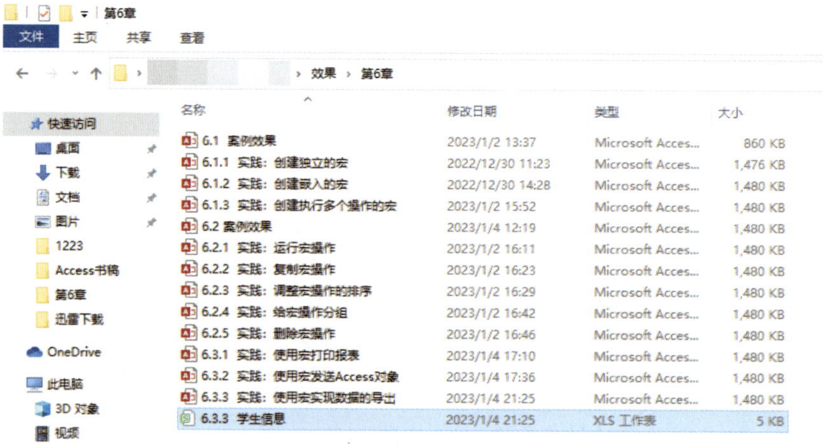

图 5-59　查看已导出的数据文件

项 目 小 结

本项目主要讲解宏的创建和使用技巧，首先介绍了宏的创建方法，其次介绍了宏的常见操作，最后介绍了宏的应用技巧。通过本项目的学习，读者可以掌握相关的操作技巧，快速制作出自己需要的宏。

项 目 习 题

1．如何通过“数据库工具”运行宏？

2．如何通过单击鼠标右键调整宏的排序？

项目 6　报表的创建与使用

项目概述

Access 经常会以报表的形式输出数据表内容，因此很有必要了解 Access 报表，掌握报表的创建和使用技巧。本项目将重点讲解 Access 报表的基础知识，以及报表的相关操作方法，帮助读者掌握报表的创建和使用技巧。

学习目标

➢ 掌握报表的常见创建方法。
➢ 掌握报表信息的设置和处理方法。
➢ 熟悉报表的打印与预览。

思政目标

➢ 培养学生运用计算机解决实际问题的能力，提高学生的信息素养。
➢ 激发学生的爱国情怀，培养学生的社会责任感，树立远大理想，增强民族自豪感。

任务 1　Access 报表的基本知识

任务概述

报表是以打印格式展示数据的一种有效方式，它可能是一张表格、一张清单等。多数报表都被绑定到数据库中的一个或多个数据表和查询中，绑定的报表从其基础记录源中获得数据。本任务主要介绍 Access 报表的基本知识。

任务重点与实施

6.1.1　报表的功能

报表的主要功能就是根据需要将数据库中的有关数据提取出来进行整理、分类、汇总和统计，并以要求的格式打印出来。报表可以打印输出数据表、查询或报表中的数据。

报表和窗体一样，都是由一系列控件组成的，提供查阅、新建、编辑和删除数据的方法。报表中的大部分内容来自于它所基于的数据来源。报表中的其他信息保存在报表设计中。但是，这两种对象有着本质的区别，报表只能查看数据，而窗体可以改变数据源中的数据。

6.1.2 报表的类型

在 Access 中，常用的报表分为以下几种类型：纵栏式报表、表格式报表、图表式报表和标签式报表。

（1）纵栏式报表。纵栏式报表与纵栏式窗体的展现形式类似，都是分两列展示信息，左侧一列是字段名称，右侧一列是对应的具体信息。

（2）表格式报表。表格式报表以表格式的结构排列多条记录的信息，看上去就像是没有边框线条的数据表。

（3）图表式报表。图表式报表是将报表数据源中的数据以图形的方式进行展示，其中的数据看起来比较直观。

（4）标签式报表。标签式报表就是将报表数据源中的少量数据以标签的方式组织在一起，然后集中展示出来。

6.1.3 报表的视图

Access 数据库的报表主要有四种视图，分别是报表视图、布局视图、设计视图和打印预览视图。

1．报表视图

报表视图通常用来查看报表的显示效果和其中的相关信息。一般情况下，通过其他视图创建和编辑的报表，最终也需要切换至“报表视图”页面。

2．布局视图

布局视图可以对报表和其中的控件进行设置，借助该视图可以完成报表调整的大多数工作。布局视图中可以看到报表包含的实际数据，因此该视图比较适合用于调整控件的大小，或者执行影响报表外观及可用性的操作。

3．设计视图

设计视图中会显示组成报表的各部分的信息，因此如果要查看报表的结构，通常需要切换至“设计视图”页面。除此之外，有一些在“布局视图”页面中无法完成的操作，也可以通过“设计视图”页面来执行。

4．打印预览视图

打印预览视图中不仅能显示报表在纸张上的布局情况，还能对纸张和页边距进行调整，因此如果需要将报表打印出来，通常需要先将报表切换至“打印预览视图”页面，查看该页面的显示效果。

6.1.4　报表的结构

报表的结构和报表类似，也由节组成。报表中可以包含主体、报表页眉、报表页脚、页面页眉、页面页脚、组页眉和组页脚等节。

（1）主体。主体是报表的主要组成部分，用来显示报表的主体数据部分。

（2）报表页眉。报表页眉是报表的首部，用来显示报表标题、报表徽标、单位或部门名称、日期和说明等信息。

（3）报表页脚。报表页脚是报表的尾部，用来显示整个报表的统计数据、日期和说明性文字等信息。报表最后一页中，先在主体数据结束处显示报表页脚，然后在页面最底端显示页面页脚。

（4）页面页眉。页面页眉在每一页的顶部，用来显示列标题、页码、日期等信息。

（5）页面页脚。页面页脚在每一页的底部，用来显示页面摘要、页码、日期和本页汇总数据等信息。

（6）组页眉。组页眉用来显示分组字段等分组信息。

（7）组页脚。组页脚用来显示分组统计数据等分组信息。

一个报表通常包含多页，整个报表只有一个报表页眉和一个报表页脚，它们通常作为整个报表的封面和封底。主体是报表中不可或缺的部分，绝大多数报表都有页面页眉和页面页脚。

任务 2　报表的常见创建方法

任务概述

在 Access 中，可以通过多种方法创建报表。本任务主要讲述报表的几种常见创建方法。

任务重点与实施

6.2.1　通过“报表”创建报表

通过“报表”创建

通过功能区中的“报表”功能，可以创建数据库中当前查询或数据表的基本报表，具体操作步骤如下。

Step 01 在 Access 中，选中要创建报表的内容；单击“创建”功能区中的“报表”按钮，如图 6-1 所示。

Step 02 执行操作后，系统会自动创建一个与所选内容名称一致的报表，如图 6-2 所示。

Step 03 将鼠标光标放置在报表名称上并单击鼠标右键，会弹出一个列表框；选择列表框中的“保存（S）”选项，如图 6-3 所示。

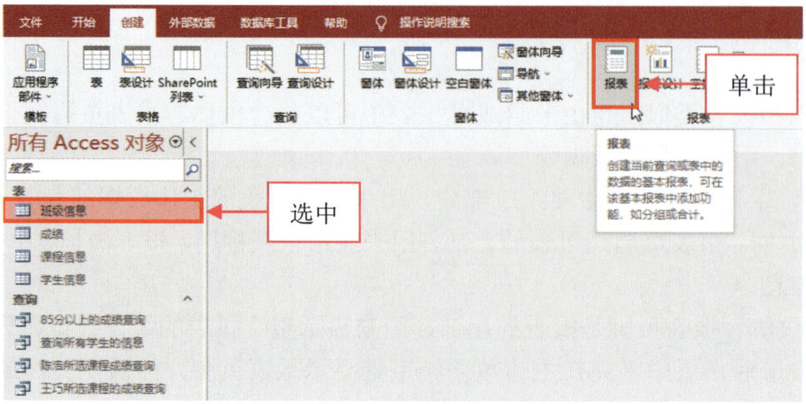

图 6-1　单击“报表”按钮

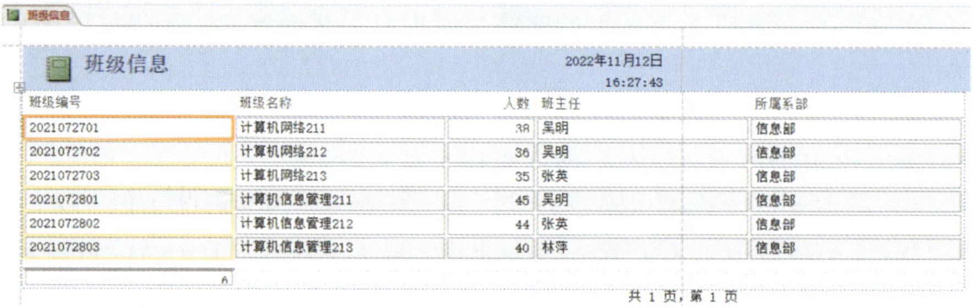

图 6-2　自动创建一个与所选内容名称一致的报表

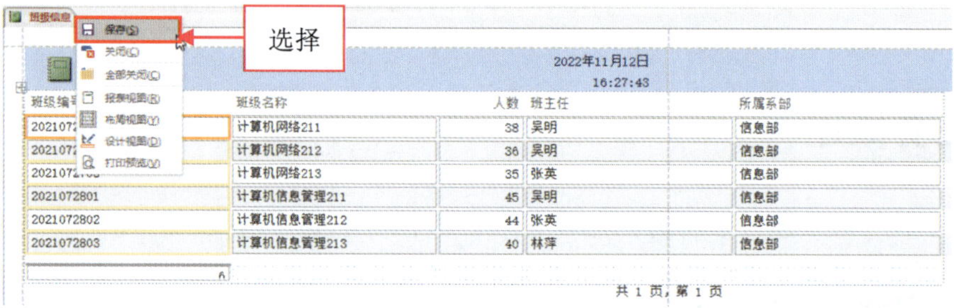

图 6-3　选择“保存（S）”选项

Step 04 执行操作后，会弹出“另存为”对话框，在该对话框中输入报表名称，如“班级信息报表”；单击“确定”按钮，如图 6-4 所示。

Step 05 执行操作后，如果页面中显示刚刚输入的报表名称，就说明报表保存和创建成功了，如图 6-5 所示。

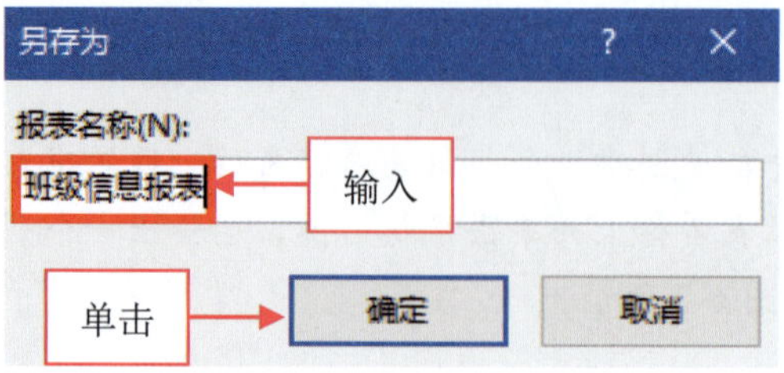

图 6-4　单击“确定”按钮

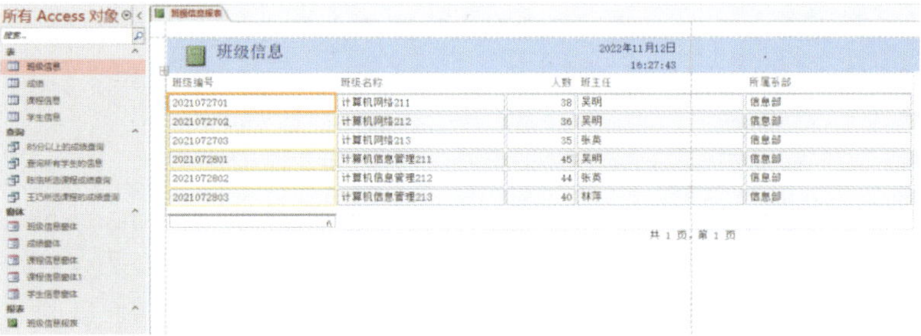

图 6-5　报表保存和创建成功

6.2.2　通过“报表设计”创建报表

通过功能区中的“报表设计”功能，可以创建一个新的空报表，并对报表中的信息进行编辑，具体操作步骤如下。

通过“报表设计”创建报表

Step 01 在 Access 中，打开要创建报表的数据库，单击“创建”功能区中的“报表设计”按钮，如图 6-6 所示。

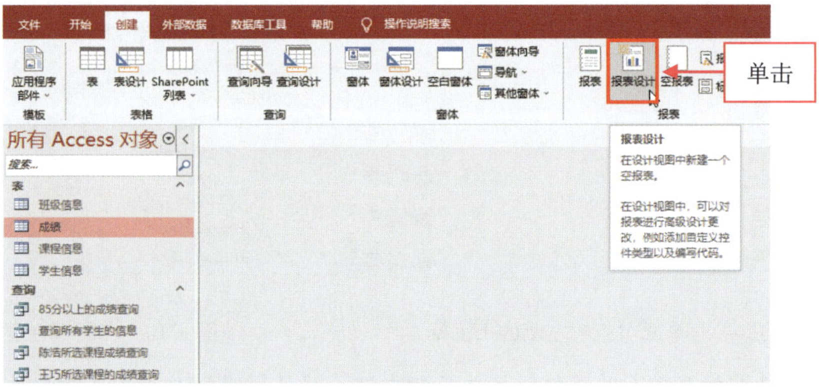

图 6-6　单击“报表设计”按钮

Step 02 执行操作后，新建一个空表单，单击页面右上方的“添加现有字段”按钮，如图 6-7 所示。

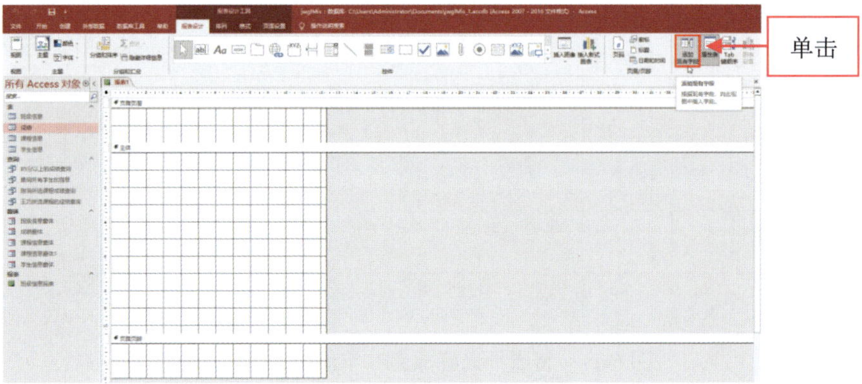

图 6-7　单击“添加现有字段”按钮

Step 03 执行操作后，页面右侧会出现“字段列表”窗口，单击该窗口中的“显示所有表”链接，如图 6-8 所示。

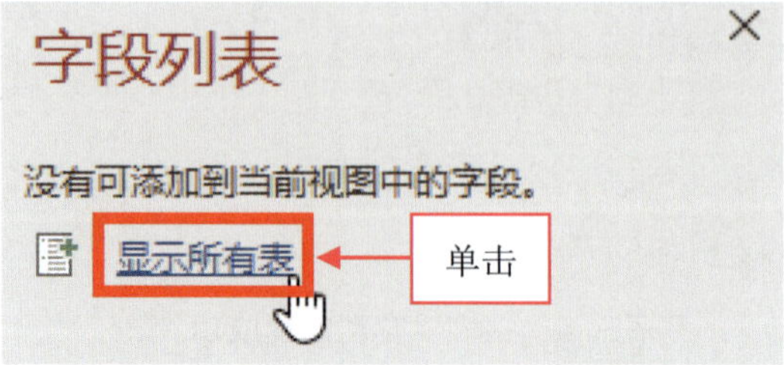

图 6-8　单击“显示所有表”链接

Step 04 执行操作后，页面右侧的“字段列表”窗口中会出现当前数据库中的数据表，单击对应数据表左侧的⊞图标，如图 6-9 所示。

Step 05 执行操作后，⊞图标会变成⊟图标，并且该表会展开，显示其中的字段，如图 6-10 所示。

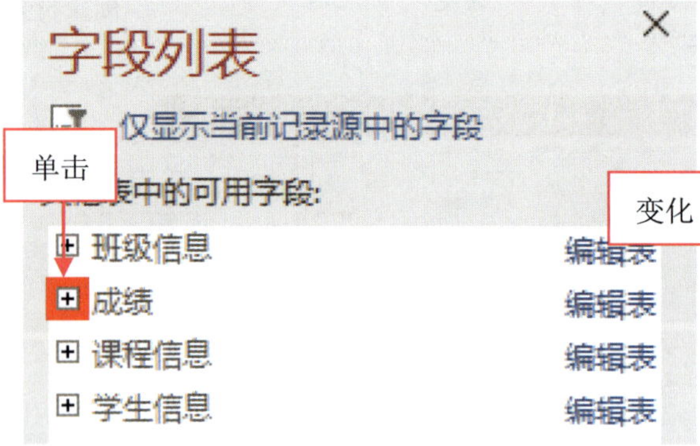

图 6-9　单击对应表左侧的⊞图标

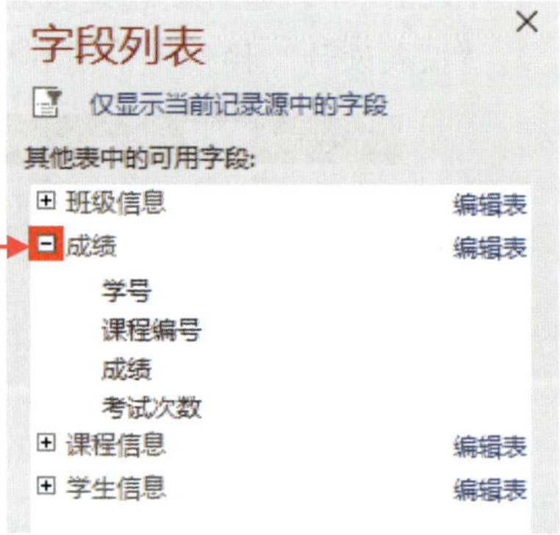

图 6-10　⊞图标会变成⊟图标

Step 06 选中需要添加至报表的字段，按住鼠标左键；将鼠标光标放置在字段要展示的大概位置，如图 6-11 所示。

图 6-11　将鼠标光标放置在字段要展示的大概位置

Step 07 松开鼠标左键，新建的空表单中会显示对应字段的信息，如图 6-12 所示。

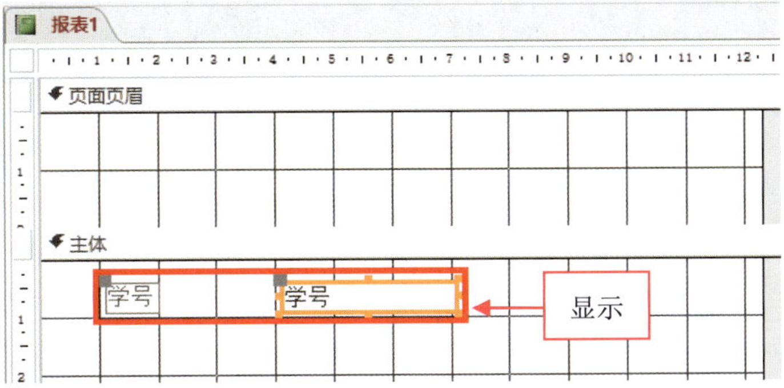

图 6-12 显示对应字段的信息

Step08 根据自身需求，调整字段信息的展示位置，如图 6-13 所示。

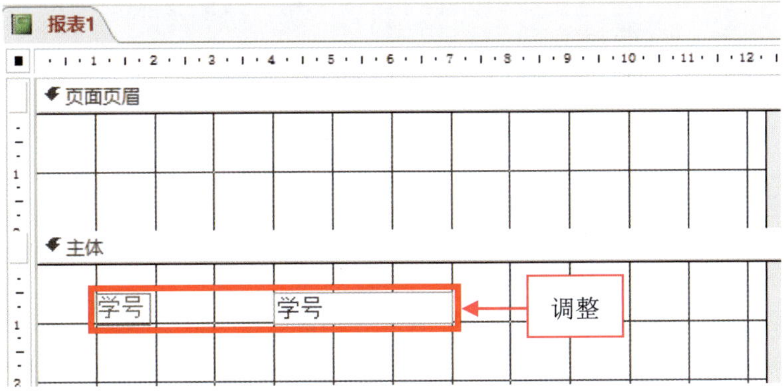

图 6-13 调整字段信息的展示位置

Step09 参照同样的操作，将其他字段信息添加至空报表中，并调整字段信息的展示位置，如图 6-14 所示。

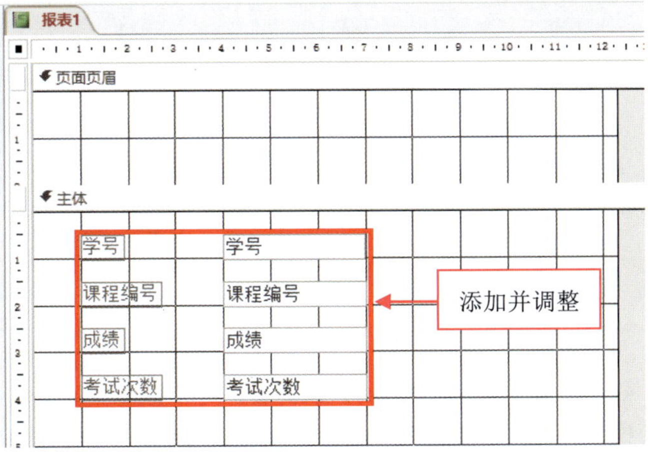

图 6-14 调整字段信息的展示位置

Step10 单击“报表设计工具”功能区中的 Aa 图标，将鼠标光标放置在编辑页面页眉信息的对应位置并单击鼠标左键，如图 6-15 所示。

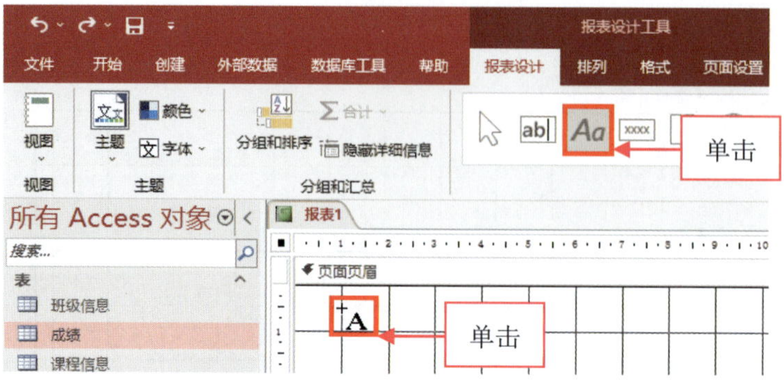

图 6-15　将鼠标光标放置在编辑页面页眉信息的对应位置

Step 11　执行操作后，在页面页眉区域的输入框中输入相关信息，如图 6-16 所示。

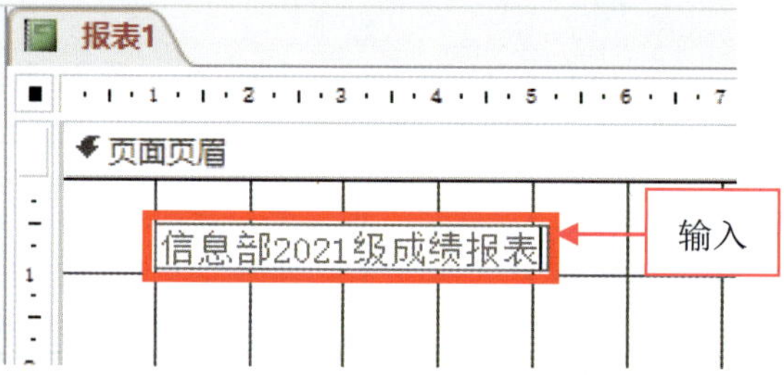

图 6-16　输入相关信息

Step 12　在报表编辑区右侧的灰色区域中单击鼠标右键，会弹出一个列表框；选择列表框中的“报表视图（R）”选项，如图 6-17 所示。

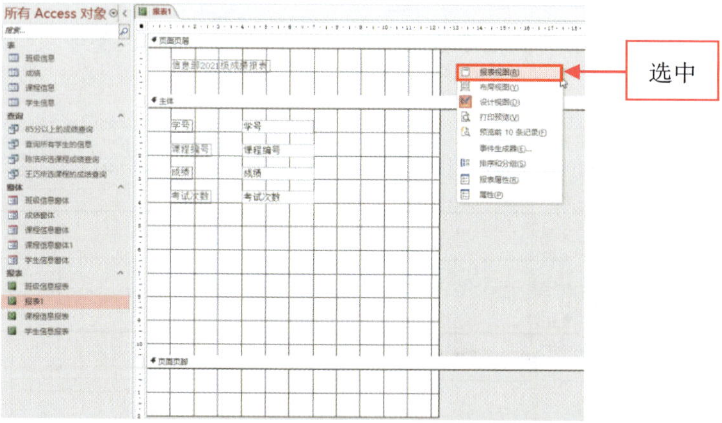

图 6-17　选择“报表视图（R）”选项

Step 13　执行操作后，会切换至“报表视图”的报表页面，如图 6-18 所示。需要注意的是，通过“空报表”创建的报表，需要设置报表名称，才能将报表保存在数据库中。

Step 14　将鼠标光标放置在报表名称上，并单击鼠标右键，选择“保存（S）”选项，在弹出的“另存为”对话框中输入报表名称，并单击“确定”按钮，即可完成报表的保存和创建，如图 6-19 所示。

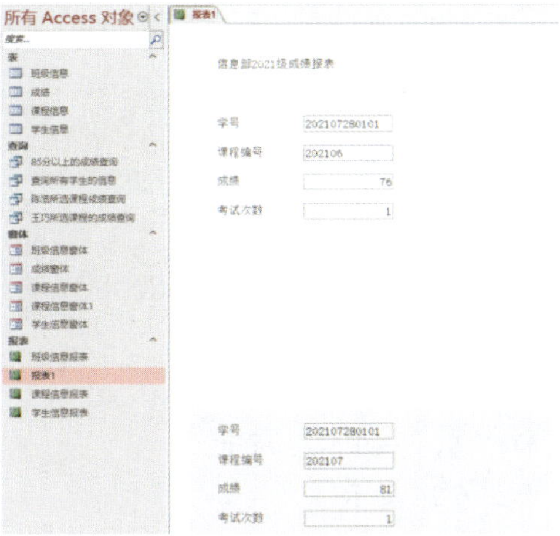

图 6-18　“报表视图”的报表页面

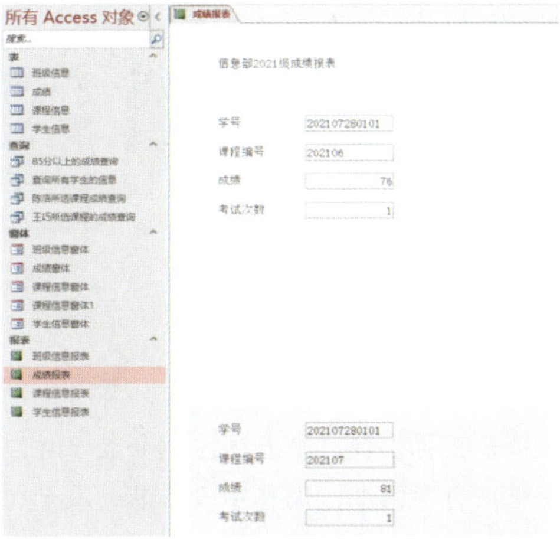

图 6-19　完成报表的保存和创建

6.2.3　通过“空报表”创建报表

通过功能区中的“空报表”功能，可以先新建一个空报表，然后将需要的信息添加至空报表中，完成报表的创建，具体操作步骤如下。

通过“空报表”创建报表

Step 01 在 Access 中，打开要创建报表的数据库，单击“创建”功能区中的“空报表”按钮，如图 6-20 所示。

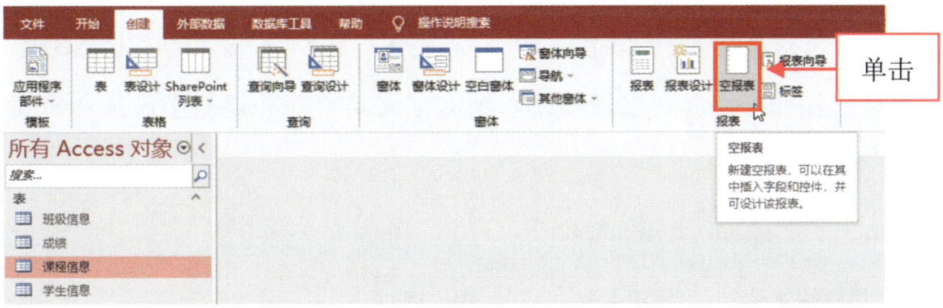

图 6-20　单击“空报表”按钮

Step 02 执行操作后，会新建一个空白报表，单击页面右上方的“添加现有字段”按钮，如图 6-21 所示。

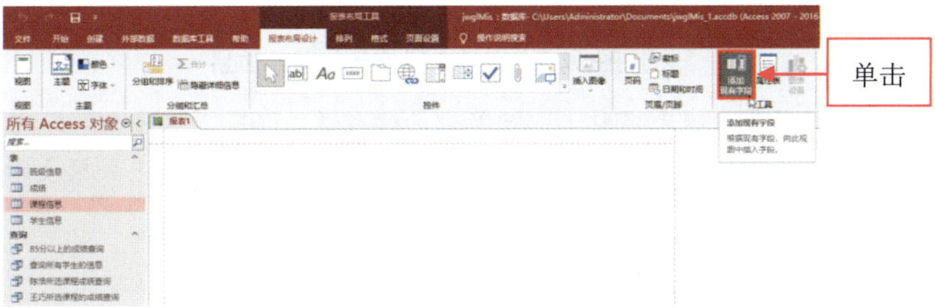

图 6-21　单击“添加现有字段”按钮

Step 03 执行操作后，在右侧的“字段列表”窗口中，选中需要添加至报表的字段，按住鼠标左键；将鼠标光标放置在报表的编辑区中，如图 6-22 所示。

图 6-22　将鼠标光标放置在报表的编辑区

Step 04 松开鼠标左键，报表的左侧会显示对应字段的信息，如图 6-23 所示。

Step 05 根据自身需求，调整字段信息的展示位置，如图 6-24 所示。

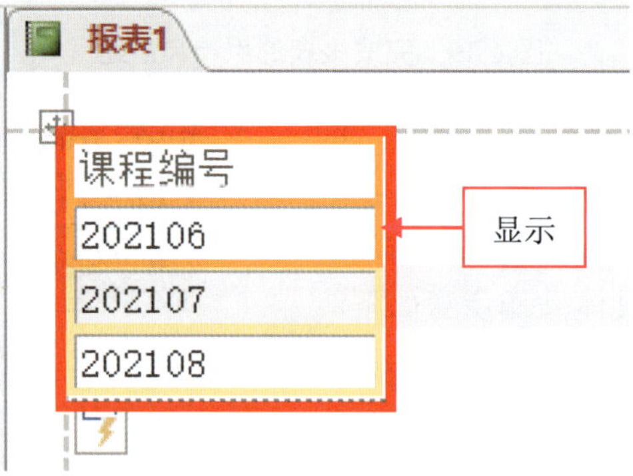

图 6-23　显示对应字段的信息

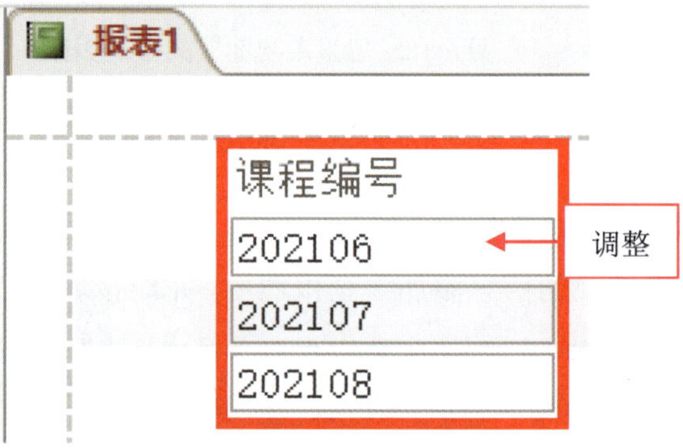

图 6-24　调整字段信息的展示位置

Step 06 参照同样的操作，将其他字段信息添加至空表单中，并调整字段信息的展示位置，最终效果如图 6-25 所示。

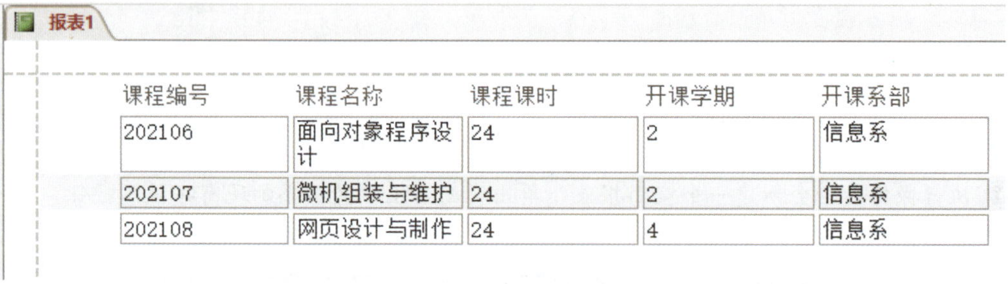

图 6-25　调整字段信息的展示位置

Step 07 将鼠标光标放置在报表名称上，并单击鼠标右键，选择“保存（S）”选项，在弹出的“另存为”对话框中输入报表名称，并单击“确定”按钮，即可完成报表的保存和创建，如图 6-26 所示。

图 6-26　完成报表的保存和创建

6.2.4　通过“报表向导”创建报表

通过“创建”功能区中的“报表向导”功能，可以创建简单的自定义报表，具体操作步骤如下。

通过“报表向导”创建报表

Step 01 在 Access 中，打开要创建报表的数据库，单击“创建”功能区中的“报表向导”按钮，如图 6-27 所示。

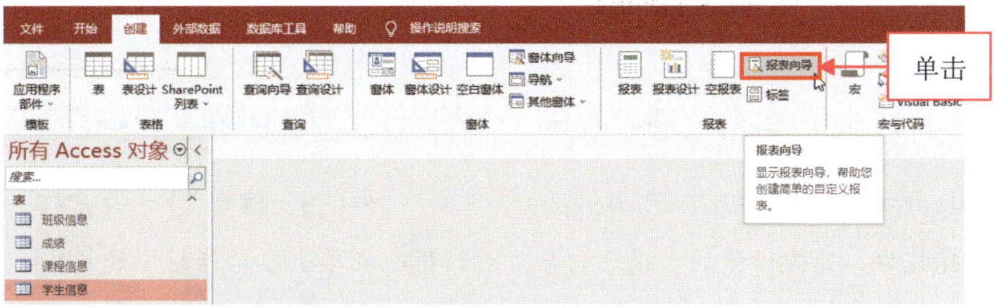

图 6-27　单击“报表向导”按钮

Step 02 执行操作后，会弹出“报表向导”对话框，在该对话框中选择需要创建报表的数据表；双击对应的字段，如图 6-28 所示。

Step 03 执行操作后，如果“选定字段（S）：”的下方显示刚刚双击的字段，就说明该字段添加成功了，如图 6-29 所示。

Step 04 按照同样的方法将其他字段（如“学生信息”表中的“姓名”“身份证号码”“性别”和“学籍编号”字段）添加至“选定字段（S）：”中；单击“下一步（N）”按钮，如图 6-30 所示。

Step 05 执行操作后，会弹出新的“报表向导”对话框，根据是否要对报表中的字段进行分组执行相关的操作。如果要对报表中的字段进行分组，可以双击对话框左侧的对应字段，并单击“分组选项（O）…”按钮，设置分组信息；如果不要对报表中的字段进行分组，可以直接单击“下一步（N）”按钮，如图 6-31 所示。

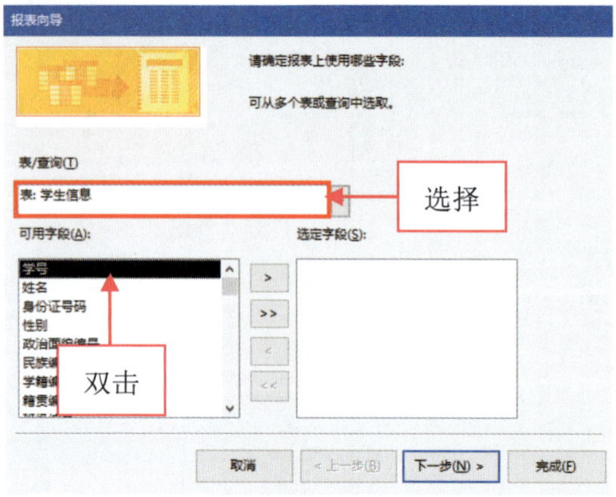

图 6-28　双击对应的字段

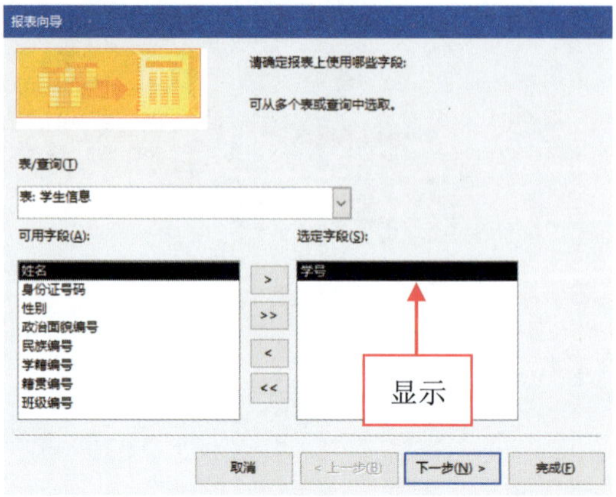

图 6-29　字段添加成功

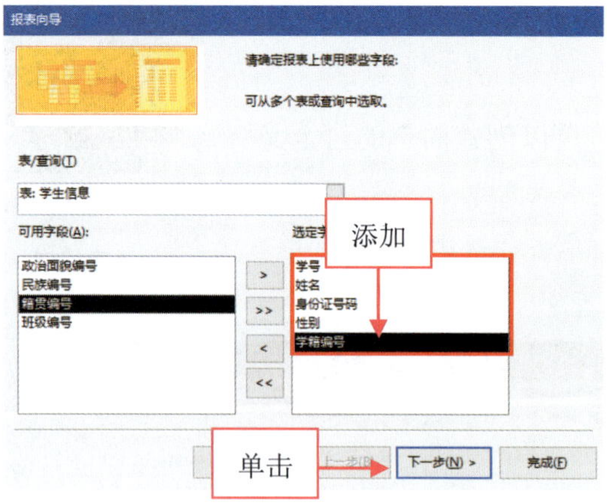

图 6-30　单击“下一步（N）”按钮（1）

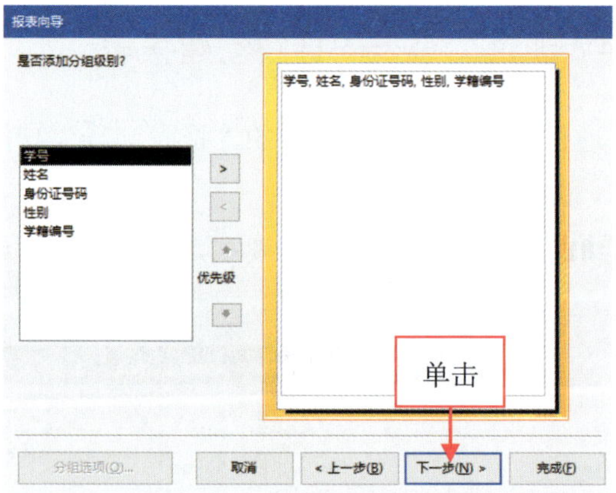

图 6-31　单击“下一步（N）”按钮（2）

Step 06 执行操作后，会弹出新的“报表向导”对话框，在单击该对话框中的⌄图标；选择对应的字段，如图 6-32 所示。

Step 07 执行操作后，即可将报表设置为按对应字段的信息进行升序排列（按字段的信息进行降序排列，只需单击对应的“升序”按钮即可）；单击“下一步（N）”按钮，如图 6-33 所示。

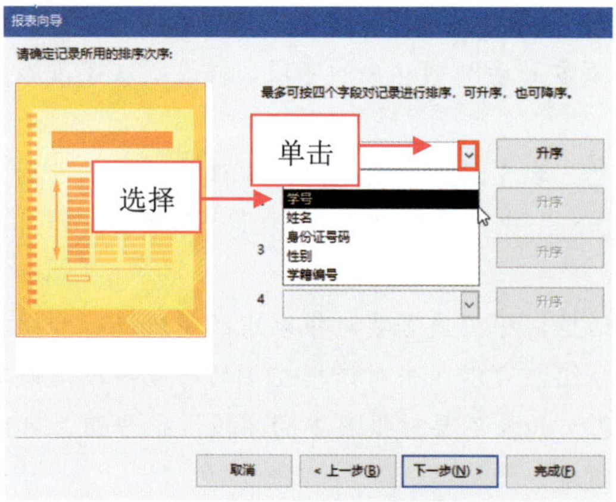

图 6-32　选择对应的字段

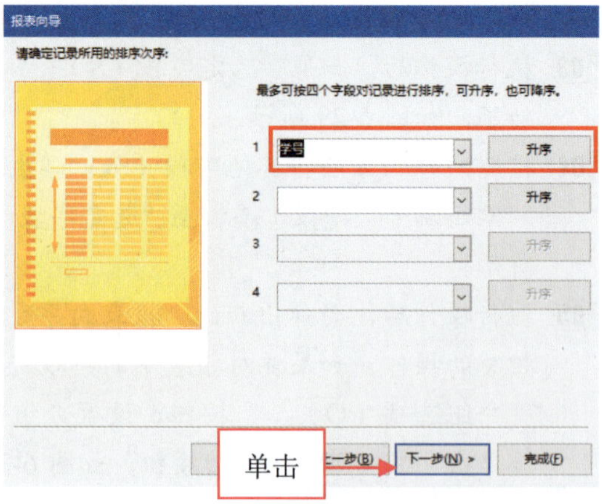

图 6-33　单击“下一步（N）”按钮（3）

Step 08 执行操作后，会弹出新的“报表向导”对话框，在该对话框中设置报表的布局和方向；单击“下一步（N）”按钮，如图 6-34 所示。

Step 09 执行操作后，会弹出新的“报表向导”对话框，在该对话框中输入报表名称；选中“修改报表设计（M）”前方的复选框；单击“完成（F）”按钮，如图 6-35 所示。

Step 10 执行操作后，如果系统根据“报表向导”对话框中设置的信息创建一个报表，并进入该报表的“设计视图”页面，就说明报表创建成功了，如图 6-36 所示。因为“设计视图”页面中只能看到字段的布局情况，所以如果要查看报表的显示效果，还需要切换至“报表视图”页面。

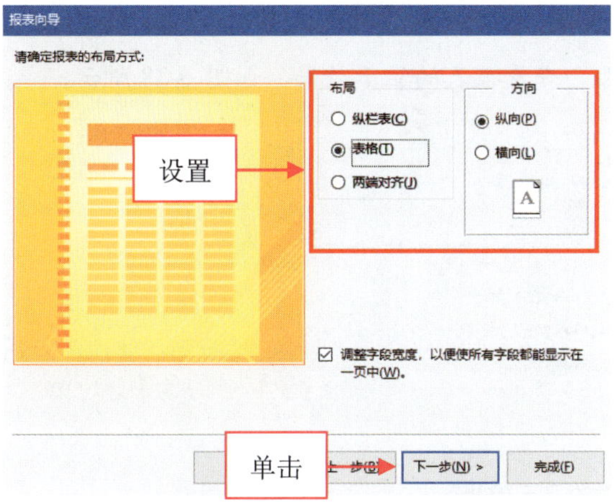

图 6-34　单击“下一步（N）”按钮（4）

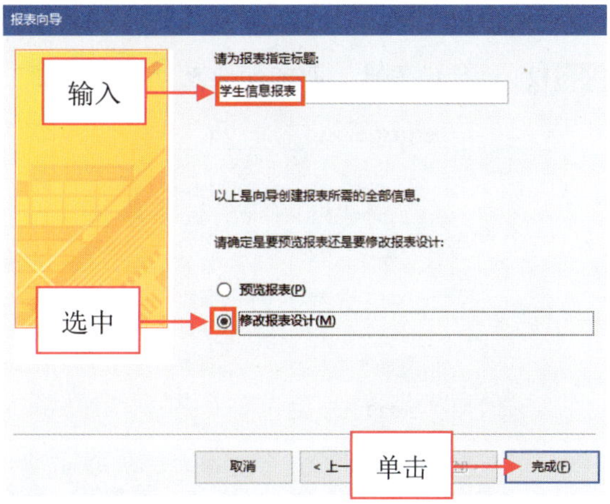

图 6-35　单击“完成（F）”按钮

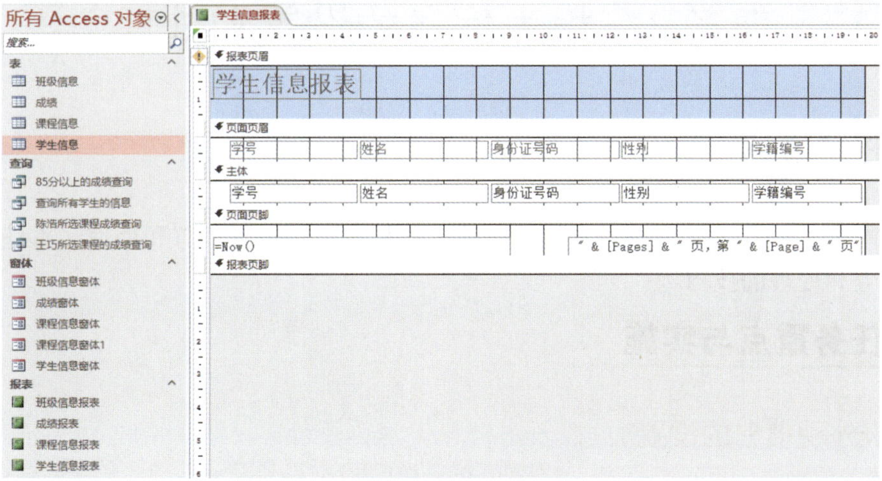

图 6-36　报表创建成功

Step 11 在空报表编辑区的灰色区域中单击鼠标右键，会弹出一个列表框；选择列表框中的“报表视图（R）”选项，如图 6-37 所示。

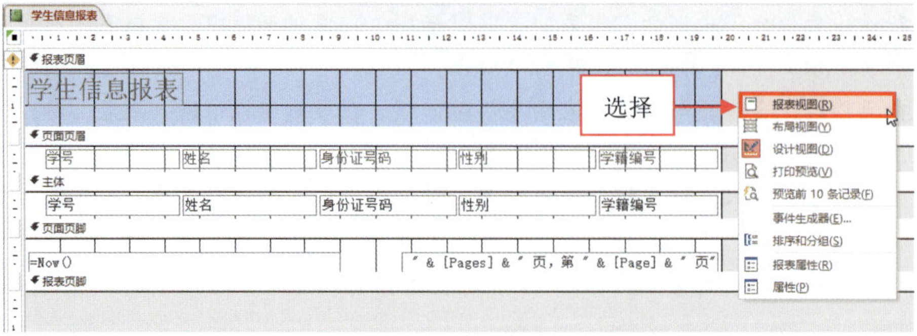

图 6-37　选择“报表视图（R）”选项

Step 12 执行操作后，即可切换至“报表视图”页面，查看报表的显示效果，如图 6-38 所示。

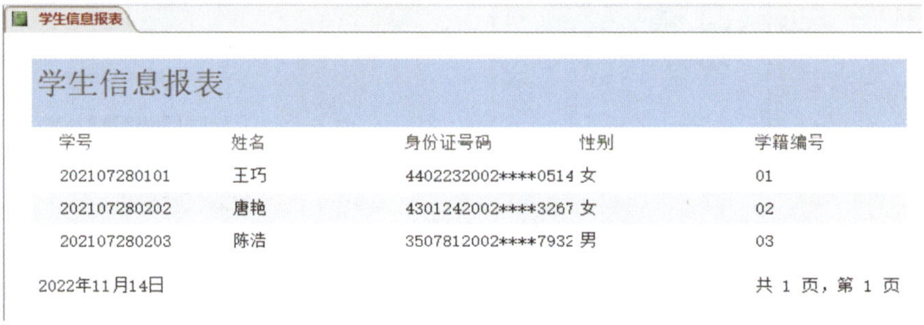

图 6-38　查看报表的显示效果

任务 3　报表信息的设置和处理

任务概述

创建好报表之后，可以根据自身需求对报表的相关信息进行设置和处理。本任务主要介绍报表信息设置和处理的技巧。

任务重点与实施

6.3.1　报表外观信息的设置

可以切换至报表的“布局视图”或“设计视图”页面，借助“报表布局工具”功能区和“报表设计工具”功能区及“属性表”等工具，对报表的内容展示区域、主题颜色、页眉页脚、背景图片和文字颜色等外观信息进行设置。

6.3.2　报表的分组和排序设置

报表的分组和排序设置

对于创建完成的报表，可以根据自身需求对其中的信息进行分组和排序，具体操作步骤如下。

Step 01 在 Access 中，打开对应的报表，切换至“设计视图”页面，依次单击“报表设计工具”功能区中的“报表设计”按钮和“分组和排序”按钮，如图 6-39 所示。

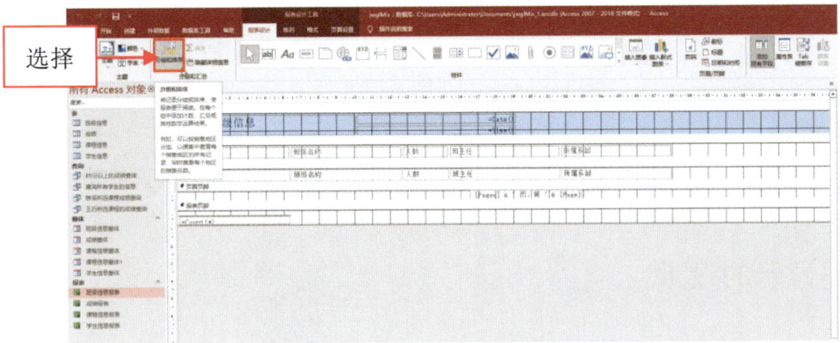

图 6-39　单击“分组和排序”按钮

Step 02 执行操作后，页面下方会出现“分组、排序和汇总”窗口，单击该窗口中的“添加组”按钮，如图 6-40 所示。

图 6-40　单击“添加组”按钮

Step 03 执行操作后，会弹出一个列表框，选择列表框中的对应字段选项，如“班级编号”选项，如图 6-41 所示。

Step 04 执行操作后，“分组、排序和汇总”窗口中会显示分组形式的相关信息，单击“添加排序”按钮，如图 6-42 所示。

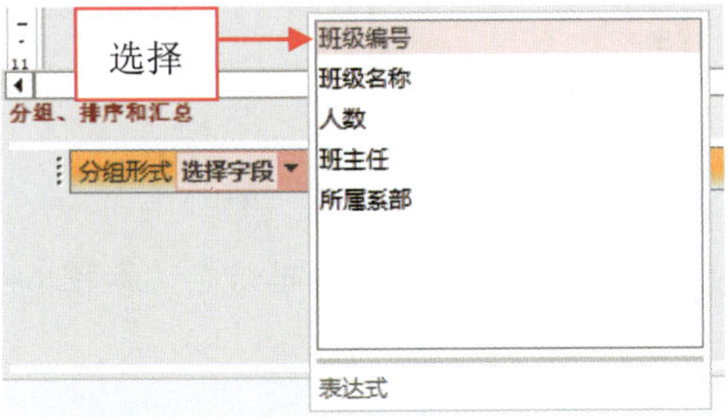

图 6-41　选择“班级编号”选项

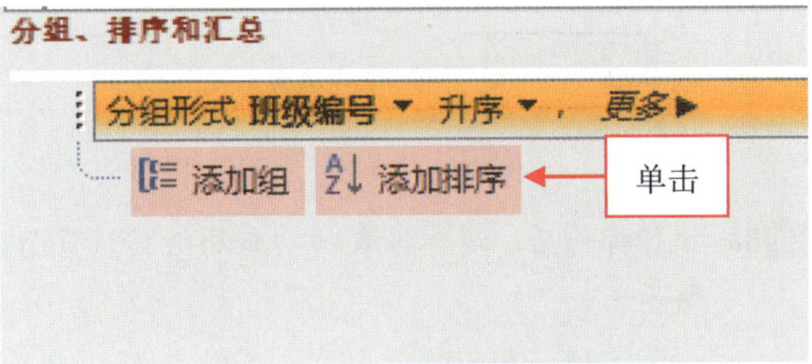

图 6-42　单击“添加排序”选项

Step 05 执行操作后，会弹出一个列表框，选择列表框中的对应字段选项，如“人数”选项，如图 6-43 所示。

Step 06 执行操作后，如果显示排序依据的相关信息，就说明排序设置成功了，如图 6-44 所示。

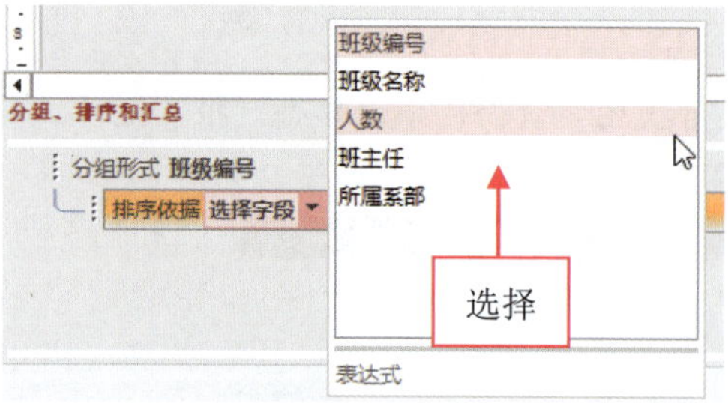

图 6-43　选择“人数”选项

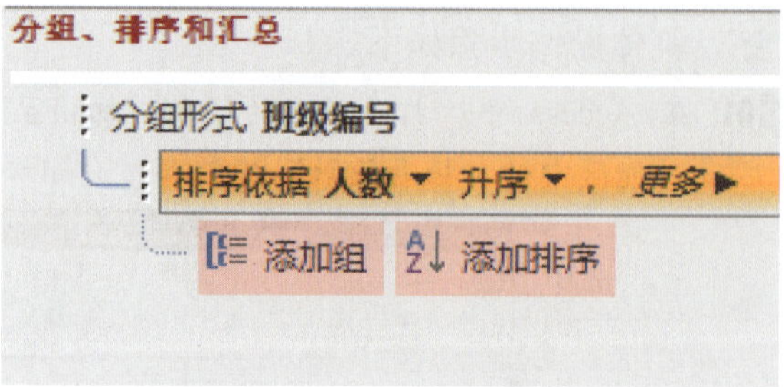

图 6-44　排序设置成功

6.3.3　报表页码显示的设置

报表页码显示的设置

在 Access 中，可以设置报表的页码信息，即给报表添加页码信息或调整报表页码的显示形式，具体操作步骤如下。

Step 01 在 Access 中，打开对应的报表，切换至“布局视图”页面，依次单击“报表布局工具”功能区中的“报表布局设计”按钮和“页码”按钮，如图 6-45 所示。

Step 02 执行操作后，会弹出“页码”对话框，在该对话框中设置页码的相关信息；单击“确定”按钮，如图 6-46 所示。

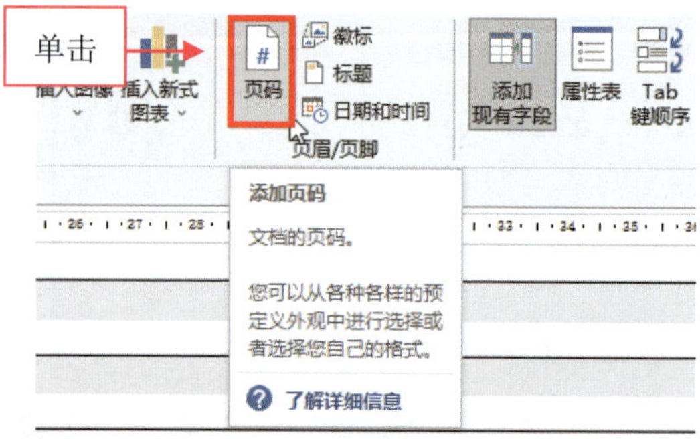

图 6-45　单击“页码”按钮

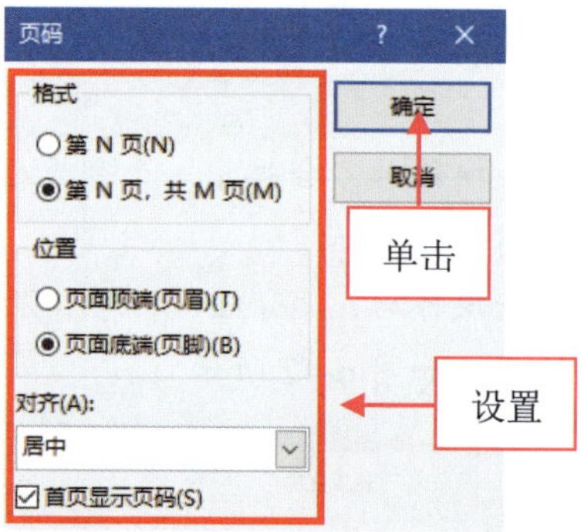

图 6-46　单击“确定”按钮

Step 03 执行操作后，返回报表的“布局视图”页面，即可查看报表中显示的页码信息，如图 6-47 所示。

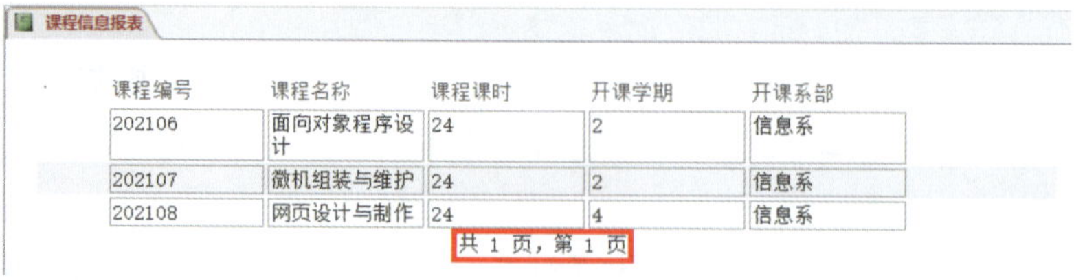

图 6-47　查看报表中显示的页码信息

6.3.4　报表时间显示的设置

除了页码显示之外，还可以对报表的时间（包括日期）显示进行设置，具体操作步骤如下。

报表时间显示的设置

Step 01 在 Access 中，打开对应的报表，切换至“布局视图”页面，依次单击“报表布局工具”功能区中的“报表布局设计”按钮和“日期和时间”按钮，如图 6-48 所示。

Step 02 执行操作后，会弹出“日期和时间”对话框，设置对话框中的信息；单击“确定”按钮，如图 6-49 所示。

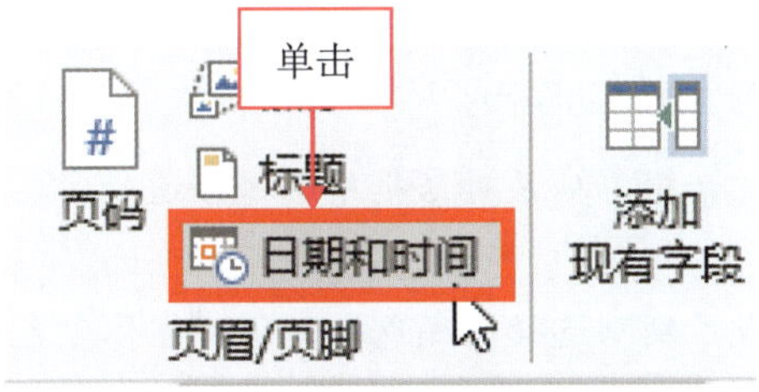

图 6-48　单击“日期和时间”按钮

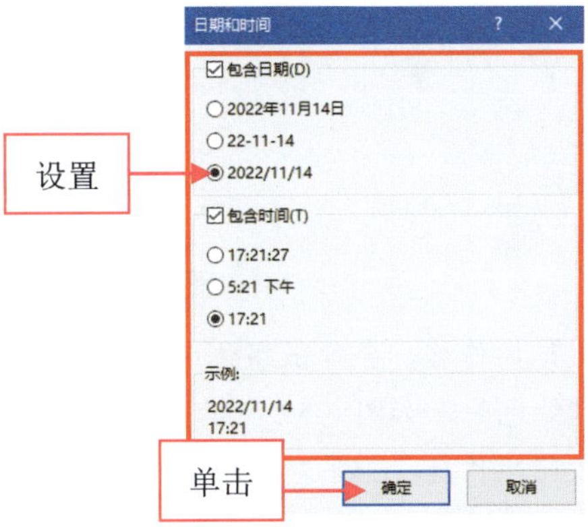

图 6-49　单击“确定”按钮

Step 03 执行操作后，返回报表的“布局视图”页面，即可查看报表中显示的日期和时间信息，如图 6-50 所示。

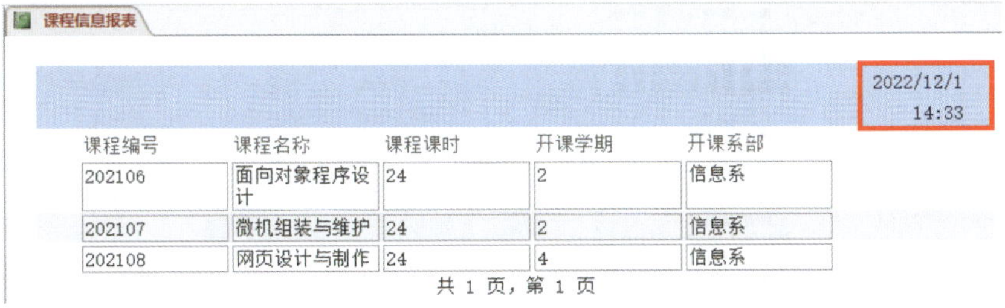

图 6-50　查看报表中显示的日期和时间信息

6.3.5　报表的布局信息设置

创建报表之后，系统会以默认的布局方式呈现报表中的信息。如果对报表的布局有要求，可能需要进行相关的设置。下面主要介绍报表布局信息设置的相关技巧。

设置字体颜色

1．设置字体颜色

有时候为了突出显示报表中的重点信息，需要设置相关单元格中的字体颜色，此时便可以执行以下操作。

Step 01 在 Access 中，打开对应的报表，选中需要设置字体颜色的单元格；依次单击“报表布局工具”功能区中的“格式”按钮和A图标右侧的˅图标，如图 6-51 所示。

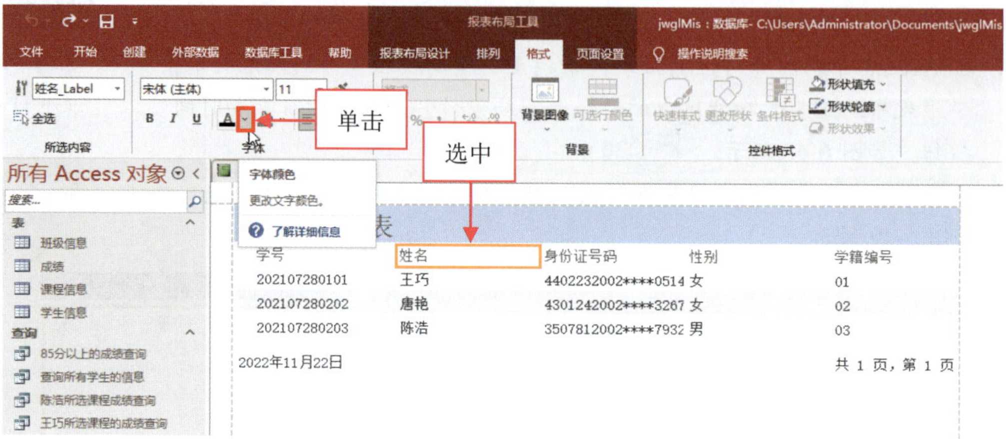

图 6-51 单击A图标右侧的˅图标

Step 02 执行操作后，会弹出字体颜色选择的相关对话框，从该对话框中选择合适的字体颜色，如“红色”，如图 6-52 所示。

Step 03 执行操作后，如果对应单元格中的字体变成了刚刚选择的颜色，就说明字体颜色设置成功了，如图 6-53 所示。

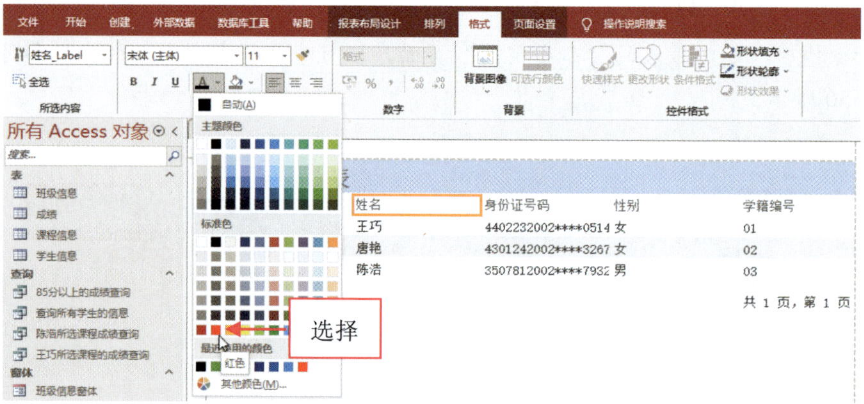

图 6-52 选择“红色”

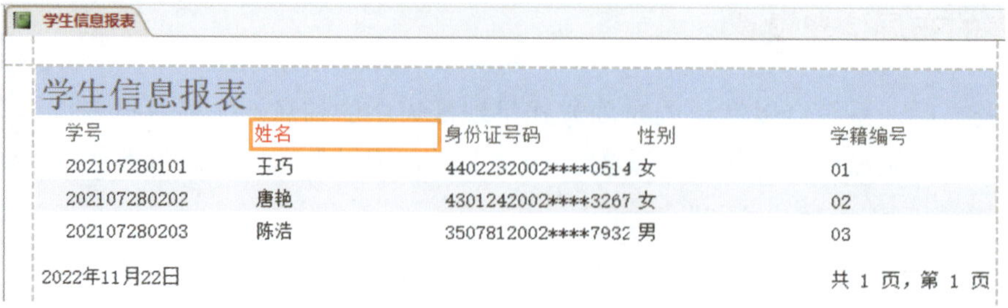

图 6-53 字体颜色设置成功

2．设置字体加粗

设置字体加粗

除了设置字体颜色之外，设置字体加粗也是突出显示重点信息的一种有效手段。在 Access 中，可以通过如下操作设置字体加粗。

Step 01 在 Access 中，打开对应的报表，选中需要设置字体加粗的单元格；依次单击“报表布局工具”功能区中 “格式”按钮和 B 图标，如图 6-54 所示。

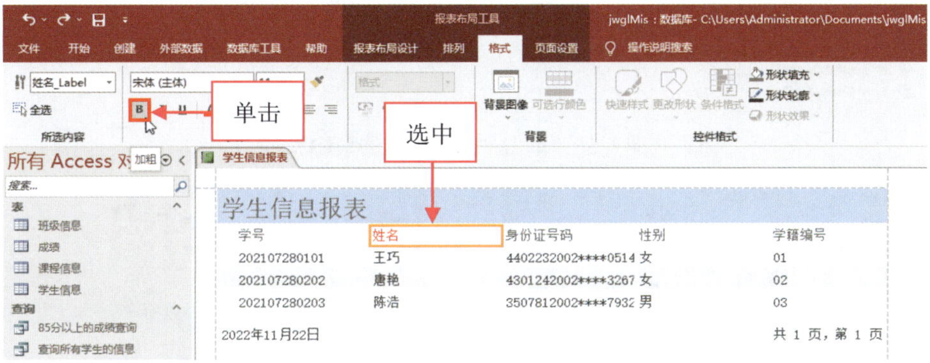

图 6-54　单击 B 图标

Step 02 执行操作后，如果对应单元格中的字体变粗，就说明字体加粗设置成功了，如图 6-55 所示。

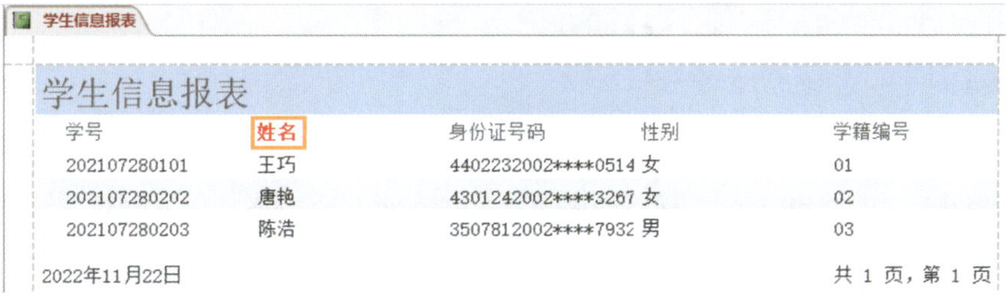

图 6-55　字体加粗设置成功

3．设置背景色

设置背景色

设置单元格的背景色，不仅可以增加报表的美观度，还可以起到突出重点信息的作用。在 Access 中，可以通过如下操作设置背景色。

Step 01 在 Access 中，打开对应的报表，选中需要设置背景色的单元格；依次单击“报表布局工具”功能区中的“格式”按钮和 图标右侧的 图标，如图 6-56 所示。

Step 02 执行操作后，会弹出背景色选择的相关对话框，从该对话框中选择合适的背景色，如“中灰 1”，如图 6-57 所示。

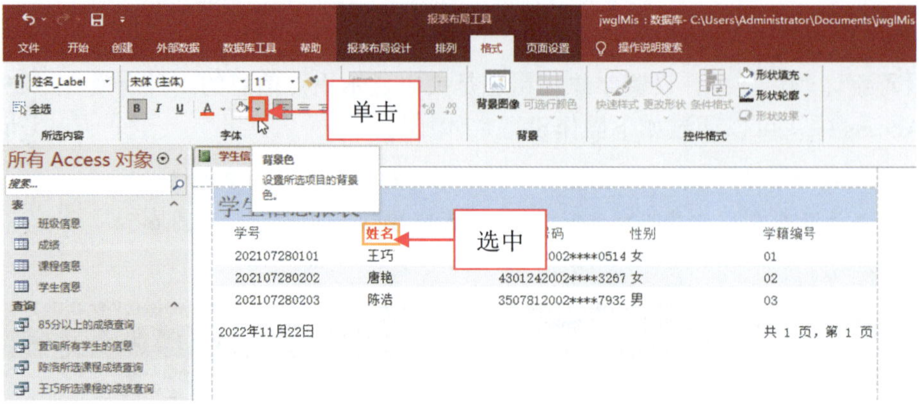

图 6-56　单击图标右侧的图标

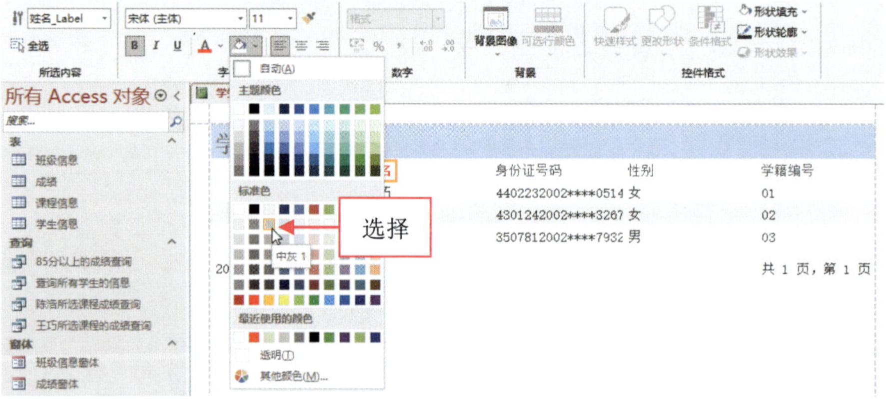

图 6-57　选择“中灰 1”

Step 03 执行操作后，如果对应单元格的背景变成了刚刚选择的颜色，就说明背景颜色设置成功了，如图 6-58 所示。

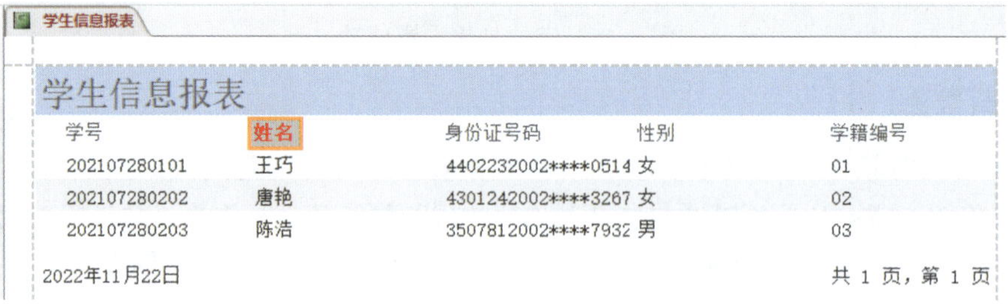

图 6-58　背景颜色设置成功

4. 设置对齐方式

和数据表相关，报表单元格中的信息也是可以设置对齐方式的。在 Access 中，可以通过如下操作设置单元格信息的对齐方式。

设置对齐方式

Step 01 在 Access 中，打开对应的报表，选中需要设置对齐方式的单元格；依次单击“报表布局工具”功能区中的“格式”按钮和对应对齐方式的图标，如图标，如图 6-59 所示。

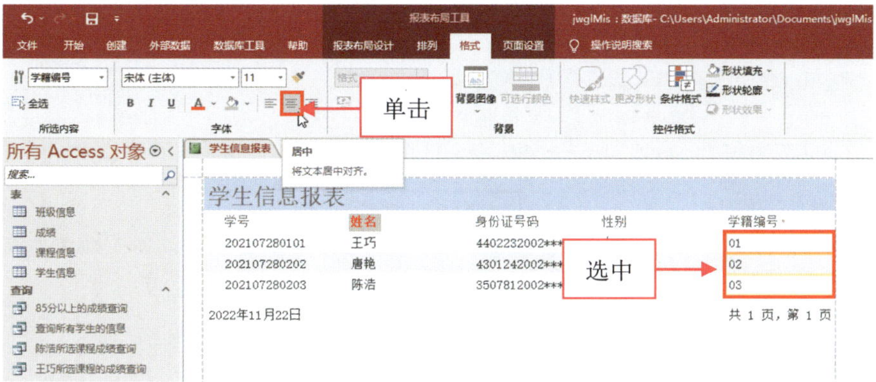

图 6-59　单击≡图标

Step 02 执行操作后，如果选中的单元格按刚刚选择的对齐方式进行对齐，就说明这些单元格的对齐方式设置成功了，如图 6-60 所示。

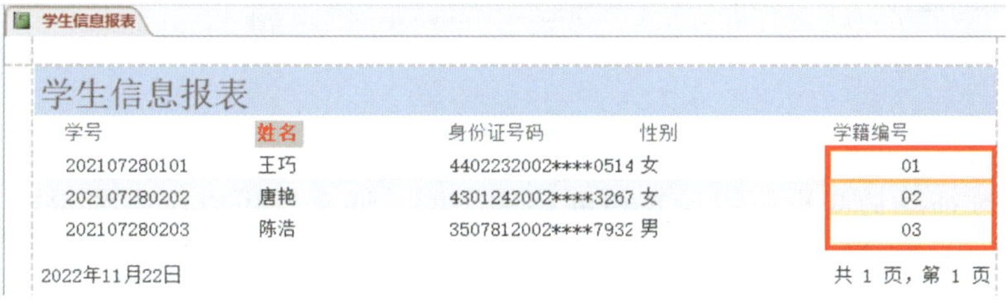

图 6-60　单元格的对齐方式设置成功

5．设置宽度和高度

当对报表中单元格信息的呈现范围不满意时，可以对单元格的宽度和高度进行设置。在 Access 中，可以通过拖动边线来设置单元格的宽度，具体操作步骤如下。

设置宽度和高度（1）

Step 01 在 Access 中，打开对应的报表，选中需要设置宽度的单元格；将鼠标光标放置在单元格左侧或右侧边线上，如图 6-61 所示。

Step 02 按住鼠标左键，将鼠标光标放置在对应的位置，会以黑框的形式展示单元格拖动后的效果，如图 6-62 所示。

Step 03 松开鼠标左键，如果此时选中的单元格的边线与黑框的位置重叠，就说明单元格的宽度设置成功了，如图 6-63 所示。

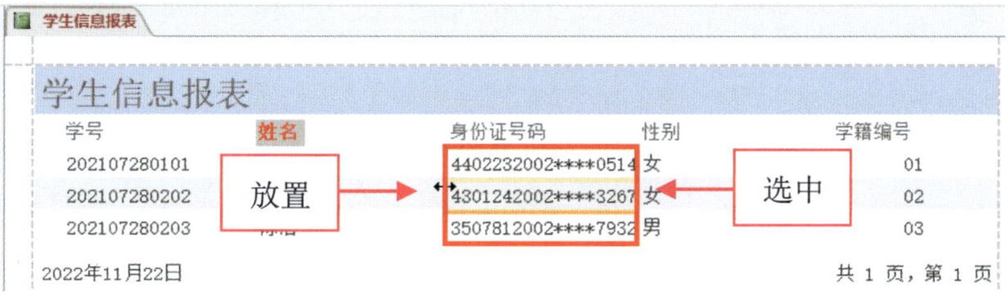

图 6-61　将鼠标光标放置在单元格的边线上

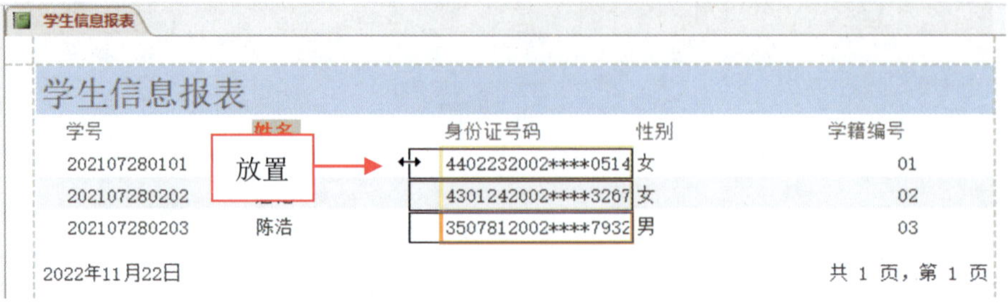

图 6-62　以黑框的形式展示单元格拖动后的效果

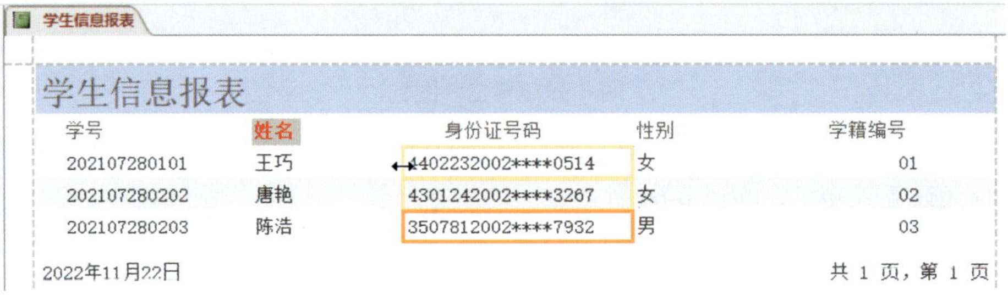

图 6-63　单元格的宽度设置成功

同样的，通过拖动边线也可以设置单元格的高度。通常，可以选中要设置高度的单元格，将鼠标光标放置在上侧或下侧的边线上，按住鼠标左键并移动鼠标光标，如图 6-64 所示。松开鼠标左键，单元格的高度便会自动进行调整，如图 6-65 所示。

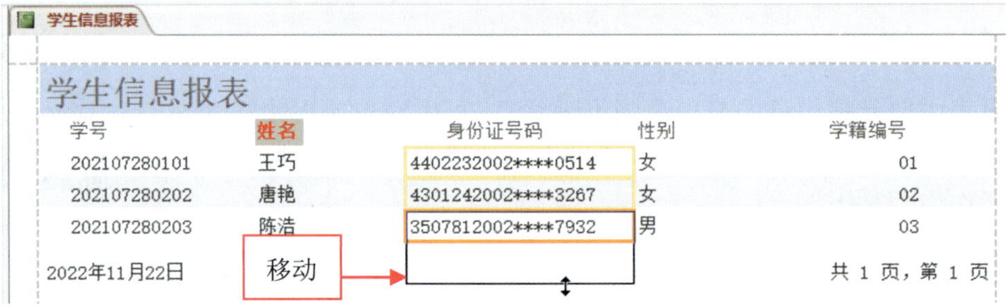

图 6-64　移动鼠标光标

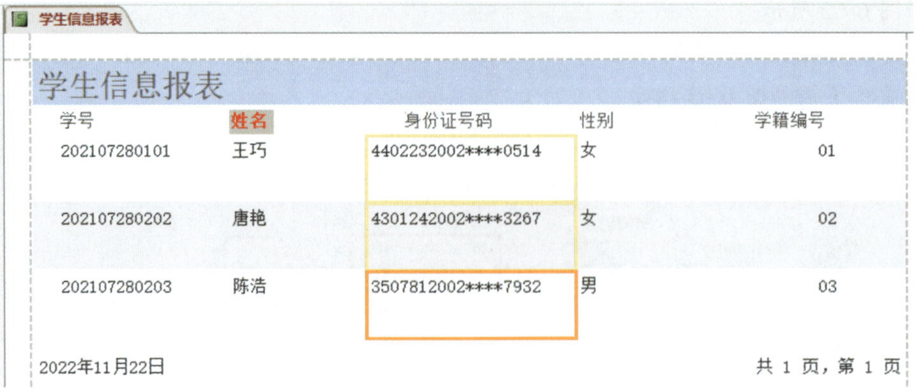

图 6-65　单元格高度调整后的效果

除了直接拖动单元格边线之外，还可以通过“属性表”窗口设置单元格的宽度和高度，具体操作步骤如下。

设置宽度和高度（2）

Step 01 在 Access 中，打开对应的报表，进入“布局视图”或“设计视图”页面，选中需要设置宽度和高度的单元格，页面右侧“属性表”窗口的“格式”选项卡中会显示已选中单元格的宽度和高度，如图 6-66 所示。

Step 02 根据自身需求输入单元格的宽度和高度数据，如图 6-67 所示，单击报表的编辑区，系统会自动调整已选中单元格的宽度和高度。

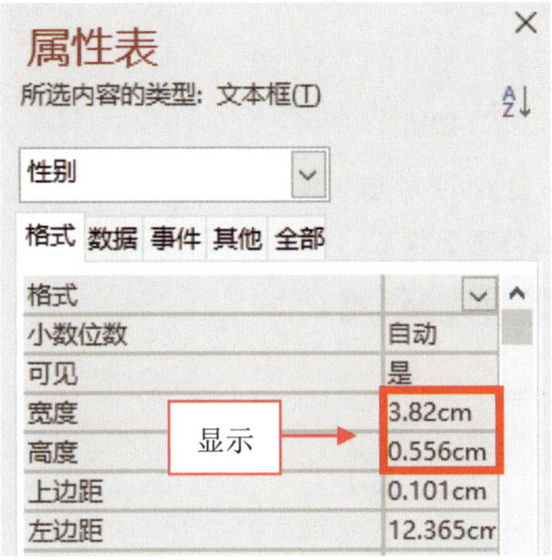

图 6-66　显示已选中单元格的宽度和高度

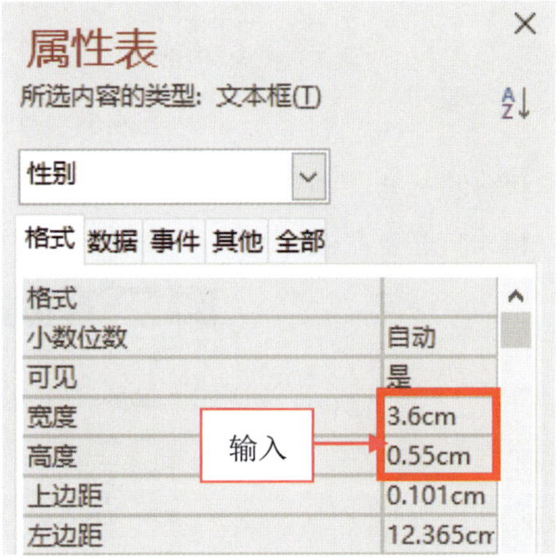

图 6-67　输入单元格的宽度和高度数据

任务 4　报表的预览与打印

任务概述

创建报表的最终目的就是打印报表，对此可以在完成报表信息的设置之后，预览、打印报表内容。本任务主要介绍打印报表的方法和技巧。

任务重点与实施

6.4.1　报表的页面设置

报表的页面设置

预览或打印报表之前，可以先对报表的页面进行设置，让报表内容按照要求进行呈现。其具体操作步骤如下。

Step 01 在 Access 中，打开对应的报表，切换至“布局视图”页面，依次单击“报表布局工具”功能区中的“页面设置”按钮和“页面设置”按钮，如图 6-68 所示。

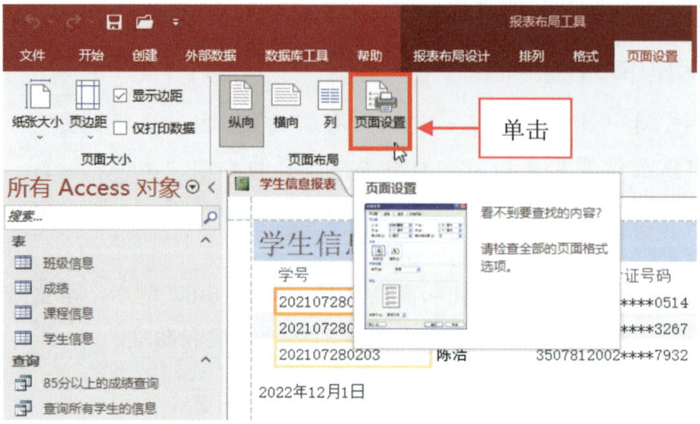

图 6-68　单击“页面设置”按钮

Step 02 执行操作后，会弹出“页面设置”对话框，如图 6-69 所示。只需根据需要设置对话框中的相关信息，单击“确定”按钮，即可完成报表的页面设置。

图 6-69　“页面设置”对话框

6.4.2　报表的打印预览

报表的打印预览

如果需要将报表打印出来，可以先预览一下报表，看看报表的打印出来的预期效果是否能达到自己的要求。通常，可以通过如下操作查看报表的打印预览。

Step 01 在 Access 中，打开对应的报表，单击功能区中的“文件“按钮，进入 Access 的默认页面，单击“打印”按钮，进入对应页面；单击页面中的“打印预览”按钮，如图 6-70 所示。

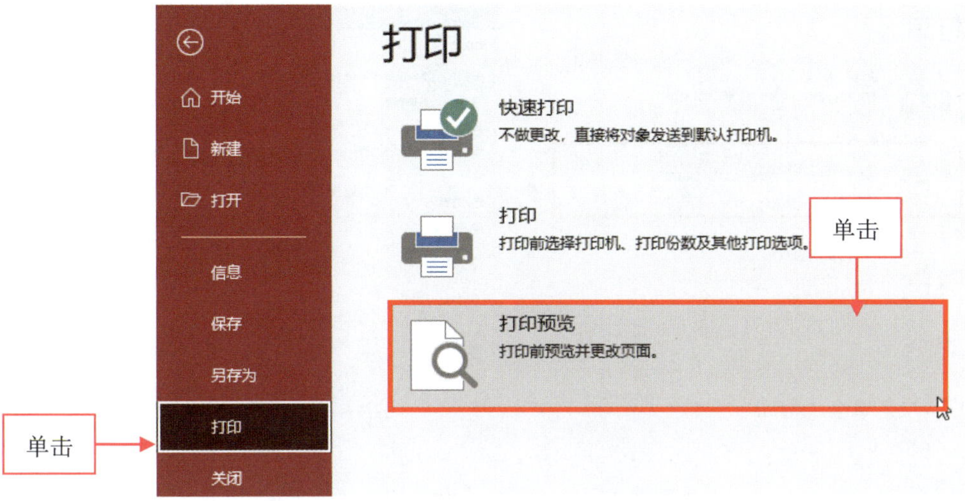

图 6-70　单击“打印预览”按钮

Step 02 执行操作后，即可查看报表的打印预览效果，如图 6-71 所示。

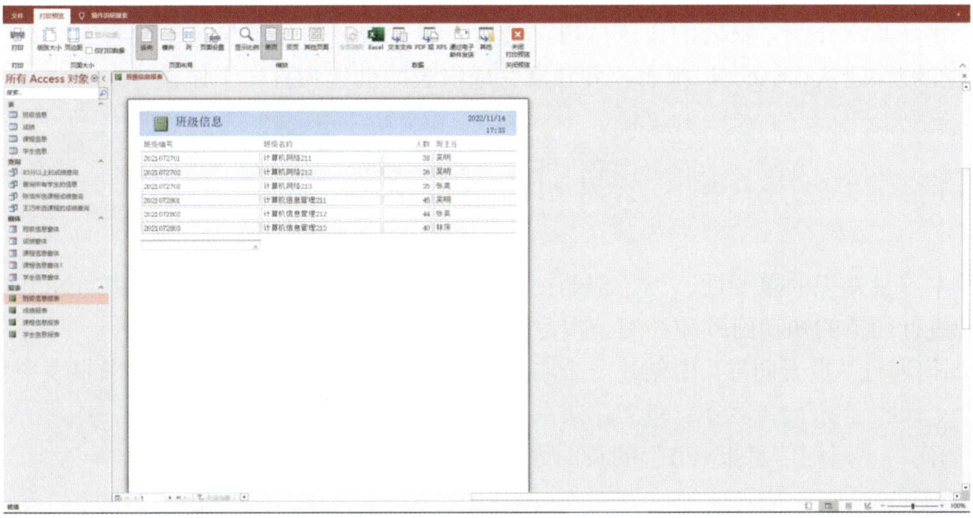

图 6-71　查看报表的打印预览效果

6.4.3　报表的打印方法

报表的打印方法

预览打印效果之后，如果确定要将报表打印出来，可以执行如下操作。

Step 01 进入 Access 的“打印”页面，单击页面中的“打印”按钮，如图 6-72 所示。

Step 02 执行操作后，会弹出“打印”对话框，如图 6-73 所示。只需在该对话框中设置相关信息，并单击“确定”按钮，即可将报表打印出来。

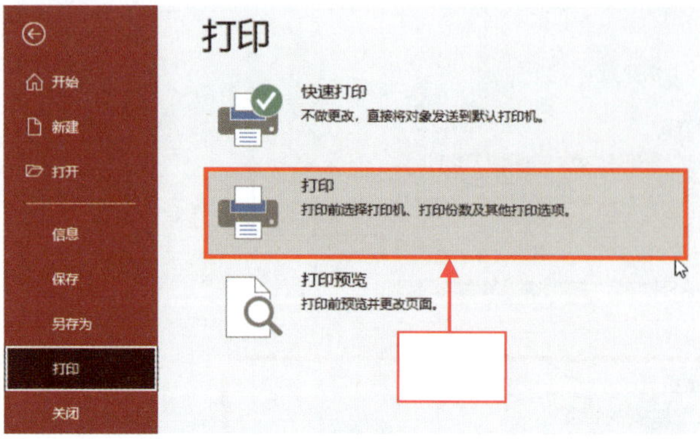

图 6-72　单击“打印”按钮

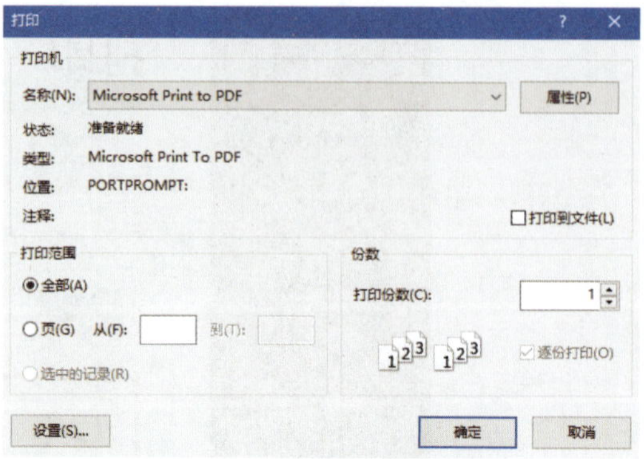

图 6-73　“打印”对话框

项 目 小 结

本项目主要介绍了 Access 报表的基础知识和报表的相关操作技巧，首先介绍了报表的基本知识和创建，其次介绍了报表的设置技巧，最后介绍了报表的预览与打印。通过对本项目的学习，读者能够快速认识 Access 报表，并独立完成报表的创建和打印工作。

项 目 习 题

鉴于本项目知识的重要性，为了帮助读者更好地掌握所学知识，本任务将通过上机习题，帮助读者进行简单的知识回顾和补充。本习题需要掌握报表的创建方法。

1. 如何通过“报表向导”中创建一个名为“课程信息报表 1”的报表（要求报表中包括“课程编号”“课程名称”“学分”和“开课系部”字段）？

2. 如何将“课程信息报表 1”的页面设置为“横向”显示？

项目 7　窗体的创建与使用

项目概述

窗体是 Access 中常用的一种数据显示和编辑工具，用户可以借助窗体来显示数据表和查询信息，还可以自行设置窗体中数据的显示方式。本项目将主要讲述 Access 窗体，帮助读者快速掌握窗体的创建和使用技巧。

学习目标

- 了解 Access 窗体的基本知识。
- 掌握窗体的常见创建方法。
- 熟悉设置窗体的外观信息。
- 掌握窗体中的控件设置方法。

思政目标

- 培养学生通过教学内容深刻体会中国人百折不挠自强不息的“银河精神”，激发学生的责任感和使命感。
- 培养学生跨学科思维方式和综合能力，提高学生在就业市场上的竞争力。

任务 1　Access 窗体的基本知识

任务概述

在 Access 中，窗体是用户和数据库之间进行交互操作的数据库对象之一，主要用于实现用户对数据库数据的操作。用户对数据库的使用和维护都是通过窗体来实现的，因此说窗体是用户和数据库之间的接口。本任务主要介绍窗体的基本知识。

任务重点与实施

7.1.1 窗体的功能

窗体的功能主要体现在以下几方面。

1. 输入数据库信息

在 Access 中，用户可以设计一个专用的窗体，利用它向数据库中的数据表或查询输入数据信息。

2. 显示和编辑数据

显示和编辑数据是窗体常见的应用方式，窗体可以用不同的风格来显示数据库中的数据，还可以使用个性化的窗体修改、添加和删除数据信息，完成对数据的编辑操作。

3. 控制应用程序执行流程

Access 中的窗体可以和宏或函数结合使用，使数据库中的各个对象紧密结合起来控制应用程序，实现应用程序的流程及其他交互功能。例如，可以在窗体中设计一个命令按钮，对其进行必要编程，当单击这个按钮时，就会触发并运行一个宏对象，执行一系列操作，从而达到控制程序执行流程的目的。

4. 显示消息

在窗体中可以显示一些交互性的提示信息，如解释、警告或说明消息，便于及时通知用户即将发生的动作信息。

5. 打印数据

创建窗体之后，用户不仅可以查看其中的数据，还可以借助系统提供的打印功能将数据打印出来。

6. 用于创建切换面板及自定义对话框

用户可以借助窗体来打开数据库中的其他窗体和报表，还可以作为自定义对话框接收用户的输入，并根据用户的输入来执行相应的操作。

7.1.2 窗体的分类

Access 中有多种类型的窗体，以适应不同的应用需求，可以从不同的角度对窗体进行分类。

（1）从窗体功能看，可分为数据输入窗体、切换面板窗体和自定义对话框窗体等。

（2）从窗体显示数据的方式看，可分为纵栏式窗体、表格式窗体、数据表式窗体、图表窗体、数据透视表窗体、对话框窗体和主子表式窗体。

（3）从逻辑角度看，可分为主窗体和子窗体，子窗体是作为主体的一个组成部分而存在的。

常用的窗体有以下几种。

（1）纵栏式窗体，该窗体每屏显示一条记录，每行一个字段。这种布局非常清晰，通常是在自动创建或使用向导创建的纵栏式窗体基础上再设计而成的。

（2）表格式窗体，该窗体每屏显示多行记录，字段在一行中从左到右排列，适合查看字段数较少的数据表。

（3）数据表式窗体，实质就是窗体的“数据表”视图，看上去像 Excel 的工作表。

（4）数据透视表窗体，用户可以根据数据在数据透视表窗体中的排列方式进行计算，动态改变数据透视表窗体的版式布置，以便按照不同方式分析数据。另外，在源数据发生改动时，还可以更新数据透视表窗体。

7.1.3　窗体的组成要素

窗体一般由节组成。窗体中的信息可以分布在一个或多个节中，所有窗体最多可由五个节组成，包括主体、窗体页眉、窗体页脚、页面页眉和页面页脚。

（1）主体。主体是窗体的主要组成部分，专门用来显示窗体数据源中的记录信息。

（2）窗体页眉。窗体页眉是窗体的首部，用来显示窗体名称、窗体徽标、命令按钮和说明性文字等，打印时在首页顶部。

（3）窗体页脚。窗体页脚是窗体的尾部，用来显示对每条记录来说都一样的信息，打印时在最后一个打印页的最后一个主体节之后。

（4）页面页眉。页面页眉在每一页的顶部，用来显示列标题、页码、日期等信息，它只能出现在打印窗体中。

（5）页眉页脚。页眉页脚在每一页的底部，用来显示页面摘要、页码、日期和本页汇总数据等信息，它也只能出现在打印窗体中。

每个节在窗体中都有其特殊的用途。在窗体中，主体是默认的，其他节则可通过功能区选定是否显示。在窗体的“设计视图”中，节表现为区段形式，并且窗体包含的每个节都出现一次，用户可以通过在窗体中放置控件（指 Access 中可以使用和操作的对象）来确定每个节中信息的显示位置。

7.1.4　窗体的视图

Access 数据库的窗体主要有三种视图，分别为窗体视图、布局视图和设计视图。

1．窗体视图

窗体视图通常用于查看窗体信息、添加、更改和删除数据等操作。以窗体视图方式打开窗体非常简单，只需先打开数据库，然后双击窗体名称即可。在“窗体视图”中，通常每次只能查看一条记录。

2．布局视图

布局视图可以对窗体和其中的控件进行设置，借助该视图可以完成窗体调整的大多数工作。布局视图中可以看到窗体包含的实际数据，因此该视图比较适合用于调整控件的大小，或者执行影响窗体外观及可用性的操作。

3. 设计视图

设计视图主要是用于设计、创建和修改窗体。以设计视图方式打开窗体，通常是要对窗体内容进行修改，如想改变窗体结构或显示内容。

若要创建一个窗体，除了可以利用自动窗体或窗体向导之外，还可以在“设计视图”中进行。在“设计视图”中查看窗体，就像坐在一个四周环绕着各种工具的工作台上一样。

任务 2　窗体的常见创建方法

任务概述

在 Access 中，可以通过多种方法创建窗体。以下任务将主要讲解窗体的几种常见创建方法。

任务重点与实施

7.2.1　通过“窗体”创建窗体

通过“窗体”创建窗体

通过“创建”功能区中的“窗体”功能，可以直接创建一个包含一条记录信息的窗体，具体操作步骤如下。

Step 01 在 Access 中，选中要创建窗体的内容；单击“创建”功能区中的“窗体”按钮，如图 7-1 所示。

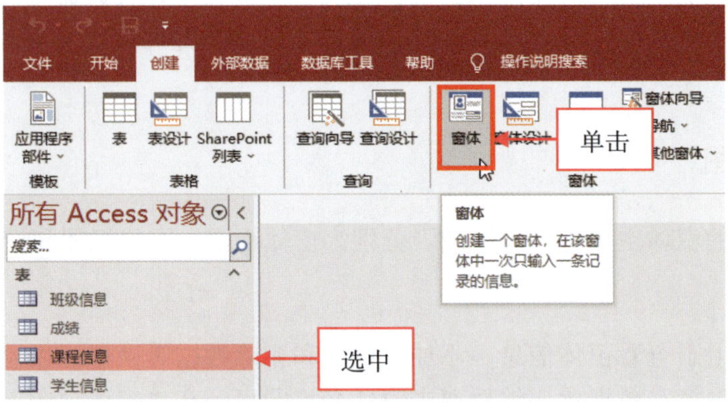

图 7-1　单击“窗体”按钮

Step 02 执行操作后，系统会自动创建一个与所选内容名称一致的窗体，该窗体分为两部分，其中上半部分默认展示的是所选内容的第一条记录信息；下半部分展示的则是数据库中其他相关的信息，如图 7-2 所示。

Step 03 如果要查看下一条记录的窗体信息，可以单击页面下方的 ▸ 图标，如图 7-3 所示。

Step 04 执行操作后，即可查看第二条记录的窗体信息，如图 7-4 所示。

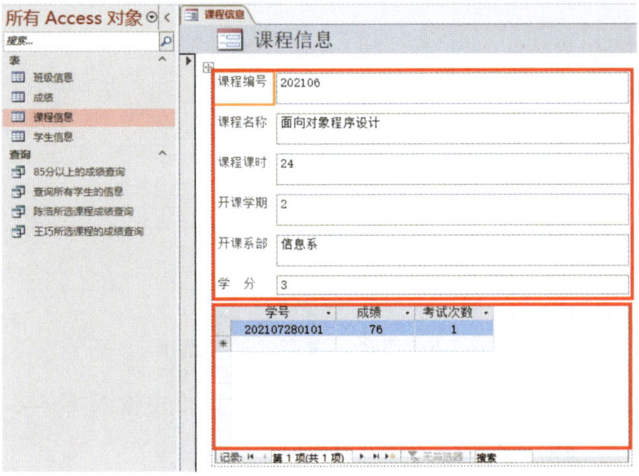

图 7-2　自动创建一个与所选内容名称一致的窗体

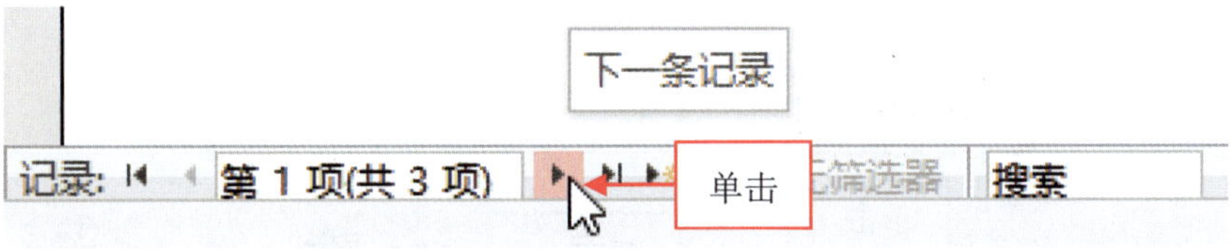

图 7-3　单击页面下方的 ▸ 图标

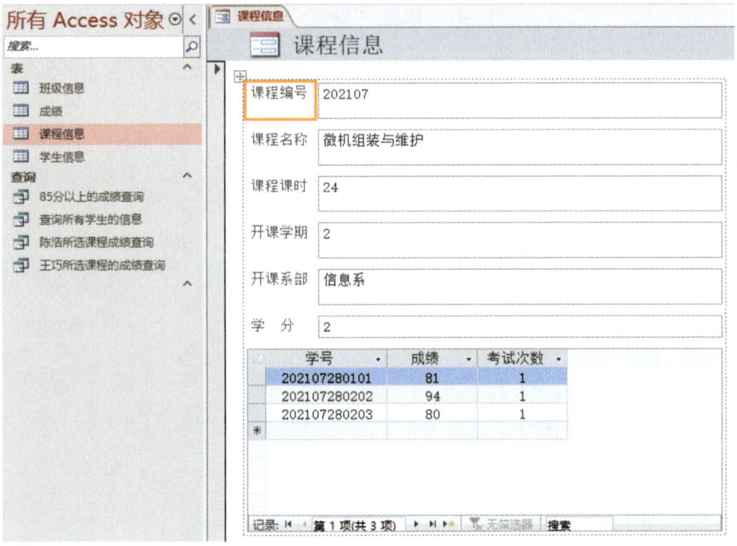

图 7-4　查看第二条记录的窗体信息

Step 05 将鼠标光标放置在窗体名称上并单击鼠标右键，会弹出一个列表框；选择列表框中的“保存（S）”选项，如图 7-5 所示。

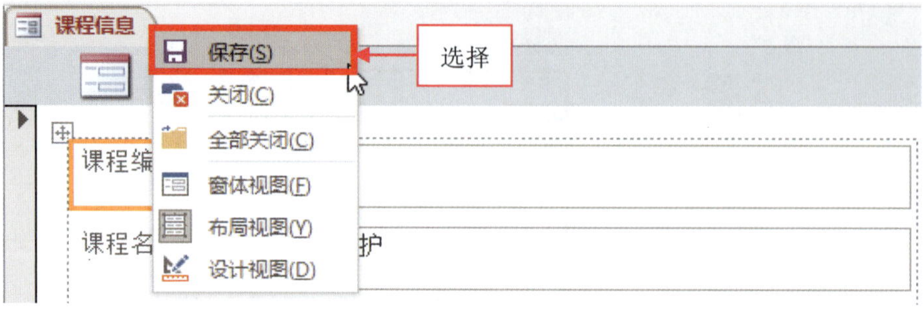

图 7-5　选择“保存（S）”选项

Step06 执行操作后，会弹出“另存为”对话框，在该对话框中输入窗体名称，如“课程信息窗体1”；单击“确定”按钮，如图 7-6 所示。

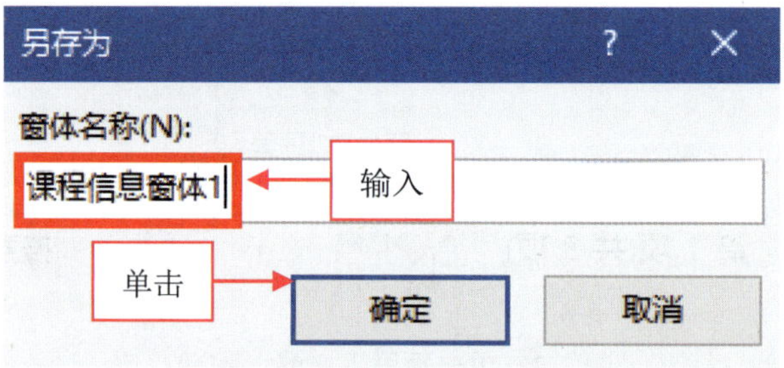

图 7-6　单击“确定”按钮

Step07 执行操作后，如果页面中显示刚刚输入的窗体名称，就说明窗体保存和创建成功了，如图 7-7 所示。

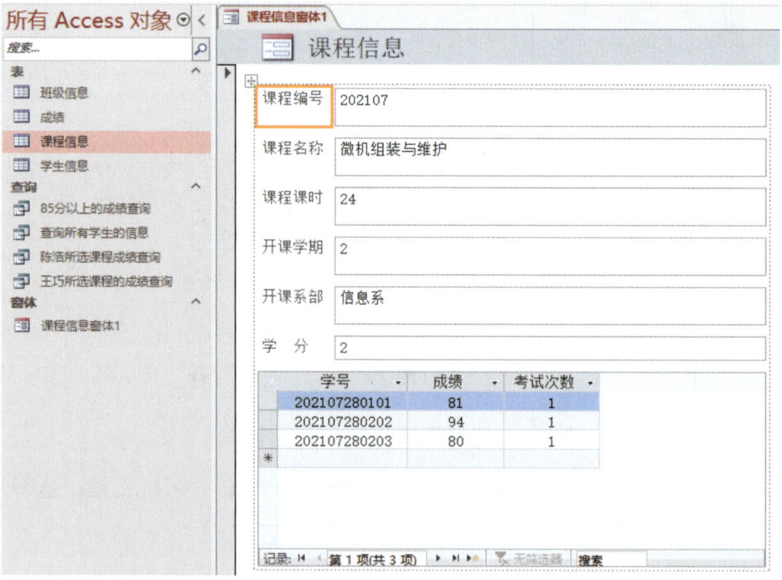

图 7-7　窗体保存和创建成功

7.2.2　通过“窗体设计”创建窗体

通过“创建”功能区中的“窗体设计”功能，可以新建一个空表单窗体并添加相关内容，完成窗体的创建，具体操作步骤如下。

通过“窗体设计”创建窗体

Step 01 在 Access 中，打开要创建窗体的数据库，单击“创建”功能区中的“窗体设计”按钮，如图 7-8 所示。

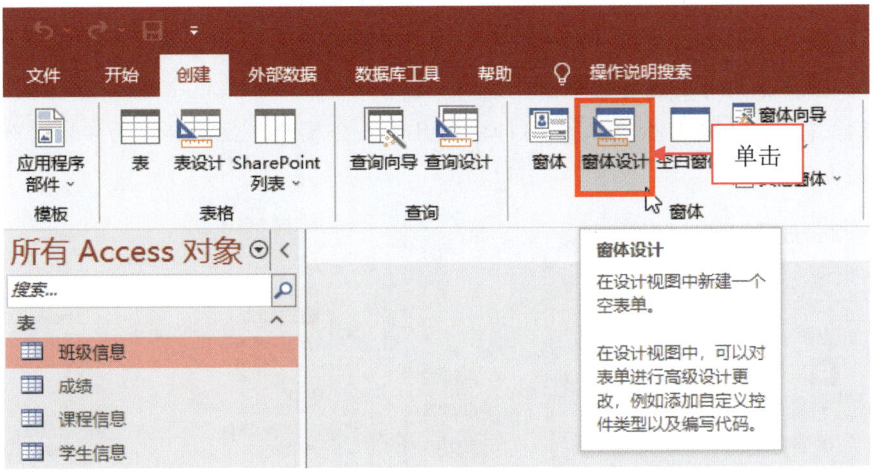

图 7-8　单击“窗体设计”按钮

Step 02 执行操作后，会新建一个空表单，单击页面右上方的“添加现有字段”按钮，如图 7-9 所示。

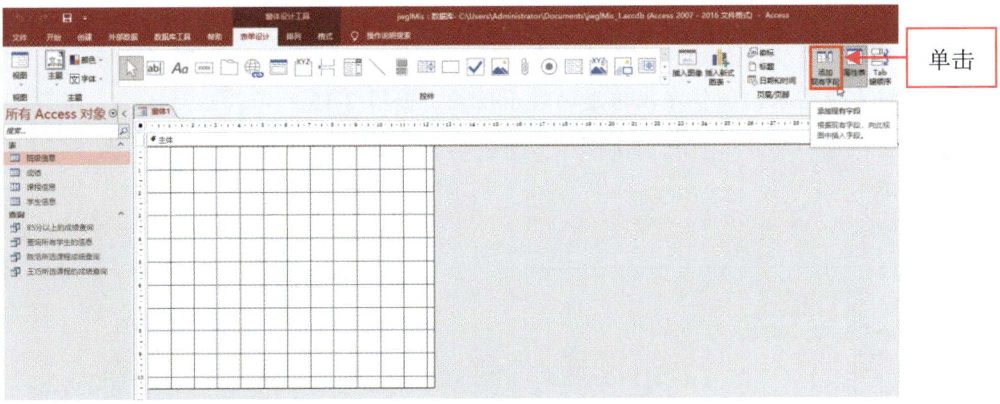

图 7-9　单击“添加现有字段”按钮

Step 03 执行操作后，页面右侧会出现“字段列表”窗口，单击该窗口中的“显示所有表”链接，如图 7-10 所示。

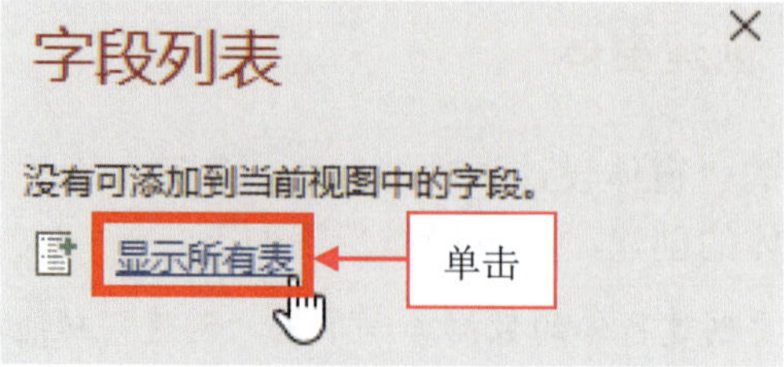

图 7-10　单击“显示所有表”链接

Step 04 执行操作后，页面右侧的“字段列表”窗口中会出现当前数据库中的数据表，单击该窗口对应数据表左侧的⊞图标，如图 7-11 所示。

Step 05 执行操作后，⊞图标会变成⊟图标，并且该表会展开，显示其中的字段，如图 7-12 所示。

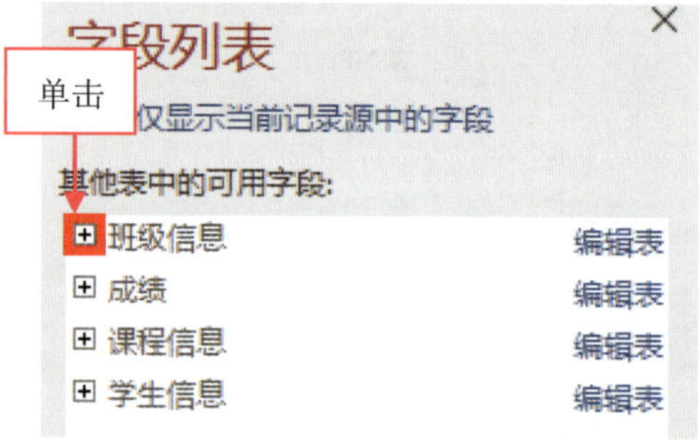

图 7-11　单击对应表左侧的⊞图标

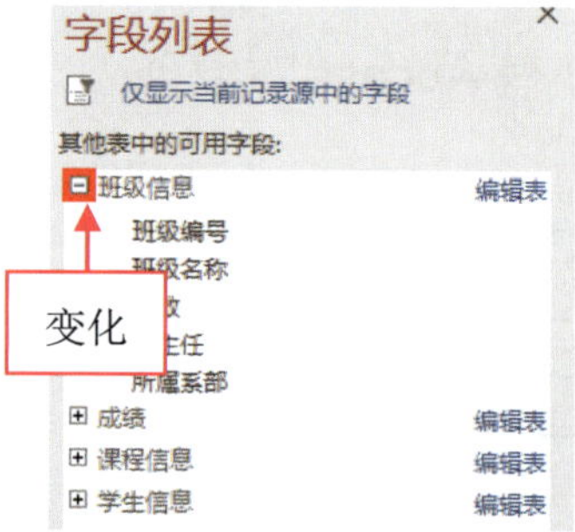

图 7-12　⊞图标会变成⊟图标

Step 06 选中需要添加至窗体的字段，按住鼠标左键；将鼠标光标指向字段要展示的大概位置，如图 7-13 所示。

Step 07 松开鼠标左键，新建的空表单中会显示对应字段的信息，如图 7-14 所示。

Step 08 根据自身需求，调整字段信息的展示位置，如图 7-15 所示。

Step 09 参照同样的操作，将其他字段信息添加至空表单中并调整字段信息的展示位置，如图 7-16 所示。

图 7-13　将鼠标光标指向字段要展示的大概位置

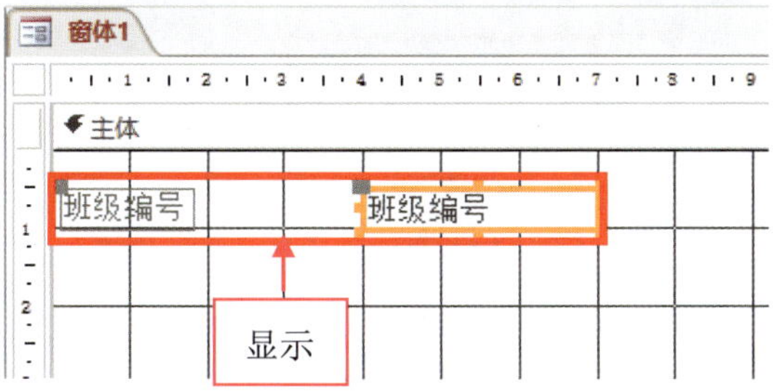

图 7-14　新建的空表单中出现对应字段的信息

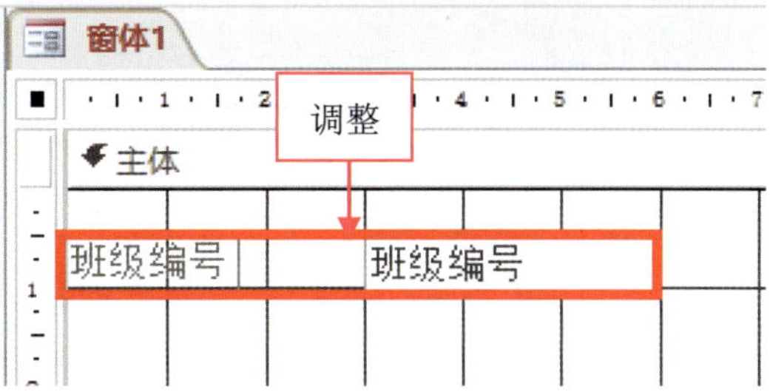

图 7-15　调整字段信息的展示位置

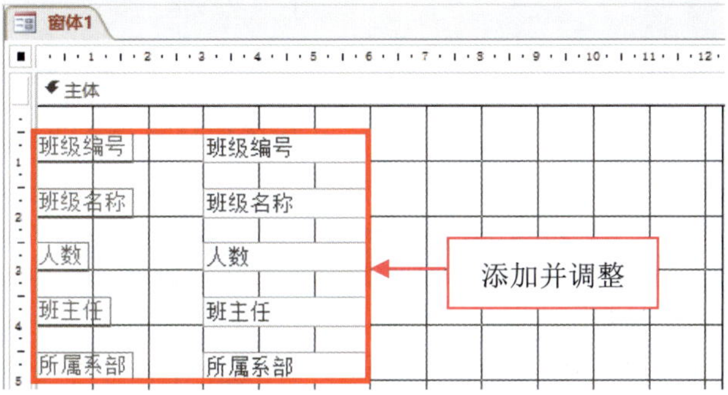

图 7-16　将其他字段信息添加至空表单中并调整字段信息的展示位置

Step 10 执行操作后，单击空表单右侧的灰色区域，会弹出一个列表框；选择列表框中的“窗体视图（F）”选项，如图 7-17 所示。

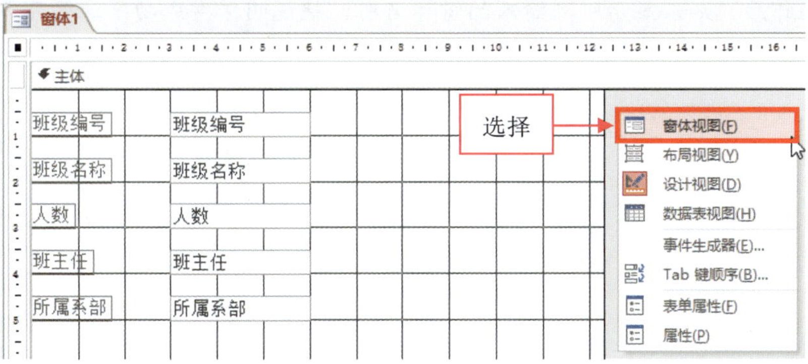

图 7-17　选择“窗体视图（F）”选项

Step 11 执行操作后，切换至“窗体视图”的窗体页面，如图 7-18 所示。需要注意的是，通过“窗体”创建的窗体，需要设置窗体名称，才能将窗体保存在数据库中。

Step 12 将鼠标光标放置在窗体名称上并单击鼠标右键，会弹出一个列表框；选择列表框中的“保存（S）”选项，如图 7-19 所示。

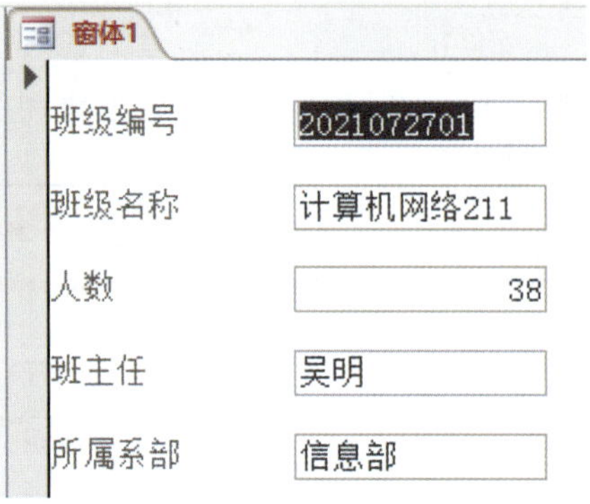

图 7-18 “窗体视图”的窗体页面

图 7-19 选择“保存（S）”选项

Step 13 执行操作后，会弹出“另存为”对话框，在该对话框中输入窗体名称，如“班级信息窗体”；单击“确定”按钮，如图 7-20 所示。

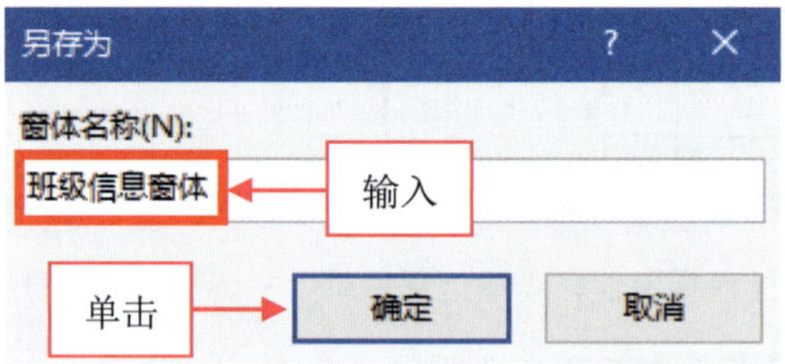

图 7-20 单击“确定”按钮

Step 14 执行操作后，如果显示刚刚输入的窗体名称，就说明保存成功了，而窗体的创建也完成了，如图 7-21 所示。

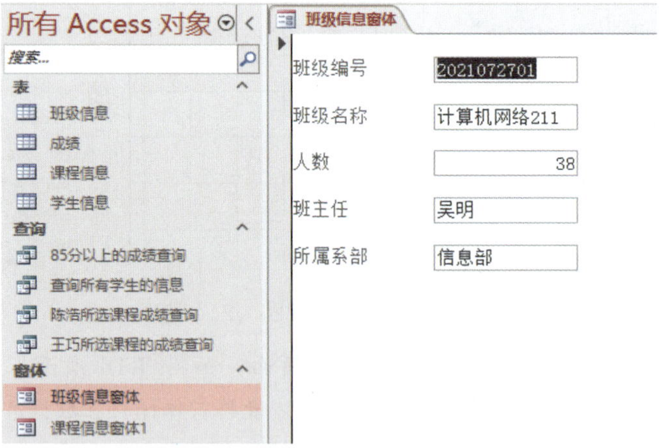

图 7-21 窗体创建完成

7.2.3 通过“空白窗体”创建窗体

通过“创建”功能区中的“空白窗体”功能，可以新建一个不带控件或格式的窗体并添加相关内容，完成窗体的创建。具体操作步骤如下。

通过“空白窗体”创建窗体

Step 01 在 Access 中，打开要创建窗体的数据库，单击“创建”功能区中的“空白窗体”按钮，如图 7-22 所示。

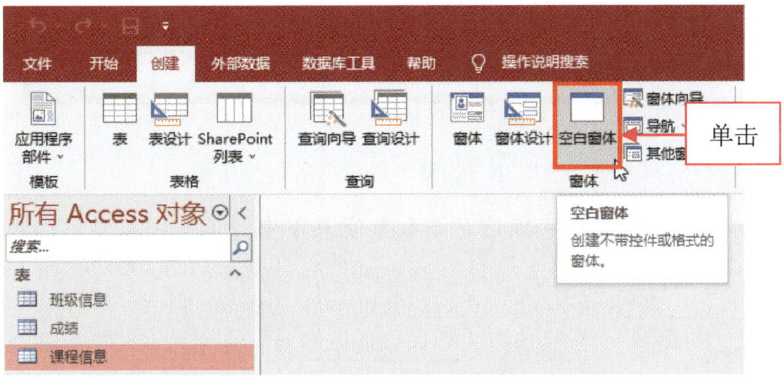

图 7-22　单击“空白窗体”按钮

Step 02 执行操作后，会新建一个空白窗体，单击页面右上方的“添加现有字段”按钮，如图 7-23 所示。

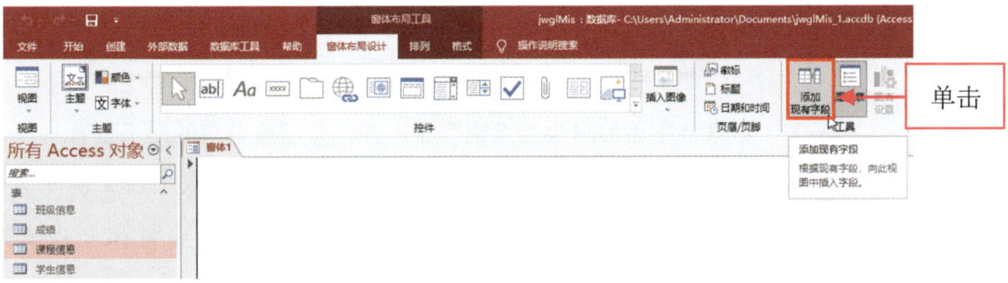

图 7-23　单击“添加现有字段”按钮

Step 03 执行操作后，在右侧的“字段列表”窗口中，选中需要添加至窗体的字段，按住鼠标左键；将鼠标光标放置在窗体的编辑区中，如图 7-24 所示。

图 7-24　将鼠标光标放置在窗体的编辑区中

Step 04 松开鼠标左键，窗体中会显示对应字段的信息，如图 7-25 所示。

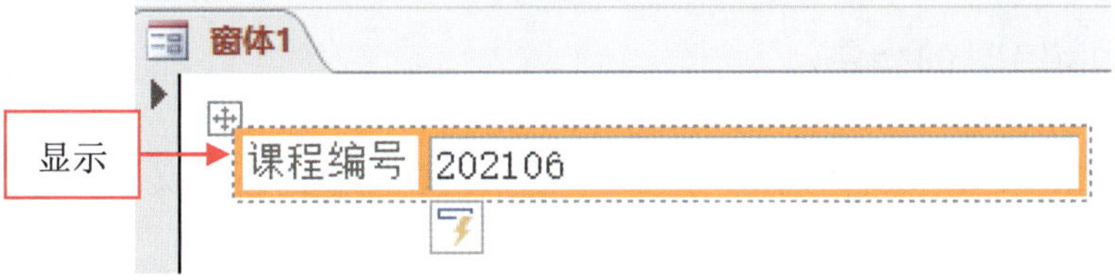

图 7-25　窗体中出现对应字段的信息

Step 05 根据自身需求，调整字段信息的展示位置，如图 7-26 所示。

图 7-26　调整字段信息的展示位置

Step 06 参照同样的操作，将其他字段信息添加至空表单中并调整字段信息的展示位置，如图 7-27 所示。

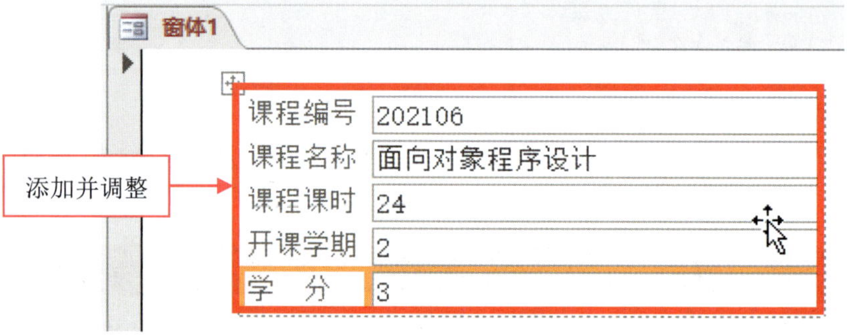

图 7-27　将其他字段信息添加至空表单中并调整字段信息的展示位置

Step 07 将鼠标光标放置在窗体名称上并单击鼠标右键，选择“保存（S）”选项，在弹出的“另存为”对话框中输入窗体名称，并单击“确定”按钮，即可完成窗体的保存和创建，如图 7-28 所示。

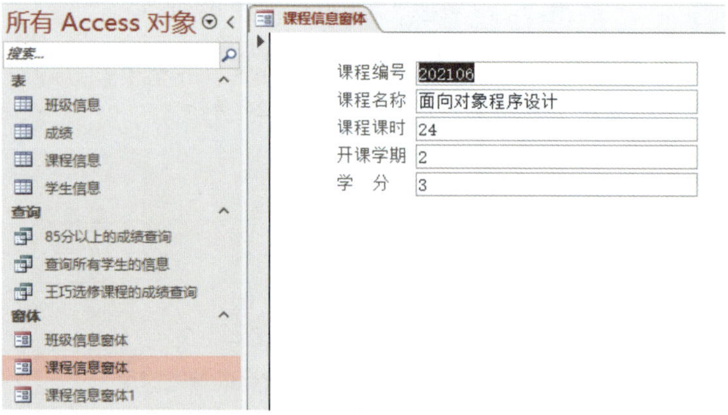

图 7-28　完成窗体的保存和创建

7.2.4　通过“窗体向导”创建窗体

通过“创建”功能区中的“窗体向导”功能，可以创建简单的自定义窗体，具体操作步骤如下。

通过“窗体向导”创建窗体

Step 01 在 Access 中，打开要创建窗体的数据库，单击“创建”功能区中的

"窗体向导"按钮，如图 7-29 所示。

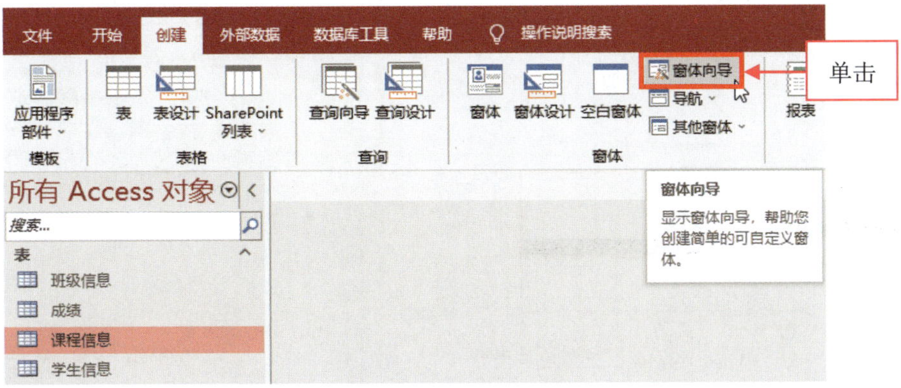

图 7-29　单击"窗体向导"按钮

Step 02 执行操作后，会弹出"窗体向导"对话框，在该对话框中选择要创建查询的表；双击对应的字段，如图 7-30 所示。

Step 03 执行操作后，如果"选定字段(S)："的下方显示刚刚双击的字段，就说明该字段添加成功了，如图 7-31 所示。

Step 04 参照同样的方法将其他字段（如"学生信息"表中的"姓名""学籍编号""籍贯编号"和"班级编号"字段）添加至"选定字段(S)："中；单击"下一步(N)"按钮，如图 7-32 所示。

Step 05 执行操作后，会弹出新的"窗体向导"对话框，选中对话框中"表格(T)"前方的复选框；单击"下一步(N)"按钮，如图 7-33 所示。

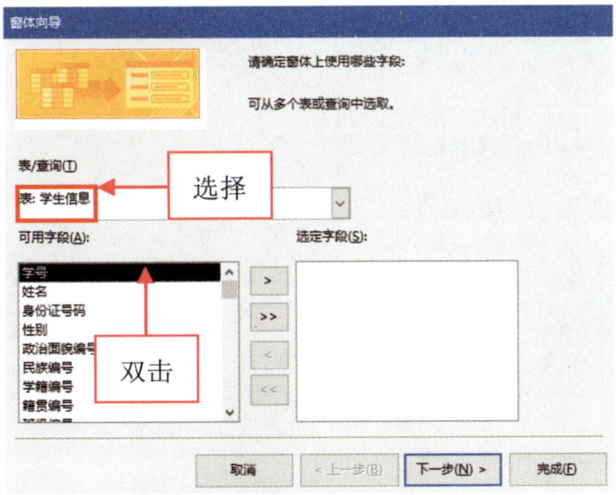

图 7-30　双击对应的字段

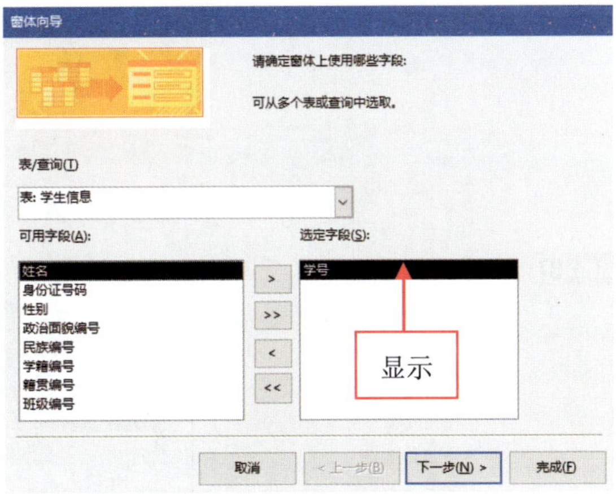

图 7-31　字段添加成功

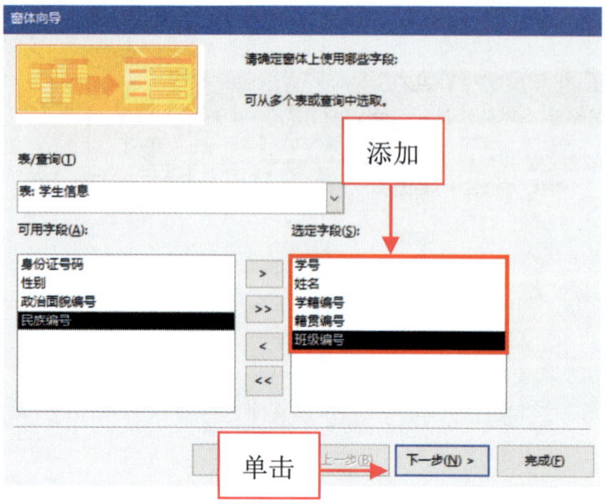

图 7-32　单击“下一步（N）”按钮（1）

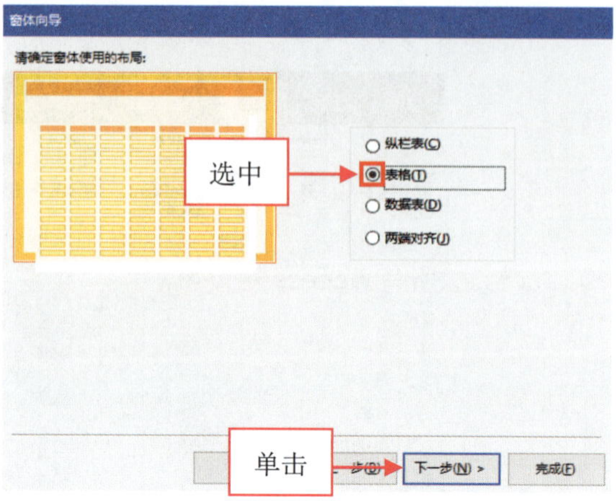

图 7-33　单击“下一步（N）”按钮（2）

Step 06 执行操作后，会弹出新的“窗体向导”对话框，在该对话框中输入窗体标题（即窗体名称）；选中“打开窗体查看或输入信息（O）”前方的复选框；单击“完成（F）”按钮，如图 7-34 所示。

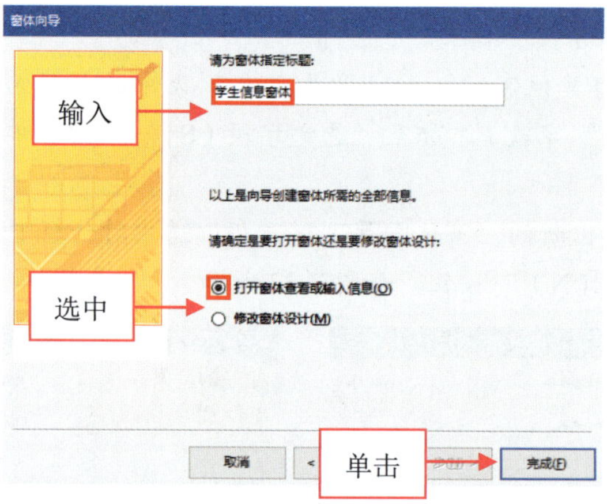

图 7-34　单击“完成（F）”按钮

Step 07 执行操作后，如果页面中出现已添加字段的信息，就说明窗体创建成功了，如图 7-35 所示。

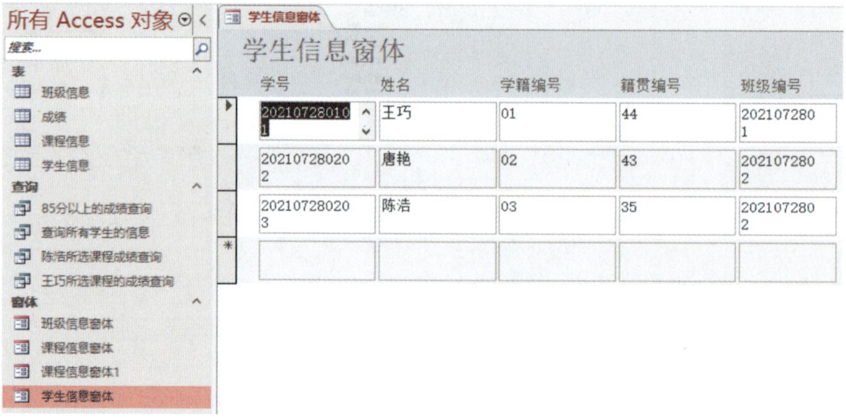

图 7-35　窗体创建成功

7.2.5　通过“其他窗体”创建窗体

通过“其他窗体”创建窗体

除了上面几种方法之外，还可以通过 Access 中的“其他窗体”功能创建其他类型的窗体。通过如下操作，即可创建一个分割窗体。

Step 01 在 Access 中，选中要创建窗体的内容，单击“创建”功能区中的“其他窗体”按钮；选择“分割窗体（P）”选项，如图 7-36 所示。

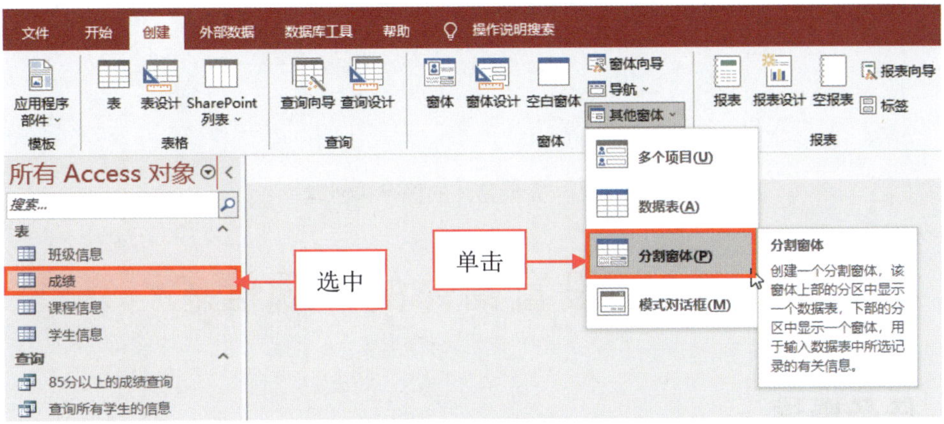

图 7-36　选择“分割窗体（P）”选项

Step 02 执行操作后，会自动创建一个与所选内容名称相同的分割窗体，如图 7-37 所示，并分两个部分显示内容，上半部分会自动显示第一条记录的窗体信息，下半部分会显示数据表。

Step 03 如果要将其他记录信息展示在上半部分中，只需选中对应记录的单元格即可，如图 7-38 所示。

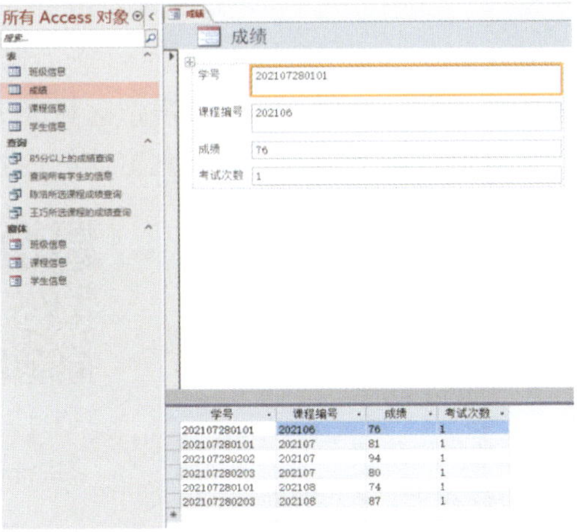

图 7-37　自动创建一个与所选内容名称相同的分割窗体

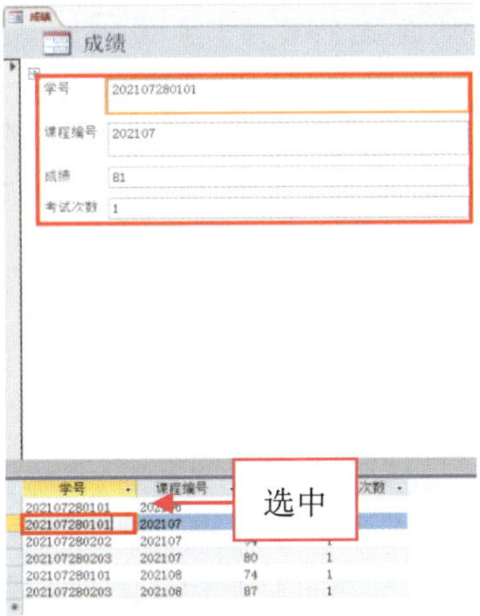

图 7-38　选中对应记录的单元格

Step 04 将鼠标光标放置在窗体名称上并单击鼠标右键，选择“保存（S）”选项，在弹出的“另存为”对话框中输入窗体名称，并单击“确定”按钮，即可完成窗体的保存和创建，如图 7-39 所示。

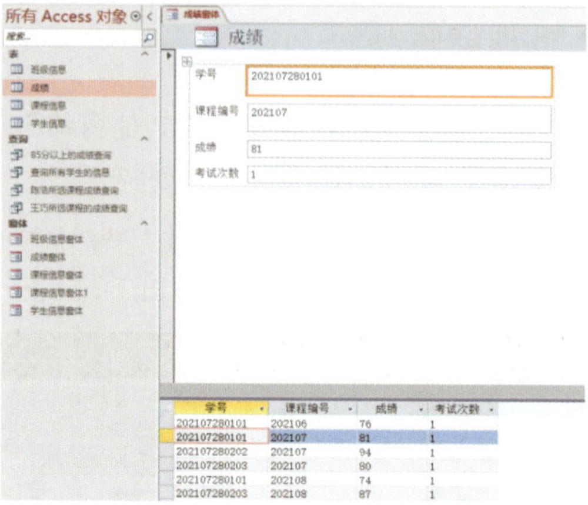

图 7-39　完成窗体的保存和创建

任务 3　设置窗体的外观信息

任务概述

创建窗体之后，还可以对窗体的外观信息进行设置，让窗体的呈现更满足自己的需求。本任务主要讲述窗体外观的几种常用设置。

任务重点与实施

7.3.1　设置窗体的内容展示区域

创建窗体之后，系统会用一定的区域展示窗体的内容。如果觉得这个展示区域太大了，或者太小了，可以通过设置操作进行调整。通常，可以通过如下两种方法设置窗体的内容展示区域。

1．通过拖动窗体进行设置

在窗体“布局视图”的页面中，可以直接通过拖动窗体来设置其内容展示区域，具体操作步骤如下。

通过拖动窗体进行设置

Step 01 在 Access 中，进入对应窗体的“布局视图”页面，选中其中的一个字段，将鼠标光标放置在字段内容展示区域的边线上，鼠标光标会变成↘图标，如图 7-40 所示。

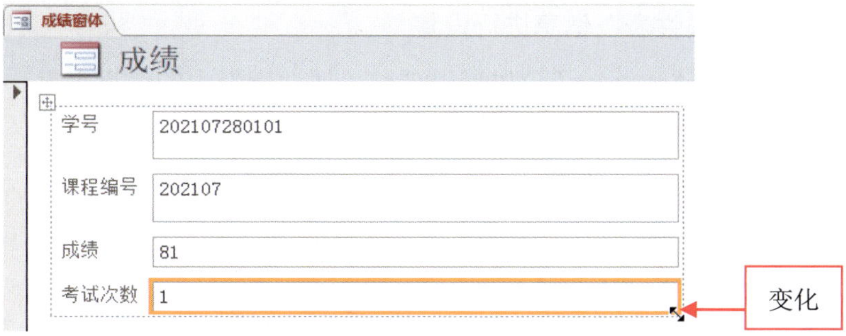

图 7-40　出现↘图标

Step 02 按住鼠标左键，将鼠标光标移动到合适位置，如图 7-41 所示，此时可以通过鼠标光标的移动情况，预览对应字段边线调整后的效果。

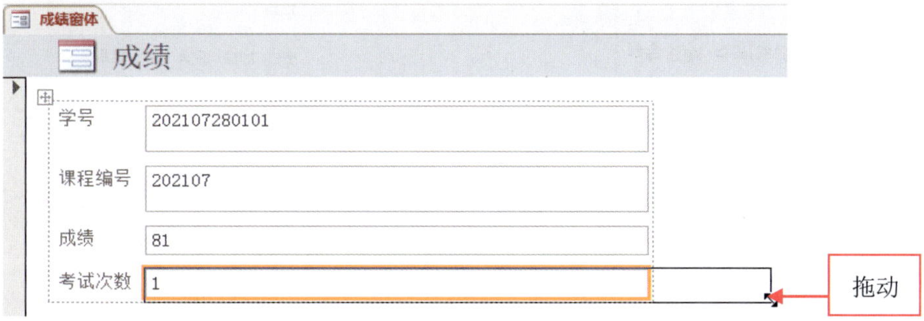

图 7-41　将鼠标光标移动到合适位置

Step 03 松开鼠标左键，系统会按照预览效果自动调整窗体中所有字段的边框，而窗体的内容展示区域也就调整成功了，如图 7-42 所示。

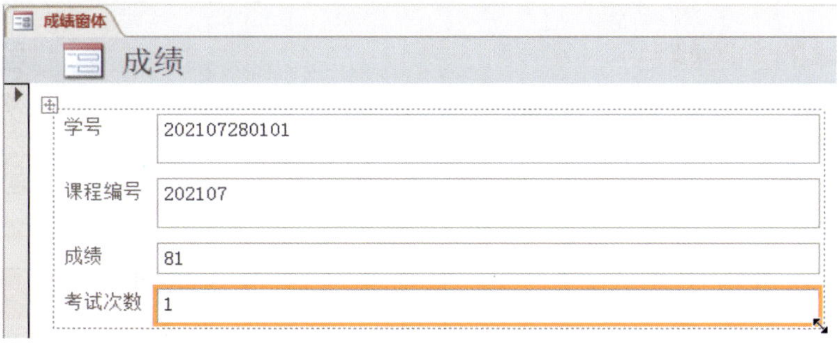

图 7-42　窗体的内容展示区域调整成功

▶ 专家指点

通过拖动窗体设置内容展示区域时，其他字段的边框宽度会根据选中字段的边框情况进行变化，而边框的高度则不会跟着变化。也就是说，拖动窗体设置内容展示区域时，窗体中的字段只有边框宽度是一起变化的，如果调整了某个字段的边框高度，那么为了让窗体看起来更加美观，可能还需要分别调整其他字段的边框高度。

2. 通过调整“属性表”信息进行设置

除了直接拖动窗体之外，还可以通过调整“属性表”中的信息来设置窗体的内容展示区域，具体操作步骤如下。

通过调整“属性表”信息进行设置

Step 01 在 Access 中，进入对应窗体的“布局视图”页面，选中其中的一个字段，页面右侧的“属性表”窗口中会展示对应字段的设置信息，如图 7-43 所示。

Step 02 在该“属性表”窗口的“宽度”和“高度”栏中输入对应的数据，如图 7-44 所示，即可对选中字段的内容展示区域进行调整。

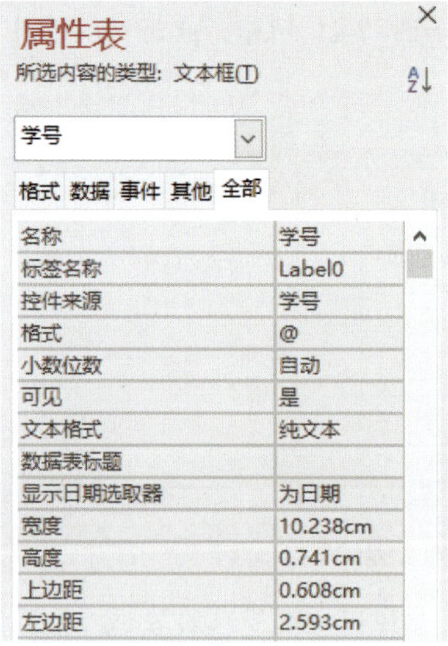

图 7-43 展示对应字段的设置信息

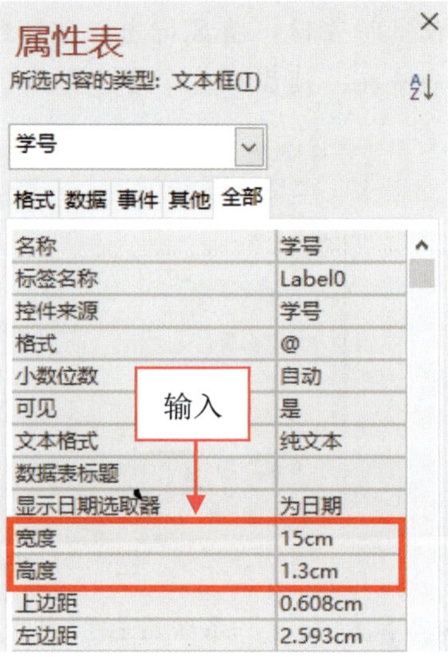

图 7-44 在“宽度”和“高度”栏中输入对应的数据

7.3.2 设置窗体的主题颜色

设置窗体的主题颜色可以调整调色板，并对窗体中使用的所有颜色进行快速更改。通常，可以通过如下操作设置窗体的主题颜色。

设置窗体的主题颜色

> **▶ 专家指点**
>
> 对某个窗体的主题颜色进行设置之后，其所在数据库中其他窗体的主题颜色也将随之而变化。

Step 01 在 Access 中，打开数据库中的某个窗体，进入“布局视图”页面，单击“窗体布局设计”功能区中的“颜色”按钮，如图 7-45 所示。

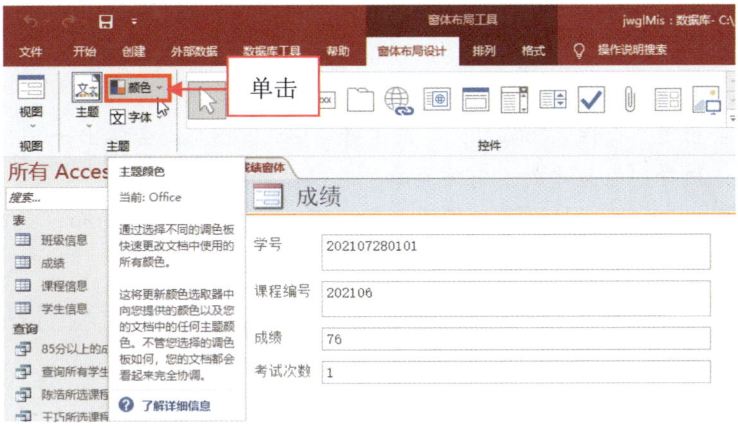

图 7-45　单击“颜色”按钮

Step 02 执行操作后，会弹出一个列表框，在该列表中选择对应的主题颜色，如图 7-46 所示。

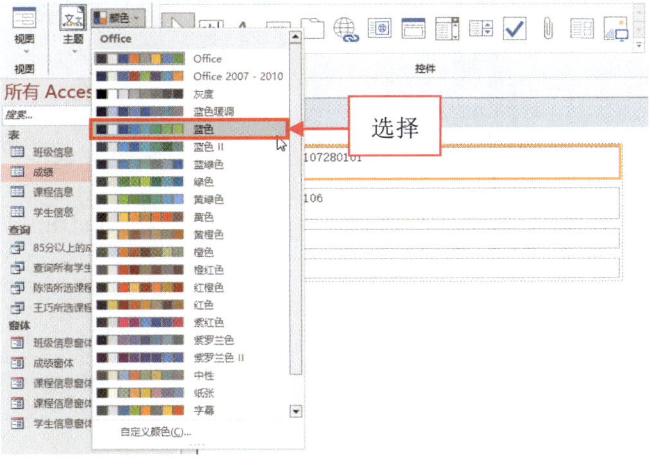

图 7-46　选择对应的主题颜色

Step 03 执行操作后，返回窗体的“布局视图”页面，如果发现窗体中相关内容的颜色发生了变化，就说明窗体的主题颜色设置成功了，如图 7-47 所示。

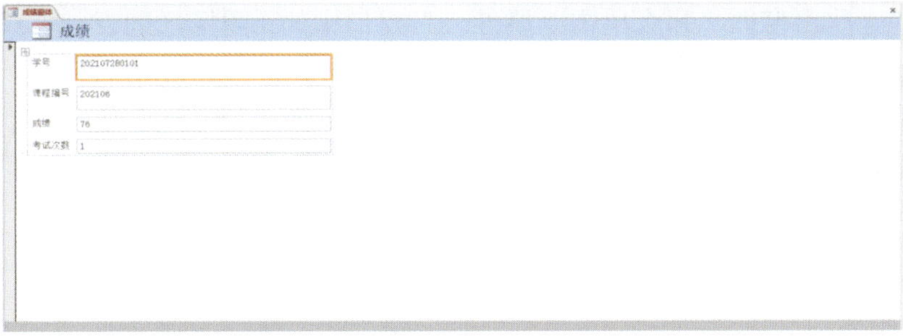

图 7-47　窗体的主题颜色设置成功

7.3.3 设置窗体的页眉和页脚

页眉和页脚是窗体的重要组成部分，可以通过如下操作对窗体的页眉和页脚进行设置。

设置窗体的页眉和页脚（1）

Step 01 在 Access 中，打开数据库中的某个窗体，进入“布局视图”页面，页面右侧会出现“属性表”窗口，单击该窗口中的图标，会弹出一个列表框；选择列表框中的“窗体页脚”选项，如图 7-48 所示。

Step 02 执行操作后，即可看到该窗体的页脚“属性表”，如图 7-49 所示，此时只需编辑“属性表”中的信息，即可对窗体的页脚进行设置。

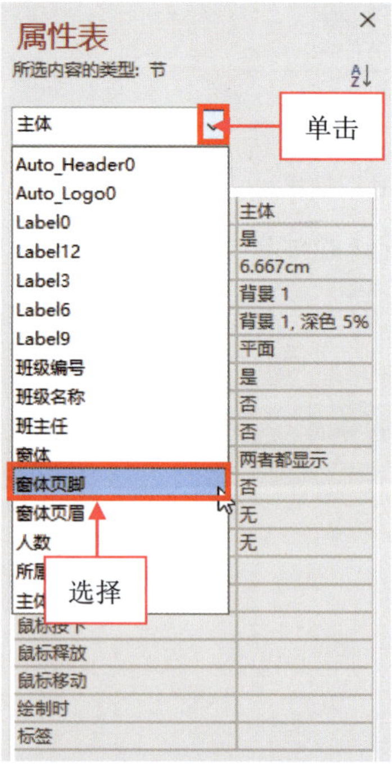

图 7-48 选择“窗体页脚”选项

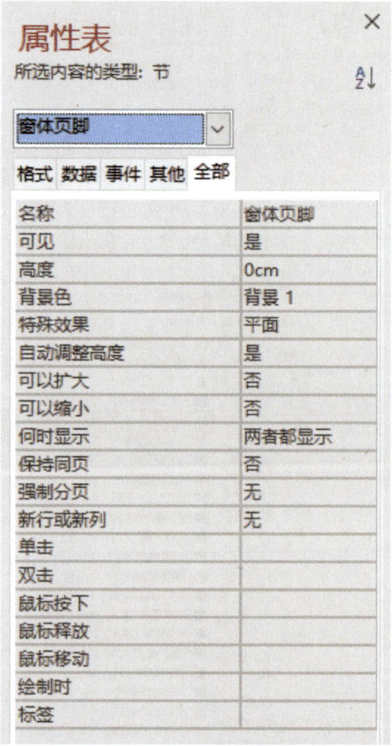

图 7-49 窗体的页脚“属性表”

Step 03 单击“属性表”窗口中的图标；选择下拉列表框中的“窗体页眉”选项，并编辑页眉“属性表”中的信息，即可对窗体的页眉进行设置。

如果创建的是空白窗体，那么单击“属性表”窗口中的图标，列表框中只有“窗体”和“主体”选项，如图 7-50 所示。很显然，此时无法通过“属性表”窗口直接设置窗体页眉和页脚。对此，可以换一种方法，通过如下操作来设置窗体的页眉和页脚。

设置窗体的页眉和页脚（2）

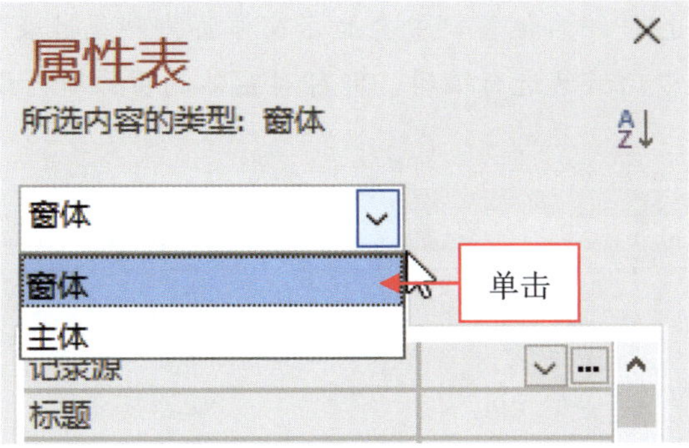

图 7-50　列表框中只有“窗体”和“主体”选项

Step 01 打开数据库中的某个窗体，进入“设计视图”页面，选中“主体”控件并单击鼠标右键，会弹出一个列表框；选择列表框中的“窗体页眉/页脚（H）”选项，如图 7-51 所示。

Step 02 执行操作后，页面中会出现“窗体页眉”和“窗体页脚”控件，选中“窗体页眉”控件，右侧窗口中会显示窗体页眉“属性表”，如图 7-52 所示，此时只需对“属性表”中的信息进行编辑，即可对窗体的页眉进行设置。

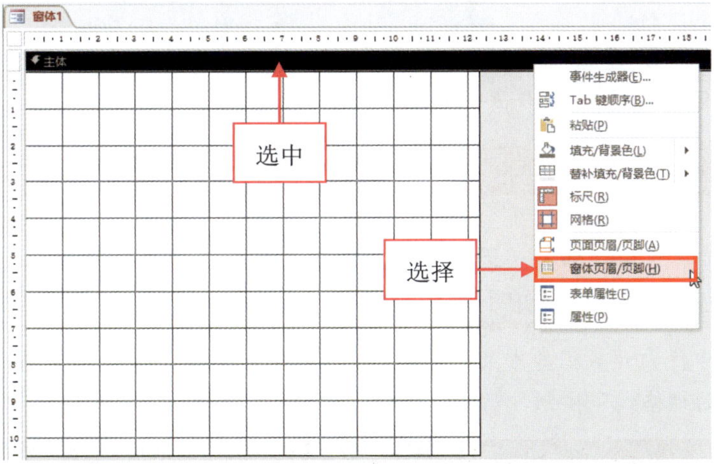

图 7-51　选择“窗体页眉/页脚（H）”选项

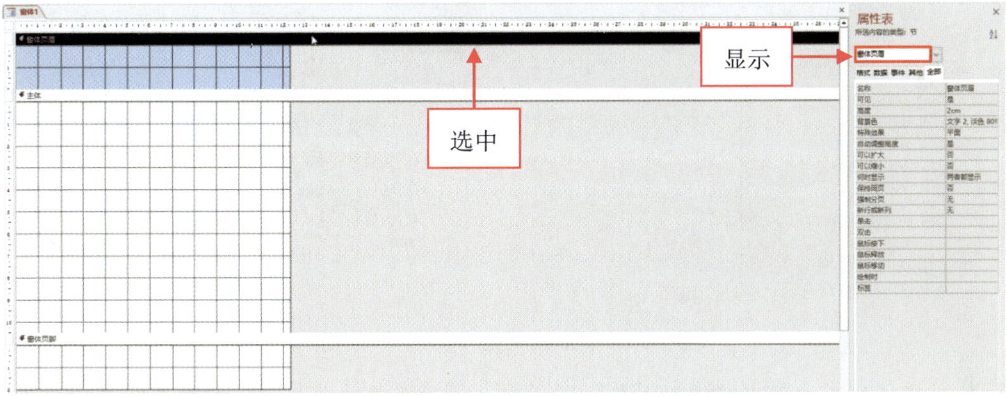

图 7-52　右侧窗口中显示窗体页眉“属性表”

Step 03 选中“窗体页脚”控件，右侧窗口中会显示窗体页脚“属性表”，如图 7-53 所示，此时只需对“属性表”中的信息进行编辑，即可对窗体的页脚进行设置。

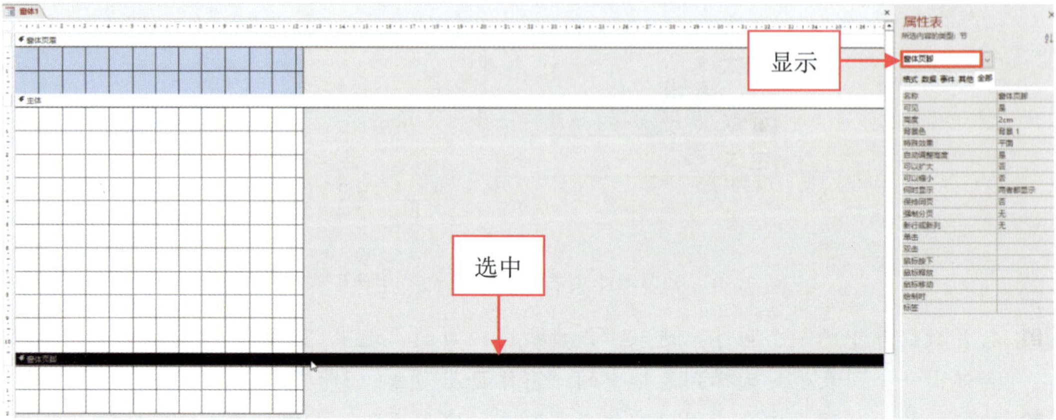

图 7-53　右侧窗口中显示窗体页脚“属性表”

7.3.4　设置窗体的背景图像

创建的窗体会自动设置白色的背景，如果觉得背景太过单调，也可以给窗体设置背景图像，具体操作步骤如下。

设置窗体的背景图

▶ 专家指点

设置窗体的背景图像时，系统会自动抓取所选图片的部分内容作为窗体的背景，用户无法自行设置系统选取的图片部分。因此，为了让背景图像中的内容更好地呈现出来，可以先对背景图像进行处理，裁剪掉其中不需要的内容。

Step 01 在 Access 中，打开数据库中某个窗体，进入“布局视图”页面，依次单击“窗体布局工具”功能区中的“格式”按钮、“背景图像”按钮和“浏览（B）…”按钮，如图 7-54 所示。

图 7-54　单击“浏览（B）…”按钮

Step 02 执行操作后，会弹出“插入图片”对话框，选择要作为背景图像的图片；单击“确定”按钮，如图 7-55 所示。

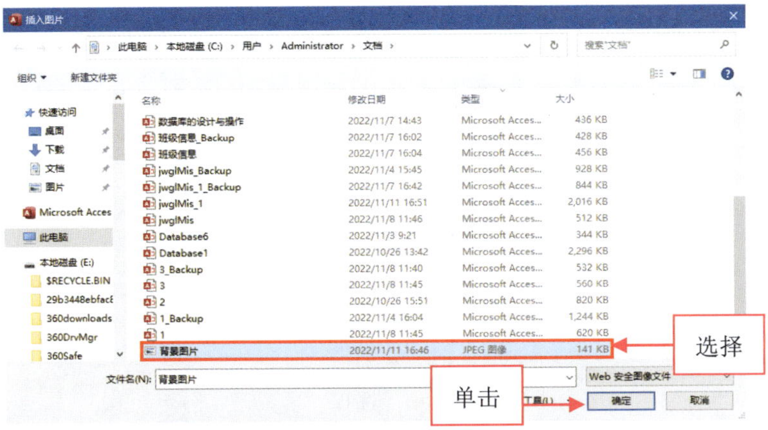

图 7-55　单击“确定”按钮

Step 03 执行操作后，如果窗体背景显示的是对应图片的内容，就说明背景图像设置成功了，如图 7-56 所示。

图 7-56　背景图像设置成功

7.3.5　设置窗体的文字颜色

设置窗体的文字颜色

有时候设置窗体的背景图像之后，窗体中的文字会有些看不清。此时，可以通过设置窗体的文字颜色来清晰呈现文字内容，具体操作步骤如下。

Step 01 在 Access 中，打开数据库中的某个窗体，选中要设置颜色的文字内容；单击“开始”功能区中 A 图标右侧的 ˅ 图标，如图 7-57 所示。

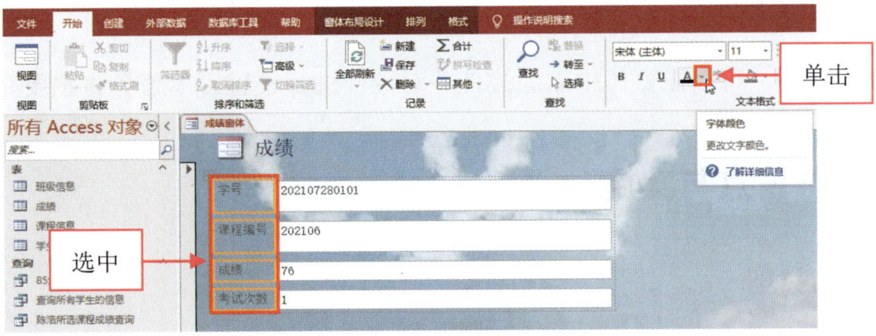

图 7-57　单击 ˅ 图标

Step 02 执行操作后，会弹出一个对话框，从中选择要设置的文字颜色，如图 7-58 所示。

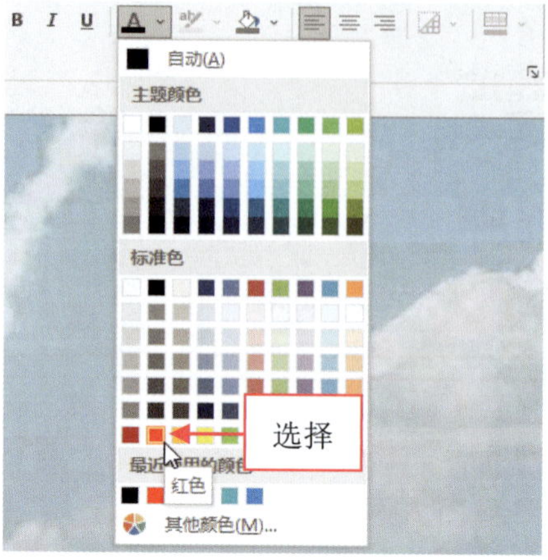

图 7-58　选择要设置的文字颜色

Step 03 执行操作后，如果文字的颜色变成了刚刚选择的颜色，就说明窗体的文字颜色设置成功了，如图 7-59 所示。

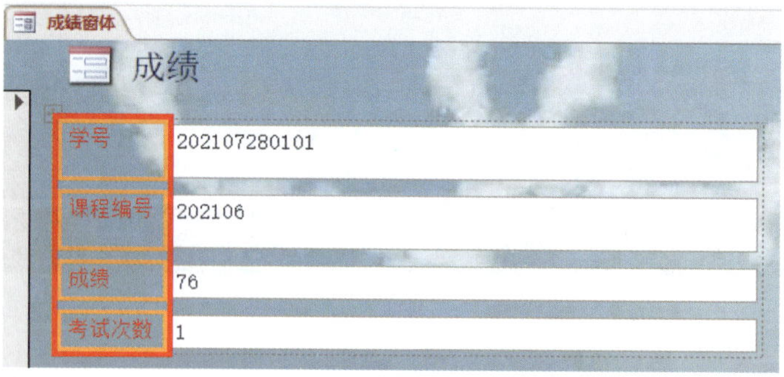

图 7-59　窗体的文字颜色设置成功

任务 4　窗体中控件的设置

任务概述

创建窗体之后，可以在窗体中添加控件并对控件进行设置。本任务将主要介绍窗体中控件的设置技巧。

任务重点与实施

7.4.1　控件的类型

在添加和设置控件之前，需要先对控件有所了解。进入窗体的“布局视图”页面之后，可以在“窗体布局工具”功能区的“窗体布局设计”中查看“控件”面板，如图 7-60 所示。

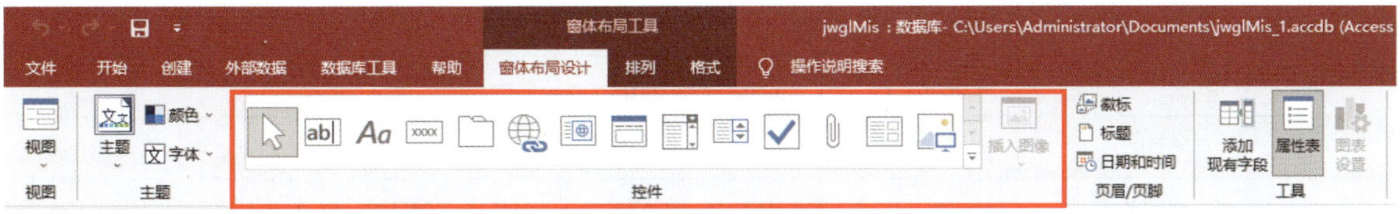

图 7-60　“窗体布局设计”中的“控件”面板

而进入窗体的“设计视图”页面之后，则可以在“窗体设计工具”功能区的“表单设计”中查看“控件”面板，如图 7-61 所示。

图 7-61　“表单设计”中查看“控件”面板

对比图 7-60 和图 7-61 不难发现，相比之下，“表单设计”中的控件要更丰富一些。Access 中的控件比较丰富，下面对常见的控件类型进行简单说明，如表 7-1 所示。

表 7-1　控件的常见类型和说明

类 型	说 明
文本框	主要用于显示和输入数据
标签	通常用于显示固定的内容
按钮	可用于调用宏或运行代码
选项卡控件	每个选项卡都可以作为独立页面存在，并且各选项卡可以互相切换
链接	主要用于在文档中创建链接，方便快速访问网页和文件
Web 浏览器控件	主要用于在窗体中嵌入浏览器，方便进行访问
组合框	既可以在顶部文本框中输入信息，也可以打开列表框进行选择
列表框	显示列表框选项的列表，可以进行选择操作
复选框	可以选中或取消选中的方框
附件	可用于“附件”数据类内容的管理
子窗体/子报表	主要用于嵌入其他窗体或报表
图像	主要用于显示位图（由图片元素的单个点组成的图样）图片
选项组	主要用于为相关控件提供分组方式
直线	主要用于显示可改变颜色和粗细的直线
切换按钮	与复选框的用途相似，它通常以按下或弹起展示状态

（续表）

类 型	说 明
矩形	主要用于突出显示特定区域的内容
选项按钮	通常成组出现，并且同一组中只能选中一个
绑定对象框	主要用于存储绑定到表字段的嵌入式图片或连接与嵌入式对象
未绑定对象框	主要用于存储未绑定到表字段的嵌入式图片或连接与嵌入式对象

7.4.2 在窗体中添加控件

了解了控件之后，便可以根据自身需求在窗体中添加控件了。下面将介绍在窗体中添加控件的常见方法。

1. 通过“字段列表”窗口添加控件

通过“字段列表”窗口添加控件主要有两种方法，一种是选中“字段列表”窗口中的对应字段，将其拖动至窗口中；另一种方法是通过向视图添加字段来添加控件。通常，通过向视图添加字段来添加控件的操作步骤如下。

通过“字段列表”窗口添加控件

Step 01 在 Access 中，打开或创建窗体，进入“布局视图”或“设计视图”页面，选中“字段列表”窗口中需要添加控件的字段，如图 7-62 所示。

Step 02 单击鼠标右键，会弹出一个列表框，选择列表框中的“向视图添加字段”选项，如图 7-63 所示。

Step 03 执行操作后，窗体中便会出现对应字段的控件，如图 7-64 所示。

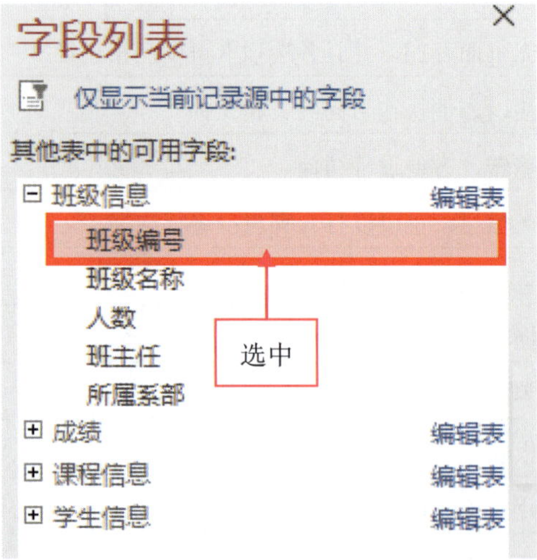

图 7-62 选中需要添加控件的字段

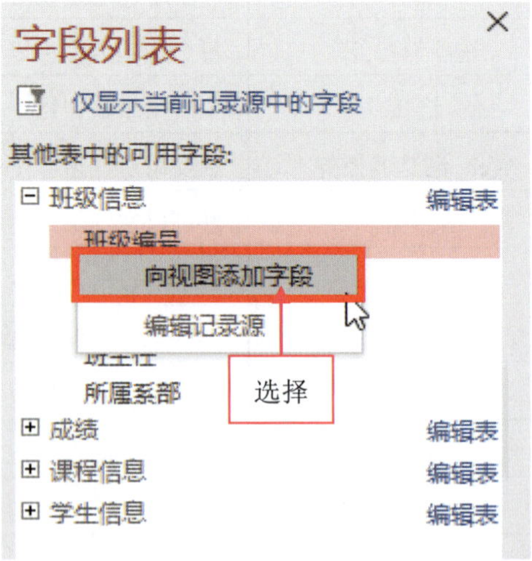

图 7-63 选择“向视图添加字段”选项

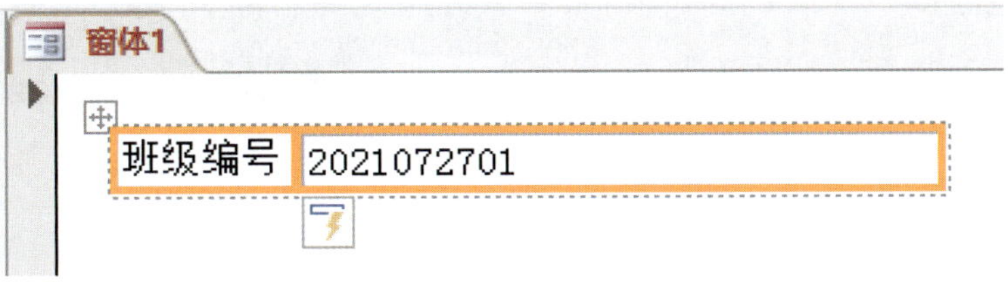

图 7-64　窗体中出现对应字段的控件

2．通过功能区添加控件

可以根据自身需要，借助“窗体布局工具”或“窗体设计工具”功能区添加控件。通常，只需单击“窗体布局工具”功能区中对应控件的图标；将鼠标光标放置在窗体编辑区中，如图 7-65 所示。即可通过在“窗体布局工具”功能区在窗体中添加对应的控件，如图 7-66 所示。

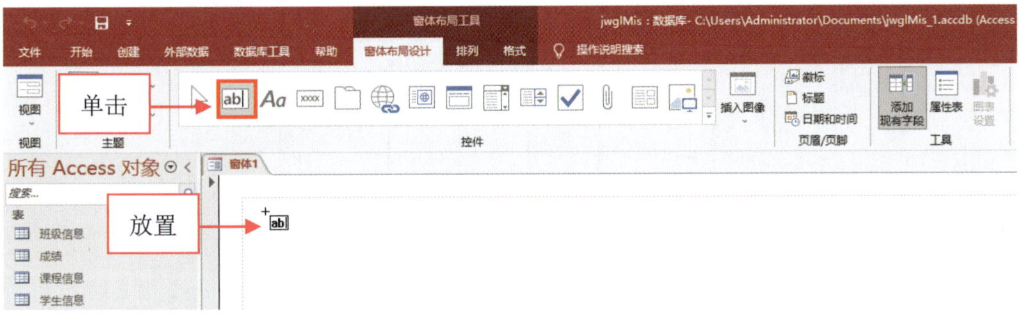

图 7-65　将鼠标光标放置在窗体编辑区中

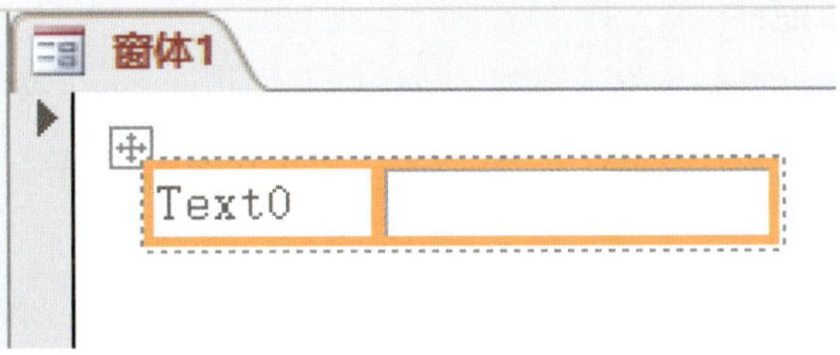

图 7-66　通过在“窗体布局工具”功能区在窗体中添加对应的控件

单击“窗体设计工具”功能区中对应控件的图标；将鼠标光标放置在控件需要添加的位置，如图 7-67 所示。即可通过在“窗体设计工具”功能区在窗体中的指定位置添加对应的控件，如图 7-68 所示。

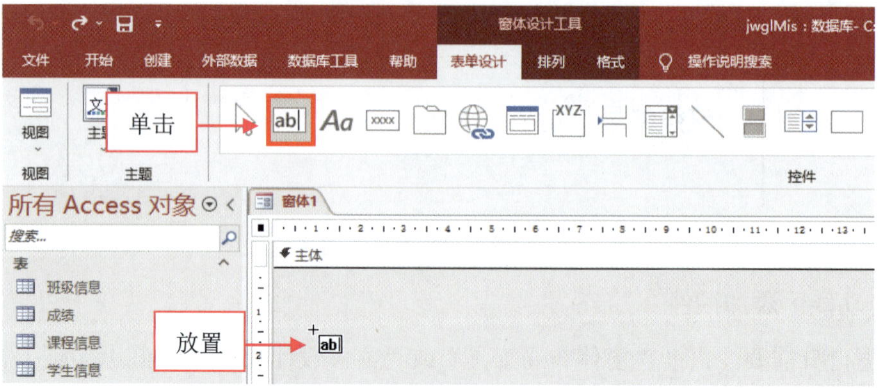

图 7-67　将鼠标光标放置在控件需要添加的位置

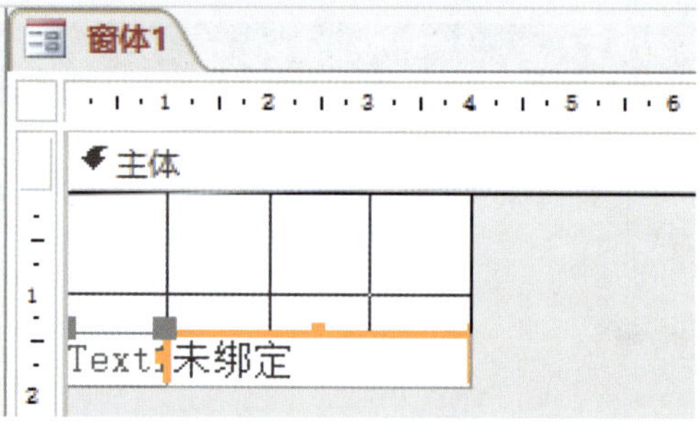

图 7-68　通过在“窗体设计工具”功能区在窗体中的指定位置添加对应的控件

3．通过控件向导添加控件

除了上面两种方法之外，还可以通过控件向导在窗体中添加控件。下面以通过控件向导在“布局视图”窗体中添加文本框控件为例，讲解具体的操作方法。

通过控件向导添加控件

Step 01 在 Access 中，创建一个空白窗体，进入“布局视图”页面，单击“窗体布局设计”功能区中的图标，如图 7-69 所示。

Step 02 执行操作后，会弹出一个列表框，选择该列表框中的“使用控件向导（W）”选项，如图 7-70 所示。

Step 03 执行操作后，单击对应的控件图标；将鼠标光标放置在窗体编辑区中，如图 7-71 所示。

Step 04 单击鼠标左键，会弹出“文本框向导”对话框，在该对话框中设置文本框类型的相关信息；单击“下一步（N）”按钮，如图 7-72 所示。

图 7-69　单击图标

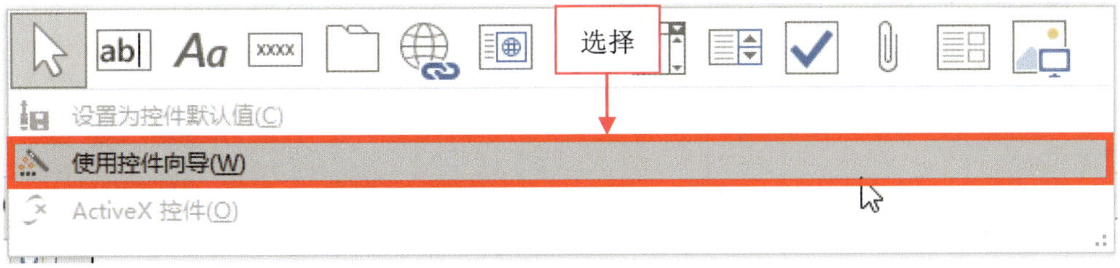

图 7-70　选择“使用控件向导（W）”选项

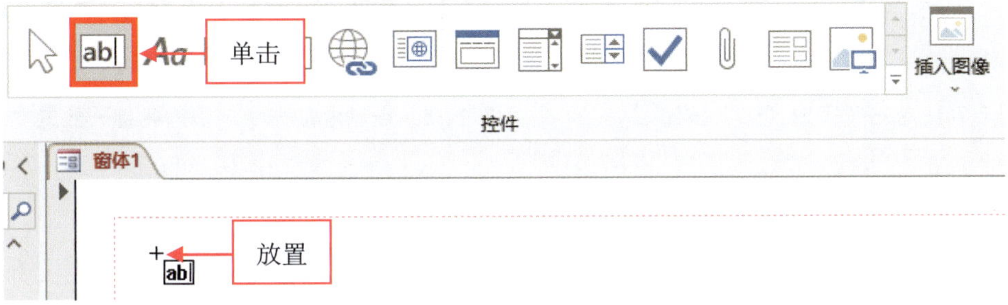

图 7-71　将鼠标光标放置在窗体编辑区中

Step 05 执行操作后，会弹出新的“文本框向导”对话框，在该对话框中设置输入法模式；单击“下一步（N）”按钮，如图 7-73 所示。

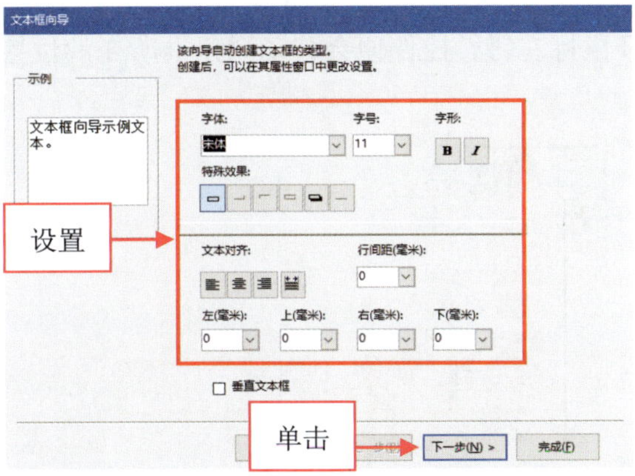

图 7-72　单击“下一步（N）”按钮（1）

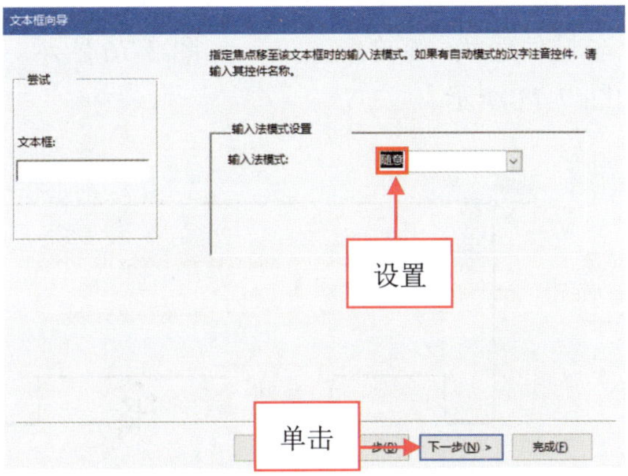

图 7-73　单击“下一步（N）”按钮（2）

Step 06 执行操作后，会弹出新的“文本框向导”对话框，在该对话框中输入文本框的名称；单击“完成（F）”按钮，如图 7-74 所示。

Step 07 执行操作后，窗体左上方会自动添加一个与输入名称一致的文本框控件，如图 7-75 所示。

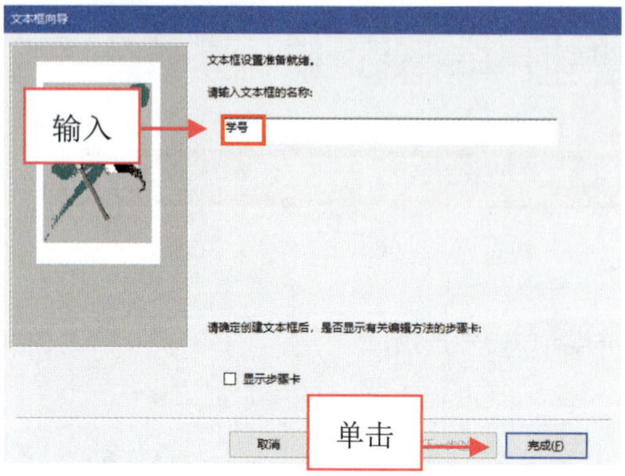

图 7-74　单击“完成（F）”按钮

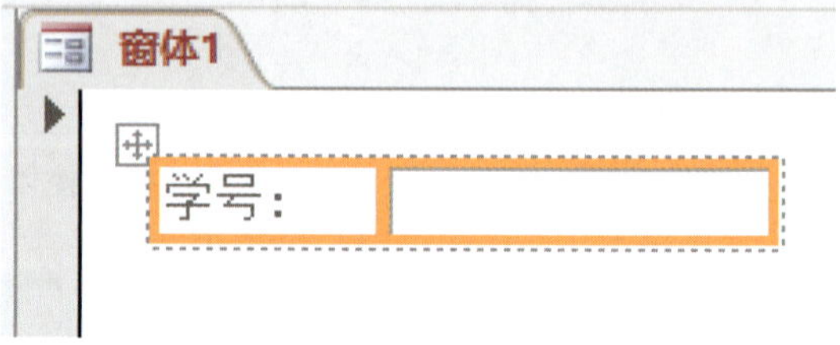

图 7-75　自动添加一个与输入名称一致的文本框控件

7.4.3　控件设置的基本操作

添加完控件之后，可以对控件进行一些设置，让其按要求进行呈现。下面主要介绍控件设置的一些基本操作。

1．移动控件

在 Access 的窗体中，可以通过两种方法移动控件。一种方法是选中要移动的控件，将鼠标光标放置在控件中间的位置；按住鼠标左键，将鼠标光标移动至对应位置（此时会自动出现一个与控件形状一致的黑框），如图 7-76 所示。松开鼠标左键，控件便会移动至黑框所在的位置，如图 7-77 所示。

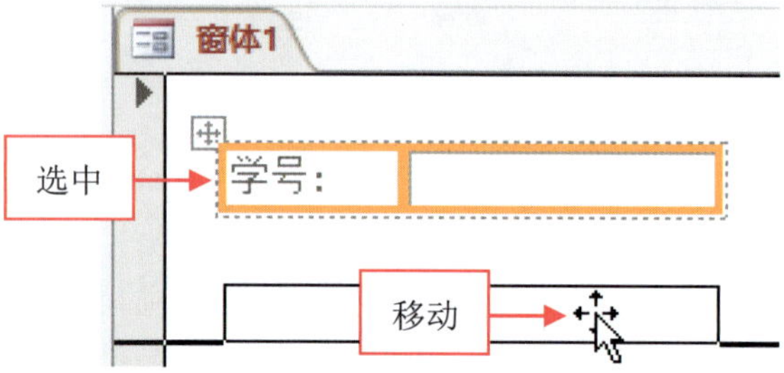

图 7-76　将鼠标光标指向对应位置

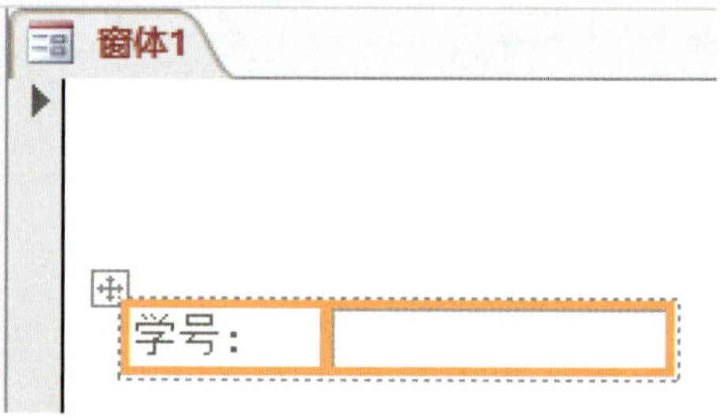

图 7-77　控件移动至黑框所在的位置

另一种方式是选中要移动的控件；将鼠标放置在控件的边线上，如图 7-78 所示。此时，只需要按键盘上的方向键，便可以移动控件。图 7-79 为多次向上移动后的控件显示效果。

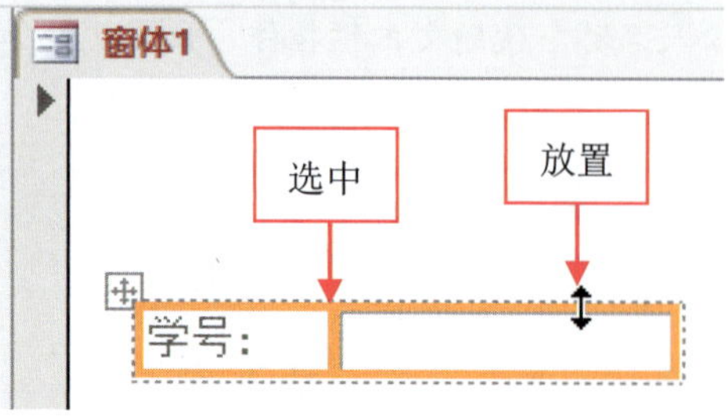

图 7-78　将鼠标放置在控件的边线上

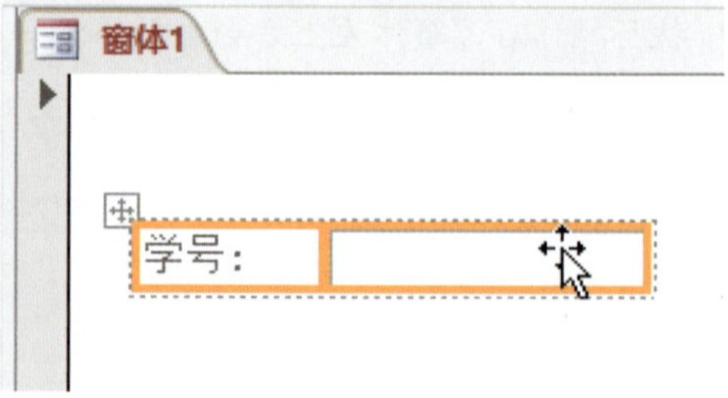

图 7-79　多次向上移动后的控件显示效果

2．调整控件大小

在 Access 的窗体中，可以通过两种方法调整控件的大小。一种是选中控件；将鼠标光标放置在控件的边线上，如图 7-80 所示。按住鼠标左键，移动鼠标光标（会呈现控件调整后的效果），如图 7-81 所示。松开鼠标左键，即可完成控件大小的调整，如图 7-82 所示。

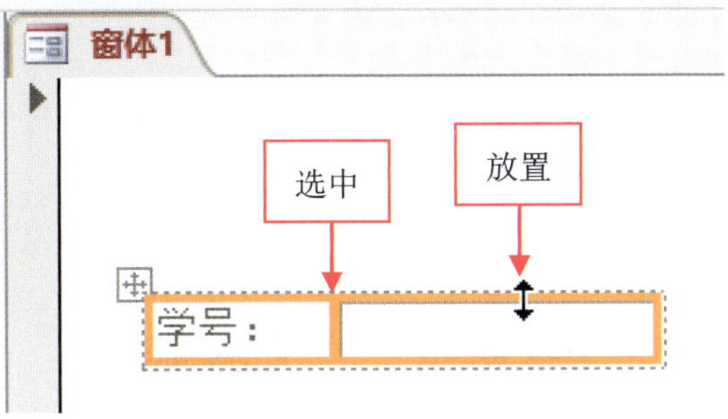

图 7-80　将鼠标光标放置在控件的边线上

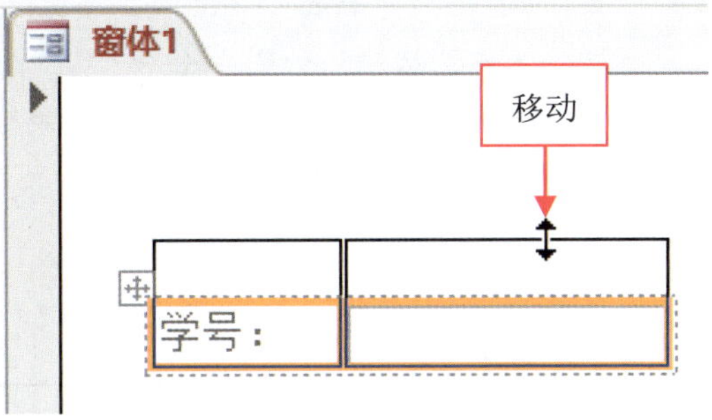

图 7-81　移动鼠标光标

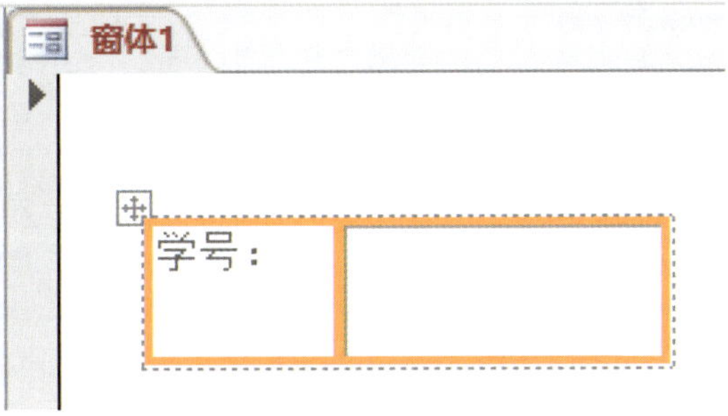

图 7-82　完成控件大小的调整

另一种方法通过“属性表”窗口进行控件相关数据的调整。通常，选中要调整的控件之后，“属性表”窗口的“格式”选项卡中会显示控件的宽度和高度（如果选中多个控件，可能只会显示其中的一个数据），如图 7-83 所示。只需根据自身需要输入数据，如输入高度数据，如图 7-84 所示，单击窗体编辑区，即可完成控件大小的调整。

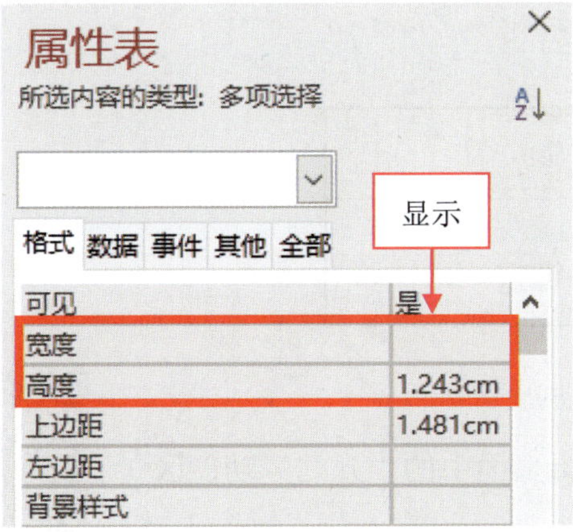

图 7-83　显示控件的宽度和高度

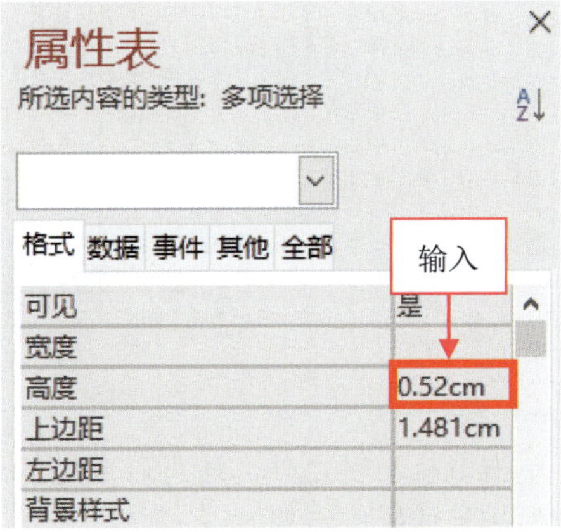

图 7-84　输入高度数据

3．复制控件

在 Access 的窗体中，可以通过单击鼠标右键并选择对应选项来复制控件，具体操作步骤如下。

复制控件（1）

Step 01 在 Access 中，创建一个空白窗体，进入“设计视图”页面，选中要复制的控件，单击鼠标右键，会弹出一个列表框；选择列表框中的“复制（C）”选项，如图 7-85 所示。

Step 02 执行操作后，将鼠标光标指向窗体编辑区的对应位置并单击鼠标右键，会弹出一个列表框，选择列表框中的“粘贴（P）”选项，如图 7-86 所示。

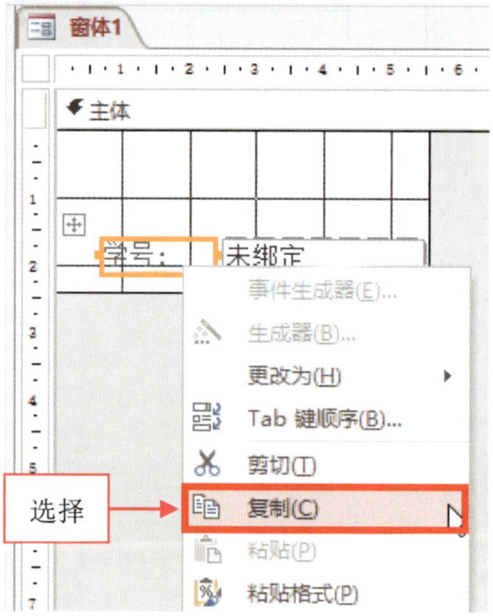

图 7-85　选择“复制（C）”选项

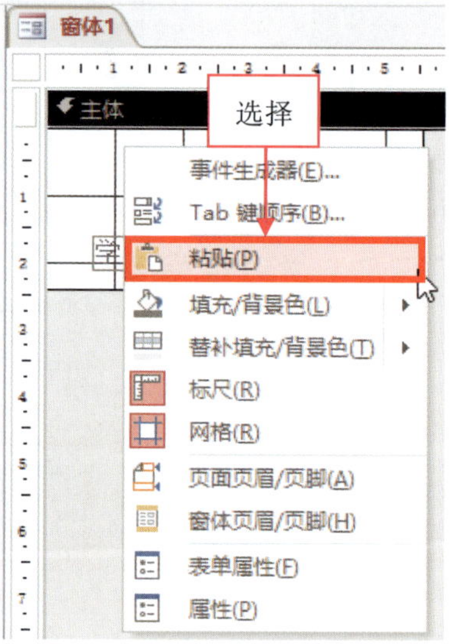

图 7-86　选择“粘贴（P）”选项

Step 03 执行操作后，如果对应位置显示与复制内容相同的控件，就说明控件复制成功了，如图 7-87 所示。

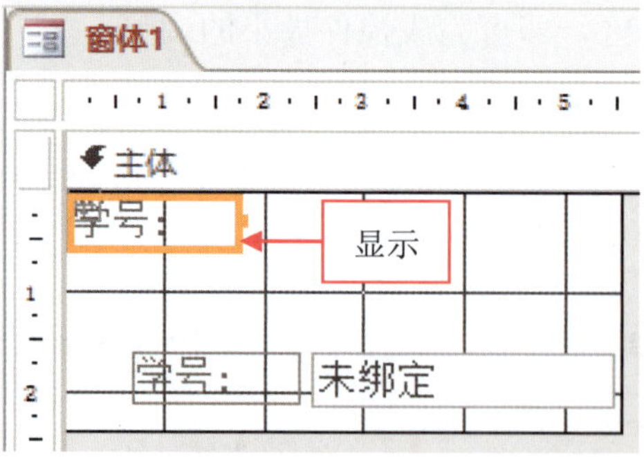

图 7-87　控件复制成功

除了单击鼠标右键之外，还可以通过信息编辑页面中的“开始”功能区来复制控件，具体操作步骤如下。

复制控件（2）

Step 01 在 Access 中，创建一个空白窗体，进入“设计视图”页面，选中要复制的控件，单击“开始”功能区中的“复制”按钮，如图 7-88 所示。

Step 02 执行操作后，单击“开始”功能区中的“粘贴”按钮，如图 7-89 所示。

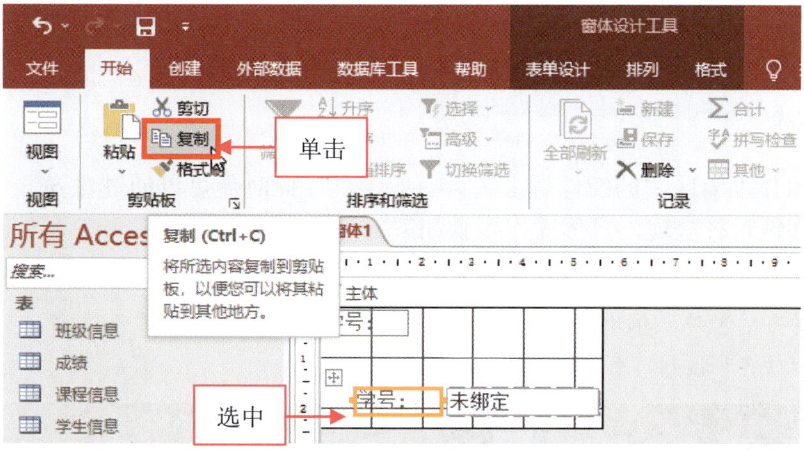

图 7-88　单击“复制”按钮

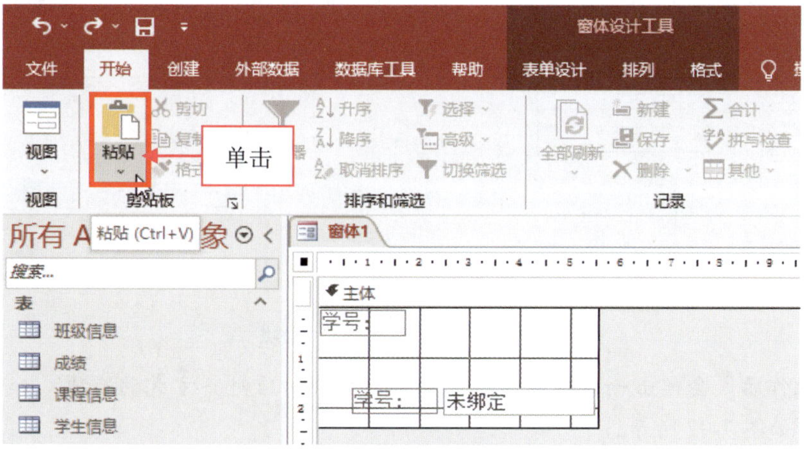

图 7-89　单击“粘贴”按钮

Step 03 执行操作后，如果窗体中显示与复制内容相同的控件，就说明控件复制成功了，如图 7-90 所示。

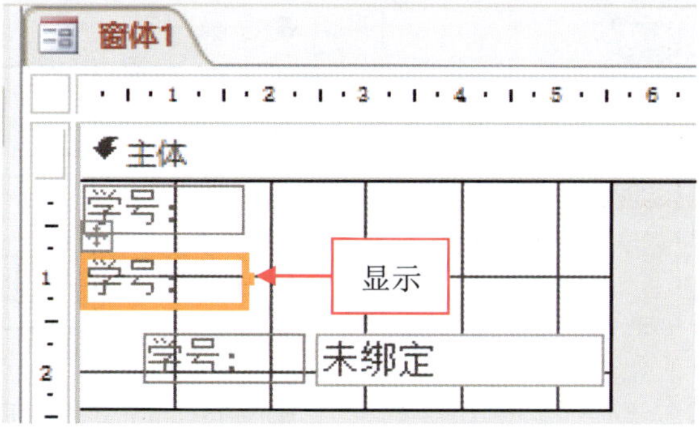

图 7-90　控件复制成功

▶ 专家指点

窗体的“布局视图”页面中只能复制控件，无法进行粘贴。如果要完成控件的复制和粘贴，必须要切换至窗体的“设计视图”页面。

4．对齐控件

有时候，窗体编辑区中的控件看上去会有些混乱，此时便可以通过对齐操作使控件有序地进行呈现，具体操作步骤如下。

对齐控件

Step 01 在 Access 中，打开需要对齐控件的窗体，进入“设计视图”页面，选中要对齐的控件；依次单击“窗体设计工具”功能区中的“排列”按钮和“对齐”按钮，如图 7-91 所示。

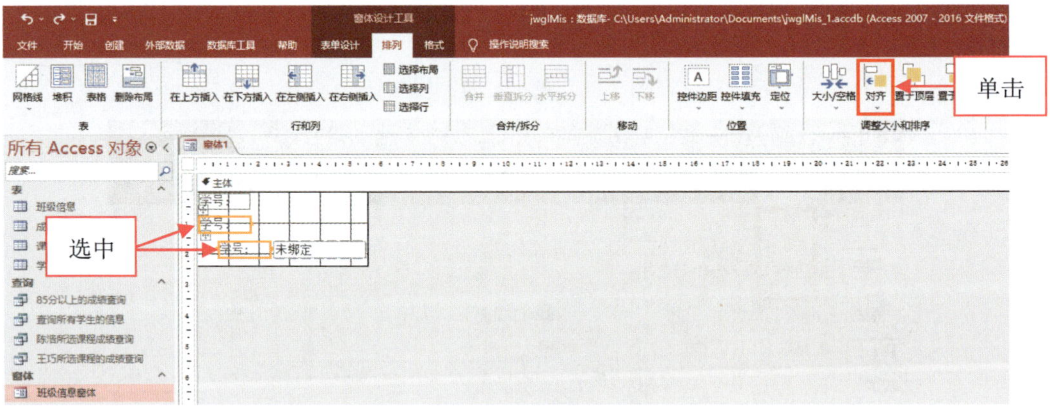

图 7-91　单击“对齐”按钮

Step 02 执行操作后，会弹出一个列表框，选择列表框中对应对齐方式的选项，如“靠右（R）”选项，如图 7-92 所示。

Step 03 执行操作后，选中的控件便会以对应的方式对齐，如图 7-93 所示。

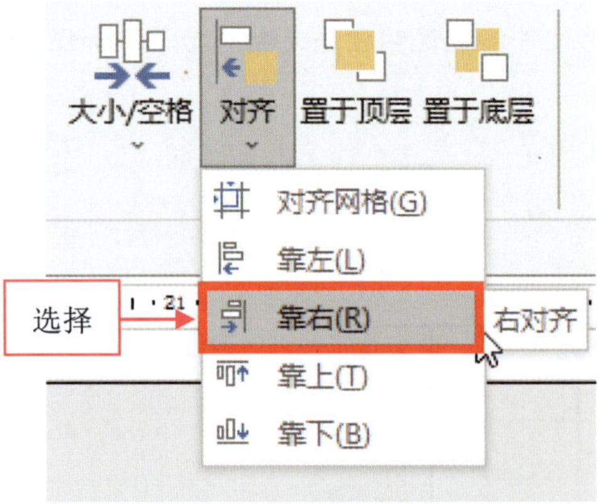

图 7-92　选择“靠右（R）”选项

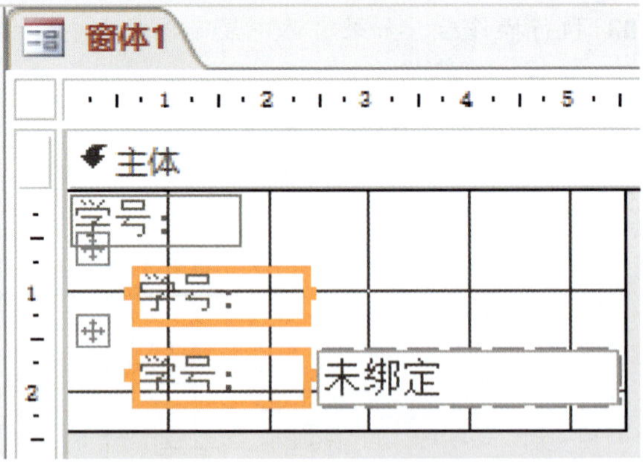

图 7-93　选中的控件以对应的方式对齐

5．更改控件类型

为了更好地在窗体中展示相关信息，可能需要用到多种控件。当某类控件不再适用时，可以将其更改为其他类型的控件。通常，在窗体的“设计视图”中选中要更改类型的控件，并单击鼠标右键，会弹出一个列表框；选择列表框中的“更改为（H）”选项，会弹出一个新的子菜单，在该子菜单中选择对应控件类型的选项，如“组合框（C）”选项，如图 7-94 所示。执行操作后，窗体中选中的控件便会随之而变化，如图 7-95 所示。

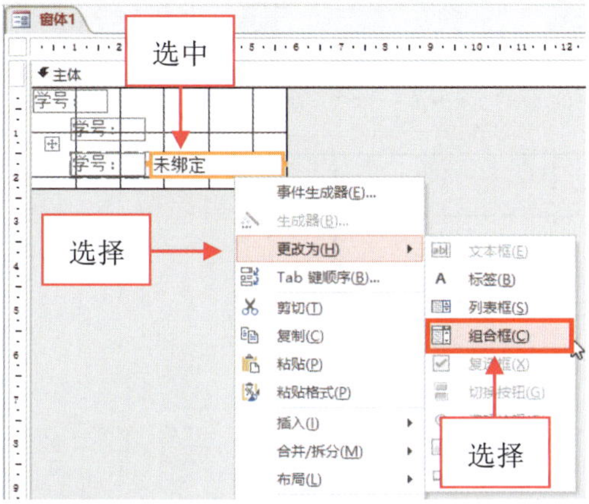

图 7-94　选择“组合框（C）”选项

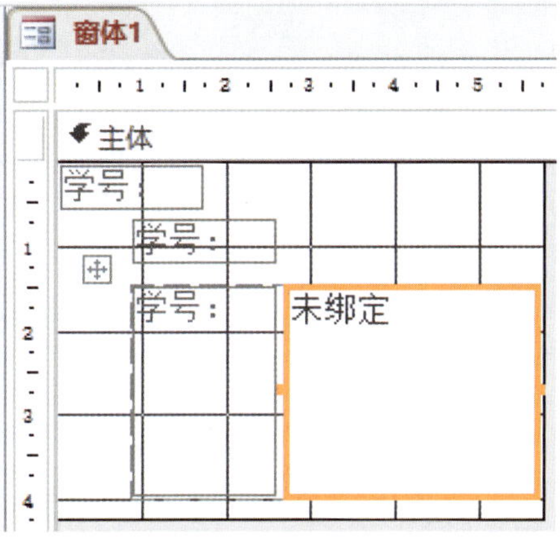

图 7-95　窗体中选中的控件发生变化

6．删除控件

对于窗体中多余的控件，可以选择直接删除。通常，可以通过三种方法删除多余的控件。第一种方法是进入窗体的“布局视图”页面，选中多余的控件并单击鼠标右键；选择弹出的列表框中的“删除（D）”选项，如图 7-96 所示。

第二种方法是进入窗体的“设计视图”页面，选中多余的控件并单击鼠标右键；选择弹出的列表框中的“删除（D）”选项，如图 7-97 所示。

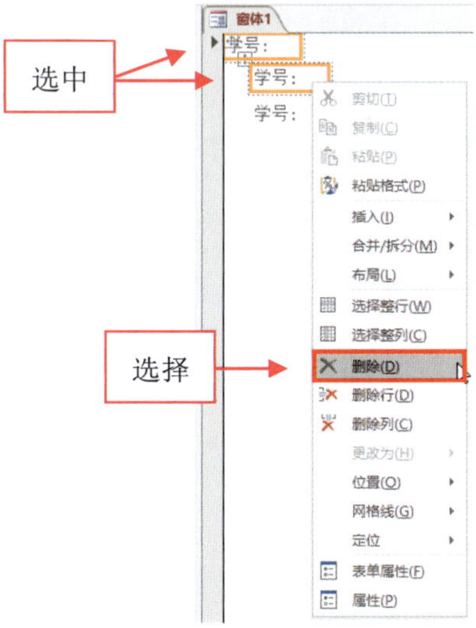

图 7-96　选择“删除（D）”选项（1）

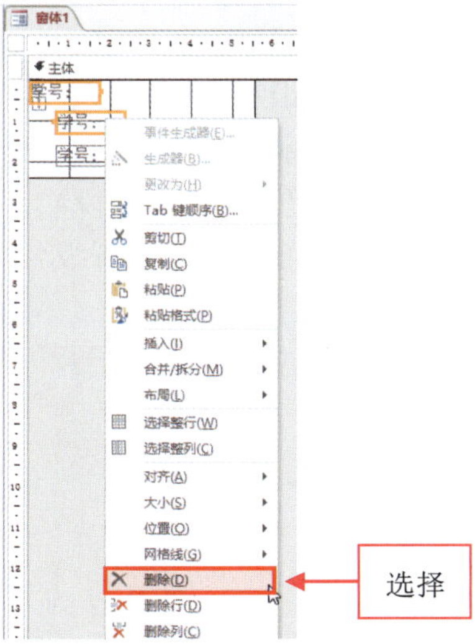

图 7-97　选择“删除（D）”选项（2）

第三种方法是进入窗体的“布局视图”页面或“设计视图”页面（这里以进入“设计视图”页面进行说明），选中要删除的控件；单击“开始”功能区中的“删除”按钮，如图 7-98 所示。

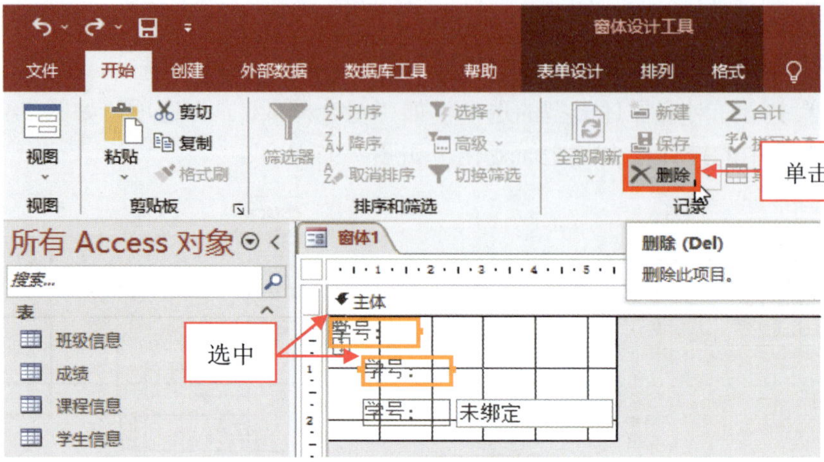

图 7-98　单击“删除”按钮

项 目 小 结

本章主要介绍了 Access 窗体的基础知识和查询的相关操作技巧，首先介绍了窗体的基本知识和创建，其次介绍了外观信息，最后介绍了控件的设置。通过本项目的学习，读者能够快速认识 Access 窗体，并创建出满足自身需求的窗体。

项 目 习 题

鉴于本项目知识的重要性，为了帮助读者更好地掌握所学知识，本任务将通过上机习题，帮助读者进行简单的知识回顾和补充。本习题需要掌握查询的创建方法。

1. 如何通过“窗体向导”中创建一个名为“班级信息窗体 1”的窗体（要求窗体中包括“班级名称”“人数”和“班主任”字段）？

2. 如何将创建的窗体中的“班级名称”字段信息设置为“蓝色”？

项目 8　Access 在人力资源管理中的应用

项目概述

人力资源管理的信息是比较多的，既包括基本的员工信息，也包括职位变动、出勤记录和工资发放等其他信息。为了更好地对人力资源信息进行管理，提高管理的效率，可以将相关信息都记录在 Access 中。本项目将主要讲述 Access 在人力资源管理中的应用，帮助读者快速掌握 Access 在实际工作中的使用。

学习目标

- 掌握人力资源管理数据表的创建。
- 熟悉人力资源管理查询的创建。
- 掌握人力资源管理窗体的创建。
- 熟悉人力资源管理报表的创建。

思政目标

- 培养学生文化认同，增强民族自信，提升人文情怀，培养工匠精神。
- 培养学生增强职业素养和社会责任感，培养科学思维，启发科学兴趣。

任务 1　人力资源管理数据表的创建

任务概述

在借助 Access 管理人力资源信息时，可以先创建相关的数据表，再在此基础上创建其他内容。本任务主要讲解相关数据表的创建方法。

任务重点与实施

8.1.1　创建“员工信息”数据表

在管理人力资源信息时，可以先根据自身掌握的信息确定数据表的表结构和数据记录信息。表 8-1 和表 8-2 分别为“客户信息”数据表的表结构和数据记录，可以根据这两个表的信息，在

Access 中创建对应的数据表，具体操作步骤如下。

表 8-1 “客户信息”数据表的表结构

序　号	字段名称	数据类型	字段大小	是否为主键	索　引
1	员工编号	短文本	255	是	有（无重复）
2	姓名	短文本	255		
3	性别	短文本	255		
4	年龄	数字（整型）	—		
5	学历	短文本	255		
6	职位	短文本	255		

表 8-2 “客户信息”数据表的数据记录

员工编号	姓　名	性　别	年　龄	学　历	职　位
YG0001	景天	男	48	专科	总经理
YG0002	唐雪见	女	45	专科	副总经理
YG0003	徐长卿	男	32	本科	销售经理
YG0004	紫萱	女	28	本科	销售员
YG0005	龙葵	女	26	本科	销售员
YG0006	李逍遥	男	27	本科	会计
YG0007	赵灵儿	女	30	本科	文员
YG0008	林月如	女	35	本科	人力资源

Step 01 在 Access 中，创建空白的数据库并进入编辑界面，单击信息编辑界面“创建”功能区“表格”面板中的“表”按钮，如图 8-1 所示。

Step 02 执行操作后，会自动创建一个空表，在“单击以添加”下方的第 1 个单元格中输入“员工编号”字段中的第 1 项内容（即 YG0001），如图 8-2 所示。

创建“员工信息”

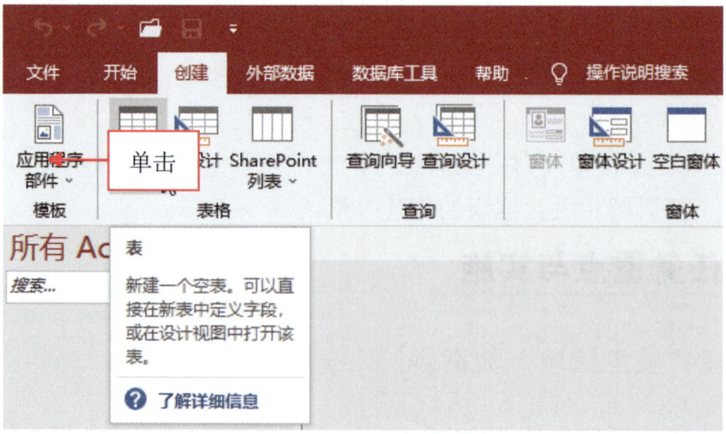

图 8-1 单击“表”按钮

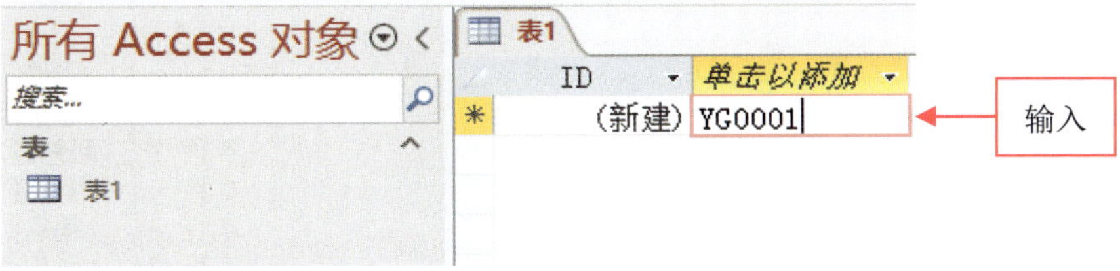

图 8-2　输入表 3-3“班级编号”中第 1 行的内容

Step 03 执行操作后，按【Enter】键，输入的内容上方会显示“字段 1”，双击“字段 1”所在的单元格，如图 8-3 所示。

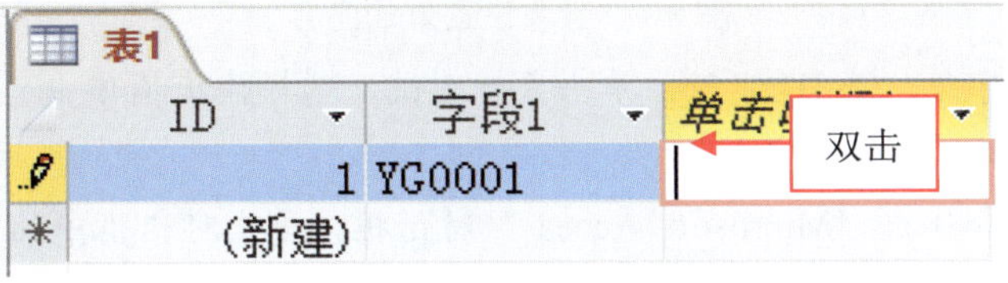

图 8-3　双击“字段 1”所在的单元格

Step 04 执行操作后，在该单元格中输入“员工编号”，将其作为表的第 1 个字段，如图 8-4 所示。

图 8-4　输入“员工编号”

Step 05 参照上述操作，将表 8-2 中的信息全部输入数据表编辑窗口中，完成表格基本内容的编辑，如图 8-5 所示。

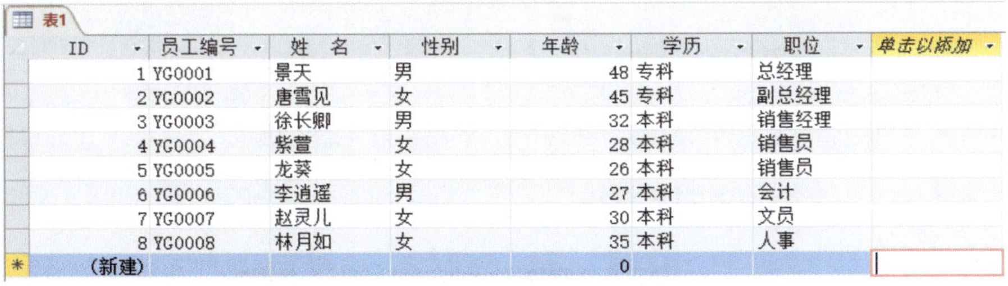

ID	员工编号	姓　名	性别	年龄	学历	职位	单击以添加
1	YG0001	景天	男	48	专科	总经理	
2	YG0002	唐雪见	女	45	专科	副总经理	
3	YG0003	徐长卿	男	32	本科	销售经理	
4	YG0004	紫萱	女	28	本科	销售员	
5	YG0005	龙葵	女	26	本科	销售员	
6	YG0006	李逍遥	男	27	本科	会计	
7	YG0007	赵灵儿	女	30	本科	文员	
8	YG0008	林月如	女	35	本科	人事	
(新建)				0			

图 8-5　完成表格基本内容的编辑

Step 06 设置数据表名称、居中对齐、主键字段、索引信息和常规信息，并返回数据表的编辑界面，即可查看设置好的内容，如图 8-6 所示。

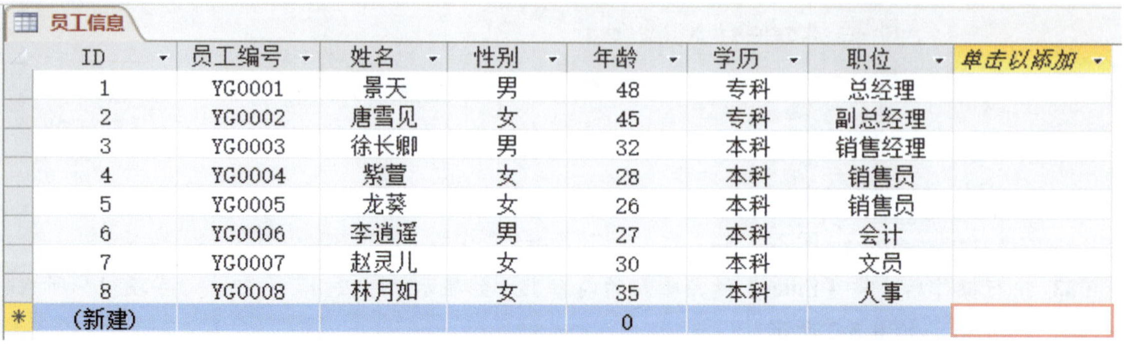

员工信息

ID	员工编号	姓名	性别	年龄	学历	职位	单击以添加
1	YG0001	景天	男	48	专科	总经理	
2	YG0002	唐雪见	女	45	专科	副总经理	
3	YG0003	徐长卿	男	32	本科	销售经理	
4	YG0004	紫萱	女	28	本科	销售员	
5	YG0005	龙葵	女	26	本科	销售员	
6	YG0006	李逍遥	男	27	本科	会计	
7	YG0007	赵灵儿	女	30	本科	文员	
8	YG0008	林月如	女	35	本科	人事	
(新建)				0			

图 8-6　查看设置好的内容

Step 07 选中要删除的字段，如 ID 字段，单击鼠标右键，选择快捷菜单中的“删除字段（L）”选项，如图 8-7 所示。

Step 08 执行操作后，会弹出“Microsoft Access”对话框，单击对话框中的“是（Y）”按钮，如图 8-8 所示。

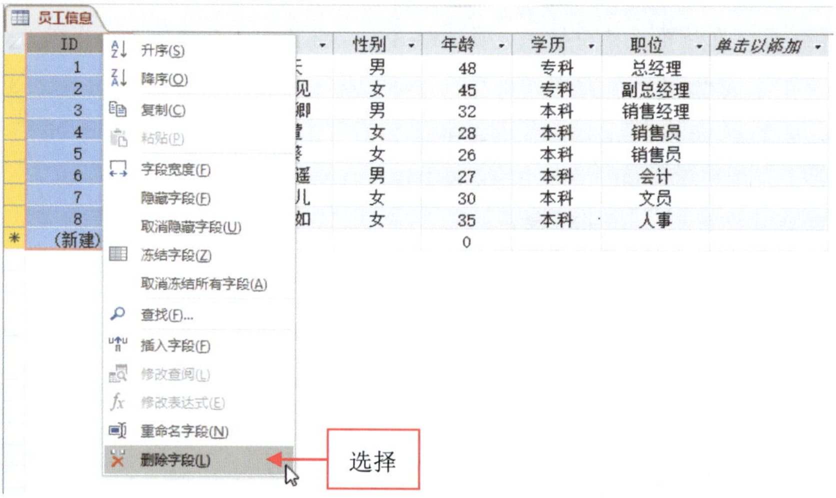

图 8-7　选择列表框中的“删除字段（L）”选项

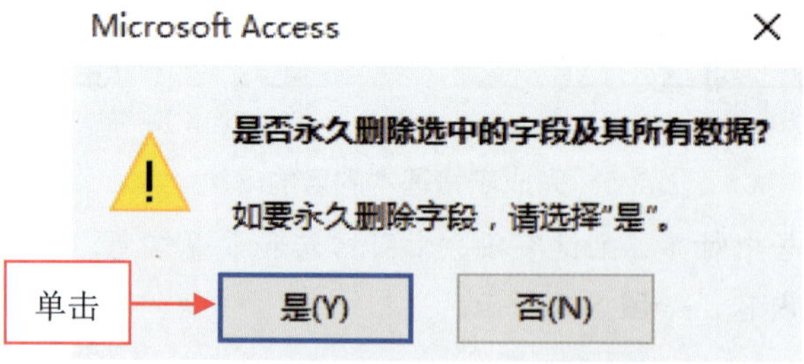

图 8-8　单击“是（Y）”按钮

Step 09 执行操作后，如果表格中的 ID 字段消失了，就说明多余内容删除成功，而“员工信息”数据表也创建完成了，如图 8-9 所示。

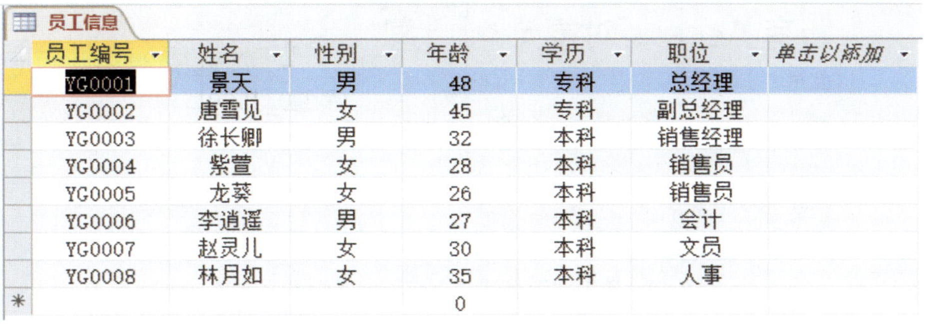
员工信息

员工编号	姓名	性别	年龄	学历	职位	单击以添加
YG0001	景天	男	48	专科	总经理	
YG0002	唐雪见	女	45	专科	副总经理	
YG0003	徐长卿	男	32	本科	销售经理	
YG0004	紫萱	女	28	本科	销售员	
YG0005	龙葵	女	26	本科	销售员	
YG0006	李逍遥	男	27	本科	会计	
YG0007	赵灵儿	女	30	本科	文员	
YG0008	林月如	女	35	本科	人事	
*			0			

图 8-9　“员工信息”数据表创建完成

8.1.2　创建“职位变动”数据表

有时候，公司员工的职位会出现变动，此时用户便可以创建数据表将职位变动信息记录下来。表 8-3 和表 8-4 分别为“职位变动”数据表的表结构和数据记录，可以根据这两个表的信息，在 Access 中创建对应的数据表，具体操作步骤如下。

表 8-3　“职位变动”数据表的表结构

序　号	字段名称	数据类型	字段大小	是否为主键	索　引
1	记录编号	短文本	255	是	有（无重复）
2	员工编号	短文本	255		
3	原职位	短文本	255		
4	现职位	短文本	255		

表 8-4　“职位变动”数据表的数据记录

记录编号	员工编号	原职位	现职位
JL001	YG0001	副总经理	总经理
JL002	YG0002	销售经理	副总经理
JL003	YG0003	销售员	销售经理
JL004	YG0007	销售员	文员
JL005	YG0008	无	销售员

Step 01 打开对应的素材，单击“创建”功能区“表格”面板中的“表”按钮，自动创建一个空表，在“单击以添加”下方的第 1 个单元格中输入“记录编号”字段中的第 1 项内容（即 JL001），如图 8-10 所示。

Step 02 执行操作后，将表 8-4 中的信息全部输入数据表编辑窗口中，完成表格基本内容的编辑，如图 8-11 所示。

Step 03 设置数据表名称、居中对齐、主键字段、索引信息和常规信息，并返回数据表的编辑界面，即可查看设置好的内容，如图 8-12 所示。

创建“职位变动”数据表

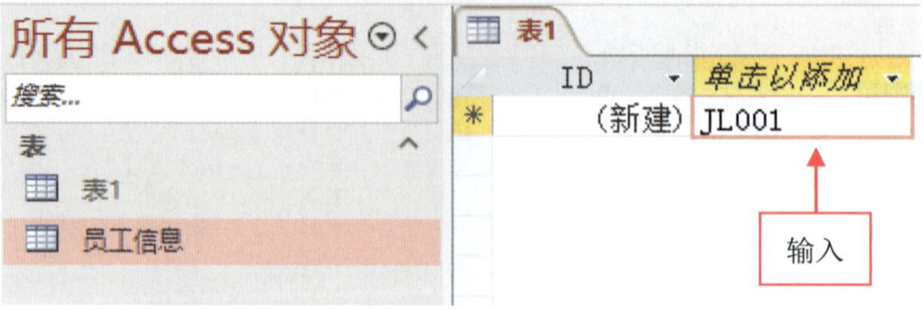

图 8-10　输入“记录编号”字段中的第 1 项内容

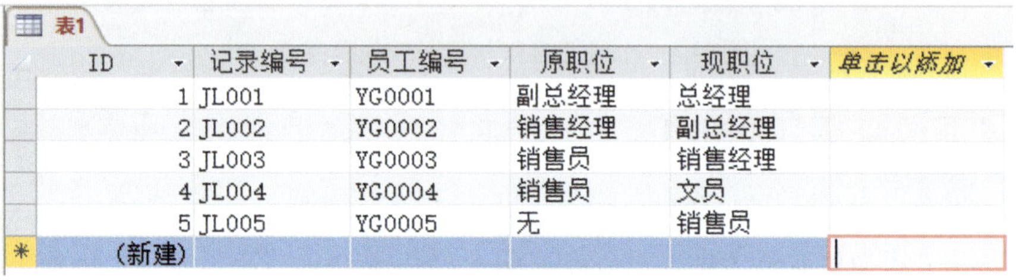

图 8-11　完成表格基本内容的编辑

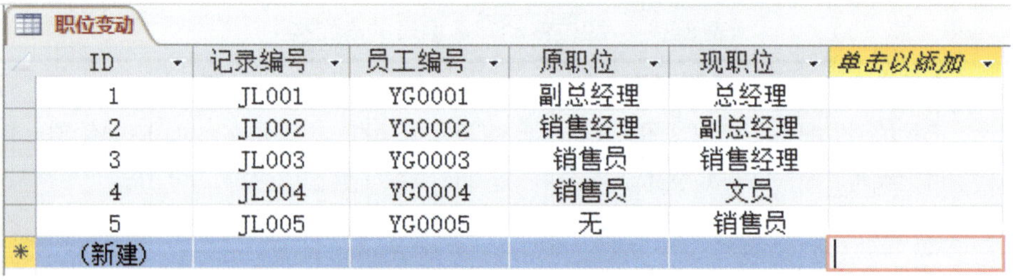

图 8-12　查看设置好的内容

Step 04 选中 ID 字段并进行删除，即可完成“职位变动”数据表的创建，如图 8-13 所示。

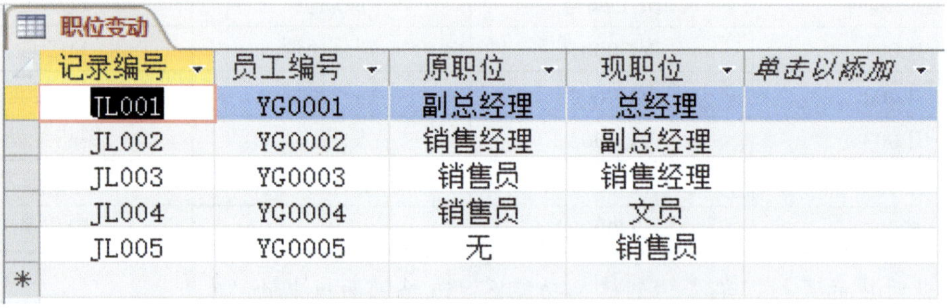

图 8-13　完成“职位变动”数据表的创建

8.1.3　创建“出勤记录”数据表

表 8-5 和表 8-6 分别为“出勤记录”数据表的表结构和数据记录，用户可以根据这两个表的信息，在 Access 中创建对应的数据表，具体操作步骤如下。

创建“出勤记录”数据表

表 8-5 “出勤记录”数据表的表结构

序 号	字段名称	数据类型	字段大小	是否为主键	索 引
1	记录编号	短文本	255	是	有（无重复）
2	记录日期	短文本	255		
3	员工编号	短文本	255		
4	是否缺勤	短文本	255		
5	出勤备注	短文本	255		

表 8-6 “出勤记录”数据表的数据记录

记录编号	记录日期	员工编号	是否缺勤	出勤备注
JL001	2023.02.03	YG0008	否	无
JL002	2023.02.03	YG0007	否	无
JL003	2023.02.03	YG0005	否	无
JL004	2023.02.03	YG0006	否	无
JL005	2023.02.03	YG0002	否	无
JL006	2023.02.03	YG0001	否	无
JL007	2023.02.03	YG0004	是	迟到
JL008	2023.02.03	YG0003	否	出差

Step 01 打开对应的素材，单击“创建”功能区“表格”面板中的“表”按钮，自动创建一个空表，在“单击以添加”下方的第 1 个单元格中输入“记录编号”字段中的第 1 项内容（即 JL001），如图 8-14 所示。

Step 02 执行操作后，将表 8-6 中的信息全部输入数据表编辑窗口中，完成表格基本内容的编辑，如图 8-15 所示。

Step 03 设置数据表名称、居中对齐、主键字段、索引信息和常规信息，并返回数据表的编辑界面，即可查看设置好的内容，如图 8-16 所示。

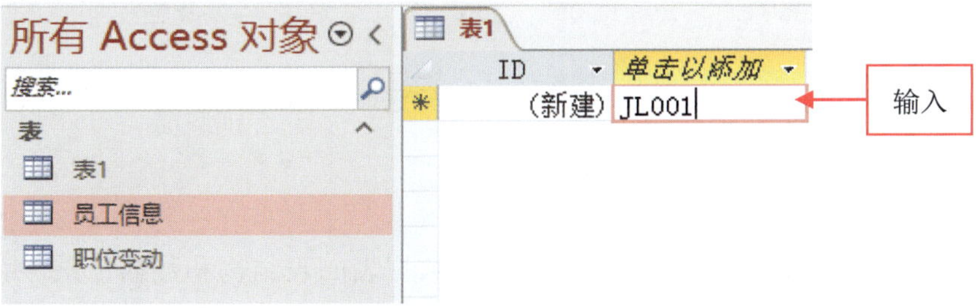

图 8-14 输入“记录编号”字段中的第 1 项内容

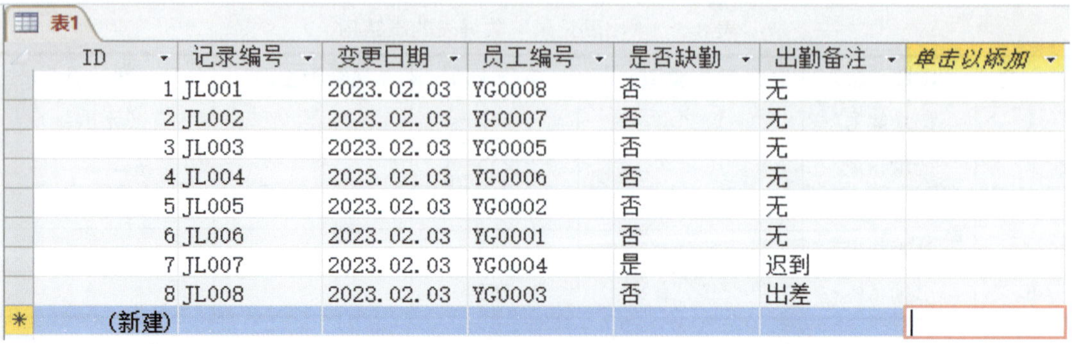

表1

ID	记录编号	变更日期	员工编号	是否缺勤	出勤备注	单击以添加
1	JL001	2023.02.03	YG0008	否	无	
2	JL002	2023.02.03	YG0007	否	无	
3	JL003	2023.02.03	YG0005	否	无	
4	JL004	2023.02.03	YG0006	否	无	
5	JL005	2023.02.03	YG0002	否	无	
6	JL006	2023.02.03	YG0001	否	无	
7	JL007	2023.02.03	YG0004	是	迟到	
8	JL008	2023.02.03	YG0003	否	出差	
(新建)						

图 8-15 完成表格基本内容的编辑

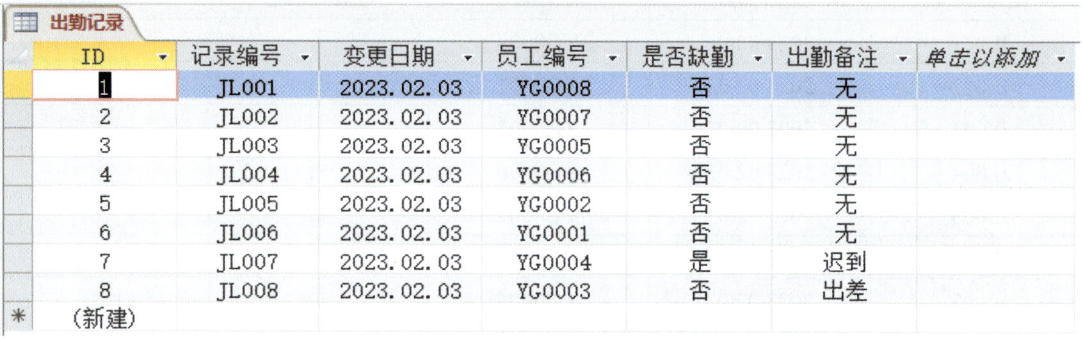

出勤记录

ID	记录编号	变更日期	员工编号	是否缺勤	出勤备注	单击以添加
1	JL001	2023.02.03	YG0008	否	无	
2	JL002	2023.02.03	YG0007	否	无	
3	JL003	2023.02.03	YG0005	否	无	
4	JL004	2023.02.03	YG0006	否	无	
5	JL005	2023.02.03	YG0002	否	无	
6	JL006	2023.02.03	YG0001	否	无	
7	JL007	2023.02.03	YG0004	是	迟到	
8	JL008	2023.02.03	YG0003	否	出差	
(新建)						

图 8-16 查看设置好的内容

Step 04 选中 ID 字段并进行删除，即可完成“出勤记录”数据表的创建，如图 8-17 所示。

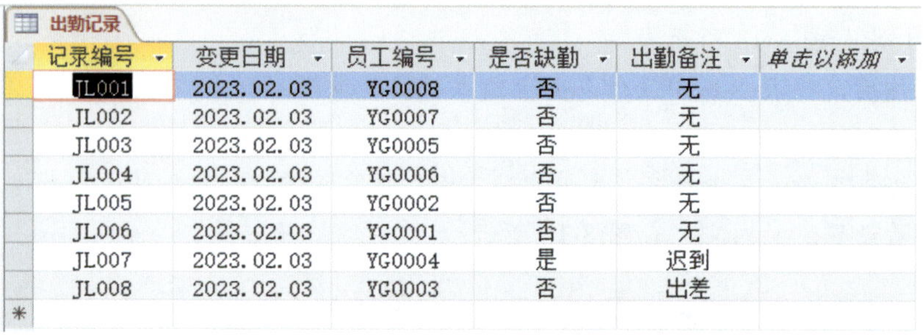

出勤记录

记录编号	变更日期	员工编号	是否缺勤	出勤备注	单击以添加
JL001	2023.02.03	YG0008	否	无	
JL002	2023.02.03	YG0007	否	无	
JL003	2023.02.03	YG0005	否	无	
JL004	2023.02.03	YG0006	否	无	
JL005	2023.02.03	YG0002	否	无	
JL006	2023.02.03	YG0001	否	无	
JL007	2023.02.03	YG0004	是	迟到	
JL008	2023.02.03	YG0003	否	出差	

图 8-17 完成“出勤记录”数据表的创建

8.14 创建“工资发放记录”数据表

表 8-7 和表 8-8 分别为“工资发放记录”数据表的表结构和数据记录，用户可以根据这两个表的信息，在 Access 中创建对应的数据表，具体操作步骤如下。

表 8-7 “工资发放记录”数据表的表结构

序 号	字段名称	数据类型	字段大小	是否为主键	索 引
1	员工编号	短文本	255	是	有（无重复）
2	基本工资	数字（长整型）	—		
3	各项补贴	数字（长整型）	—		

（续表）

序　号	字段名称	数据类型	字段大小	是否为主键	索　引
4	各项扣除	数字（长整型）	—		
5	实发工资	数字（长整型）	—		
6	发放日期	短文本	255		

表 8-8　“工资发放记录”数据表的数据记录

员工编号	基本工资	奖励补贴	各项扣除	实发工资	发放日期
YG0001	13 000	2 000	0	33 000	2023.02.28
YG0002	10 000	1 500	0	25 000	2023.02.28
YG0003	8 000	1 000	0	18 000	2023.02.28
YG0004	3 000	1 800	0	4 800	2023.02.28
YG0005	4 500	500	50	4 950	2023.02.28
YG0006	5 000	500	0	5 500	2023.02.28
YG0007	4 500	500	50	4 950	2023.02.28
YG0008	3 000	900	0	3 900	2023.02.28

Step 01 打开对应的素材，单击“创建”功能区“表格”面板中的“表”按钮，自动创建一个空表，在“单击以添加”下方的第 1 个单元格中输入“员工编号”字段中的第 1 项内容（即 YG0001），如图 8-18 所示。

Step 02 执行操作后，将表 8-8 中的信息全部输入数据表的编辑窗口中，完成表格基本内容的编辑，如图 8-19 所示。

创建“工资发放记录”数据表

图 8-18　输入“记录编号”字段中的第 1 项内容

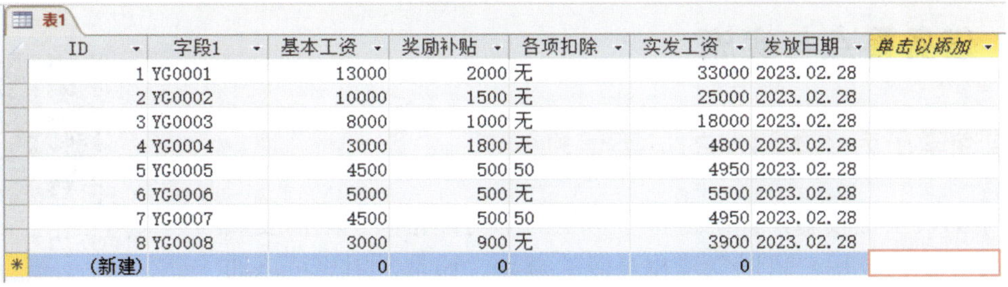

ID	字段1	基本工资	奖励补贴	各项扣除	实发工资	发放日期	单击以添加
1	YG0001	13000	2000	无	33000	2023.02.28	
2	YG0002	10000	1500	无	25000	2023.02.28	
3	YG0003	8000	1000	无	18000	2023.02.28	
4	YG0004	3000	1800	无	4800	2023.02.28	
5	YG0005	4500	500	50	4950	2023.02.28	
6	YG0006	5000	500	无	5500	2023.02.28	
7	YG0007	4500	500	50	4950	2023.02.28	
8	YG0008	3000	900	无	3900	2023.02.28	
(新建)		0	0		0		

图 8-19　完成表格基本内容的编辑

Step 03 设置数据表名称、居中对齐、主键字段、索引信息和常规信息，并返回数据表的编辑界面，即可查看设置好的内容，如图 8-20 所示。

工资发放记录

ID	员工编号	基本工资	奖励补贴	各项扣除	实发工资	发放日期	单击以添加
1	YG0001	13000	2000	0	33000	2023.02.28	
2	YG0002	10000	1500	0	25000	2023.02.28	
3	YG0003	8000	1000	0	18000	2023.02.28	
4	YG0004	3000	1800	0	4800	2023.02.28	
5	YG0005	4500	500	50	4950	2023.02.28	
6	YG0006	5000	500	0	5500	2023.02.28	
7	YG0007	4500	500	50	4950	2023.02.28	
8	YG0008	3000	900	0	3900	2023.02.28	
(新建)		0	0	0	0		

图 8-20　查看设置好的内容

Step 04 选中 ID 字段并进行删除，即可完成“工资发放记录”数据表的创建，如图 8-21 所示。

工资发放记录

员工编号	基本工资	奖励补贴	各项扣除	实发工资	发放日期	单击以添加
YG0001	13000	2000	0	33000	2023.02.28	
YG0002	10000	1500	0	25000	2023.02.28	
YG0003	8000	1000	0	18000	2023.02.28	
YG0004	3000	1800	0	4800	2023.02.28	
YG0005	4500	500	50	4950	2023.02.28	
YG0006	5000	500	0	5500	2023.02.28	
YG0007	4500	500	50	4950	2023.02.28	
YG0008	3000	900	0	3900	2023.02.28	
	0	0	0	0		

图 8-21　完成“工资发放记录”数据表的创建

任务 2　人力资源管理查询的创建

任务概述

完成人力资源信息的相关数据表创建之后，用户便可以在这些数据表的基础上查询自身所需的信息，可创建查询对象。本任务主要讲解相关查询的创建方法。

任务重点与实施

8.2.1　查询学历为“本科”的员工信息

公司中的员工比较多，并不是每个员工的学历都相同。当需要查找某个员工学历时，用户可以创建相对应的查询。通常，用户可以通过如下操作创建学历为“本科”的员工查询。

查询学历为“本科”的员工信息

Step 01 在 Access 中，打开包含查询信息的数据库，单击“创建”功能区“查询”面板中的“查询向导”按钮，如图 8-22 所示。

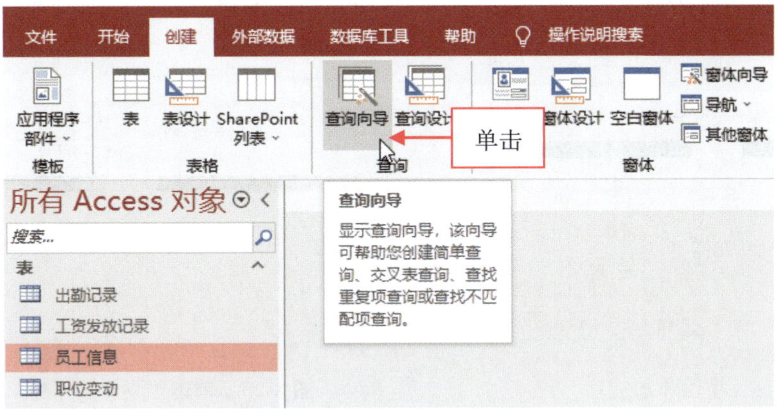

图 8-22　单击“查询向导”按钮

Step 02 执行操作后，会弹出“新建查询”对话框，选择对话框中的“简单查询向导”选项，单击“确定”按钮，如图 8-23 所示。

Step 03 执行操作后，会弹出“简单查询向导”对话框，在该对话框中选择要创建查询的表，双击对应的字段，如图 8-24 所示。

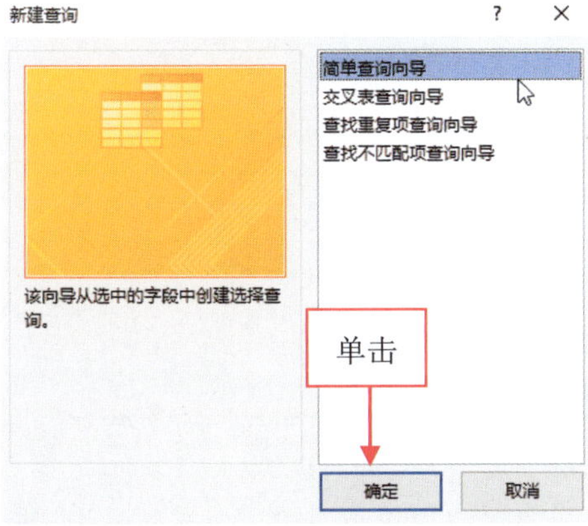

图 8-23　单击“确定”按钮

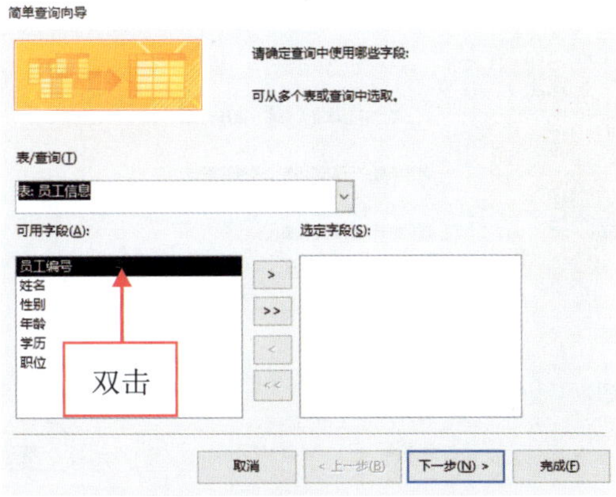

图 8-24　双击对应的字段

Step 04 执行操作后，如果“选定字段（S）：”的下方显示刚刚双击的字段，就说明该字段添加成功了，如图 8-25 所示。

Step 05 参照同样的方法将其他字段（如“员工信息”表中的“姓名”和“学历”字段）添加至“选定字段（S）：”中，单击“下一步（N）”按钮，如图 8-26 所示。

图 8-25　字段添加成功

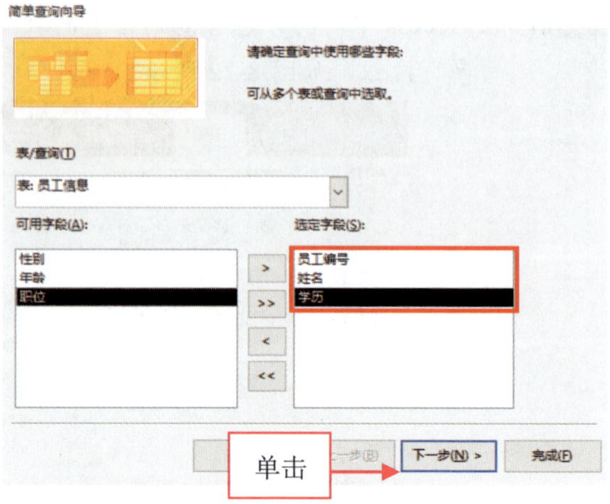

图 8-26　单击“下一步（N）”按钮（1）

Step 06 执行操作后，进入“请为查询指定标题：”界面，在该对话框中输入查询的标题，选中“修改查询设计（M）”前方的单选按钮，单击“完成”按钮，如图 8-27 所示。

Step 07 执行操作后，会进入“查询设计”界面并显示相关的查询信息，如图 8-28 所示。

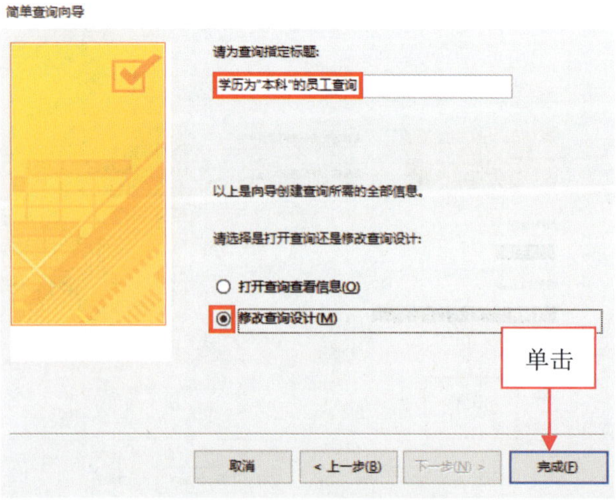

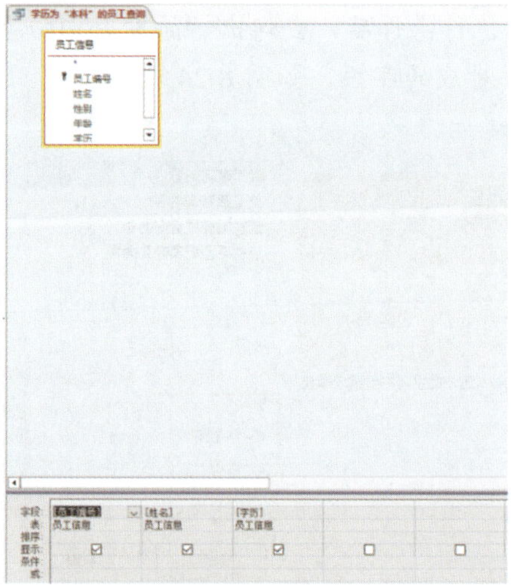

图 8-27　单击“完成”按钮　　　图 8-28　进入“查询设计”界面并显示相关的查询信息

Step 08 在“查询设计”界面下方窗口“学历”字段的“条件”中输入“=本科”并按回车键，如图 8-29 所示。

Step 09 执行操作后，单击“查询工具”功能区“视图”面板中的“视图”按钮，会弹出一个列表框，选择列表框中的“数据表视图（H）”选项，如图 8-30 所示。

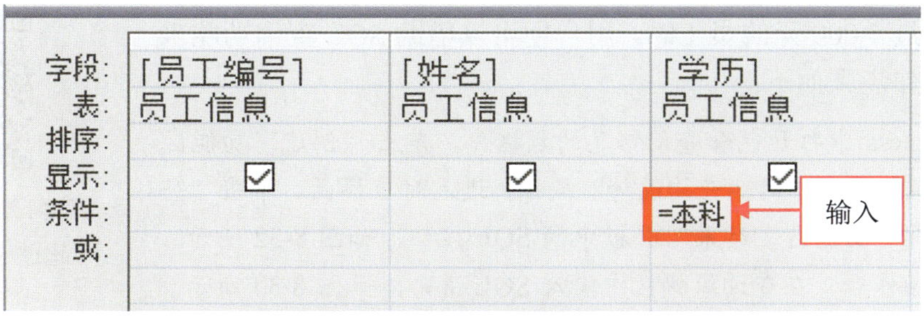

图 8-29　输入“=本科”

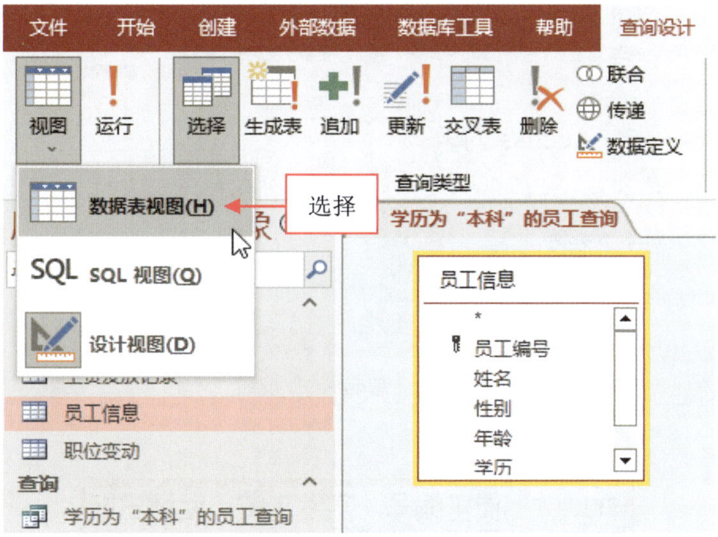

图 8-30　选择“数据表视图（H）”选项

Step 10 执行操作后，即可切换至“数据表视图”的查询界面，该界面中会显示相关的查询结果，如图 8-31 所示。

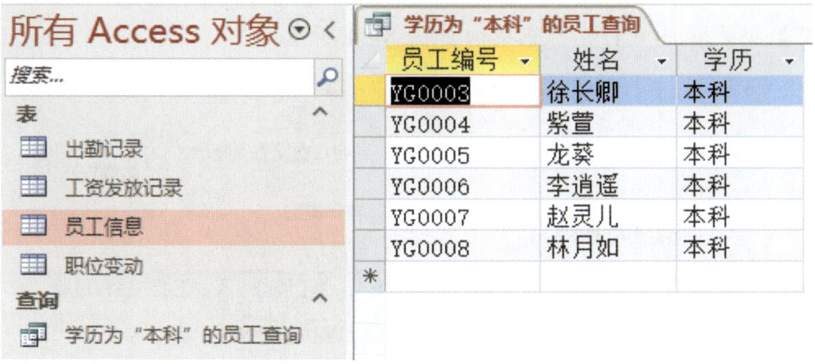

图 8-31　显示相关的查询结果

8.2.2　查询 2023 年 2 月工资超过 5 000 元的员工

SQL 查询是使用 SQL 语句创建查询，Access 中所有的查询本质上都可以认为是 SQL 查询，利用其他查询工具，目的是为简化编写 SQL 语句，由系统自动生成 SQL 语句。当要查询 2023

年 2 月工资超过 5 000 元的员工时，用户便可以借助 SQL 查询功能来实现，具体操作步骤如下。

查询 2023 年 2 月工资超过 5 000 元的员工

Step 01 在 Access 中打开包含查询信息的数据库，单击“创建”功能区“查询”面板中的“查询设计”按钮，进入对应界面，单击“查询工具”功能区“结果”面板中的 SQL 按钮，如图 8-32 所示。

Step 02 执行操作后，在查询编辑区中输入 SQL 语句，如图 8-33 所示。

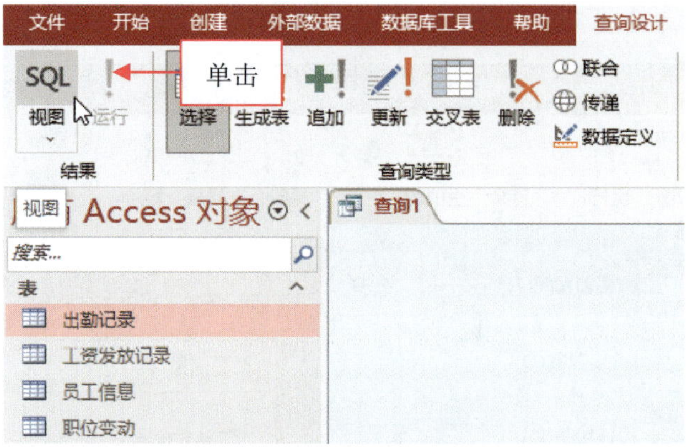

图 8-32　单击 SQL 按钮

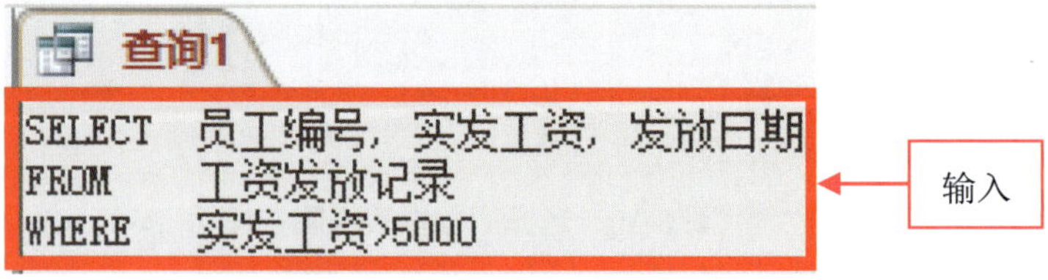

图 8-33　输入 SQL 语句

Step 03 执行操作后，单击“查询设计”功能区“结果”面板中的“视图”按钮，在弹出的列表框中选择“数据表视图（H）”选项，如图 8-34 所示。

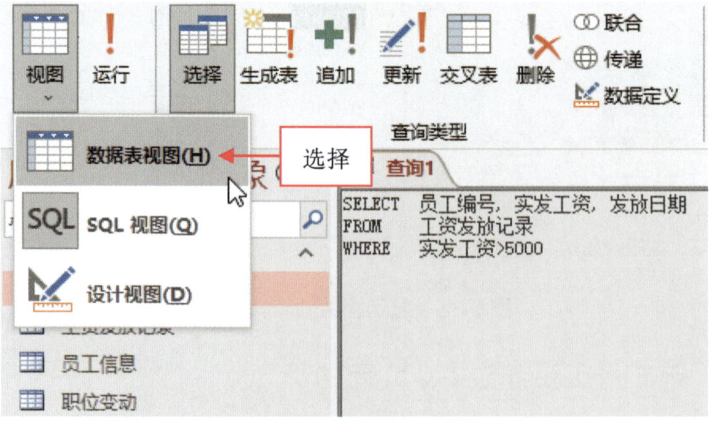

图 8-34　选择“数据表视图（H）”选项

Step 04 执行操作后，即可查看查询结果，如图 8-35 所示。

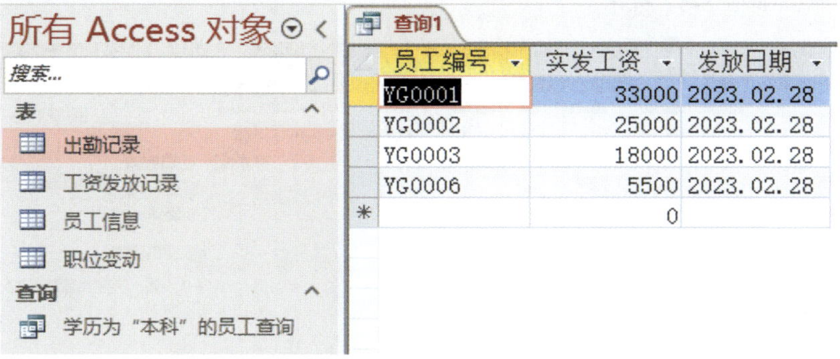

图 8-35　查询名称设置成功

Step 05 将鼠标光标拖曳至查询名称上并单击鼠标右键，在弹出的快捷菜单中选择“保存（S）”选项，在弹出的“另存为”对话框中输入查询名称，并单击“确定”按钮，即可完成查询的保存和创建，如图 8-36 所示。

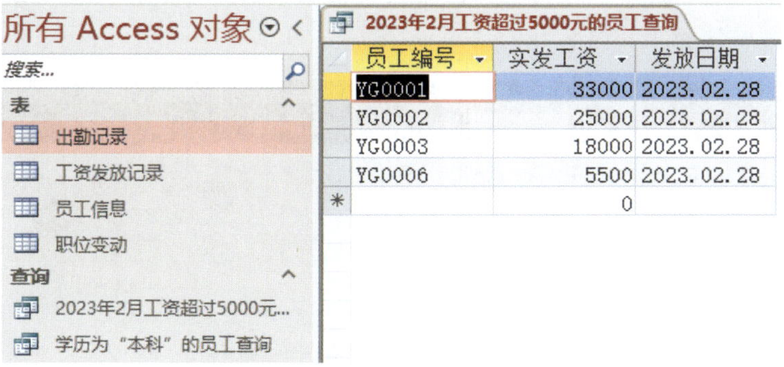

图 8-36　完成查询的保存和创建

任务 3　人力资源管理窗体的创建

任务概述

通过窗体的创建，用户可以将人力资源的信息以另一种形式展现出来。本任务主要讲解相关窗体的创建方法。

任务重点与实施

8.3.1　创建“出勤记录”窗体

在 Access 中，用户可以借助“空白窗体”功能，创建对应的窗体。通常，用户可以通过如下操作创建“出勤记录”窗体。

创建“出勤记录”窗体

Step 01 在 Access 中，打开要创建窗体的数据库，单击“创建”功能区“窗体”面板中的“空白窗体”按钮，如图 8-37 所示。

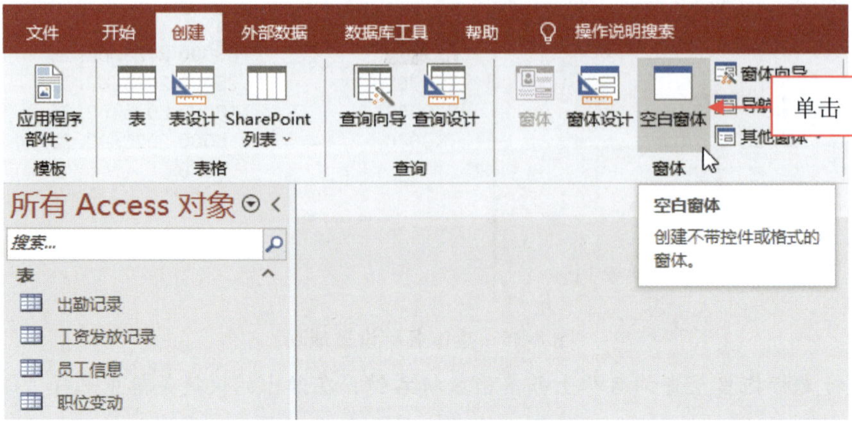

图 8-37 单击“空白窗体”按钮

Step 02 执行操作后，会新建一个空白窗体，单击“窗体布局工具”功能区“工具”面板中的“添加现有字段”按钮，如图 8-38 所示。

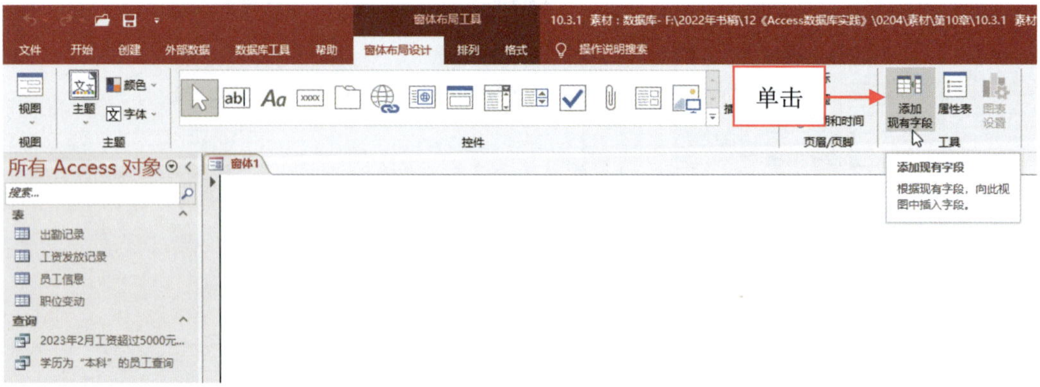

图 8-38 单击“添加现有字段”按钮

Step 03 执行操作后，在右侧的“字段列表”窗口中，选中需要添加至窗体的字段，按住鼠标左键，将鼠标光标拖曳至窗体的编辑区中，如图 8-39 所示。

图 8-39 将鼠标光标拖曳至窗体的编辑区中

Step 04 松开鼠标左键，窗体中会显示对应字段的信息，如图 8-40 所示。

Step 05 根据自身需求，调整字段信息的展示位置，如图 8-41 所示。

Step 06 参照同样的操作，将其他字段信息添加至空窗体中并调整字段信息的展示位置，如图 8-42 所示。

图 8-40　窗体中出现对应字段的信息

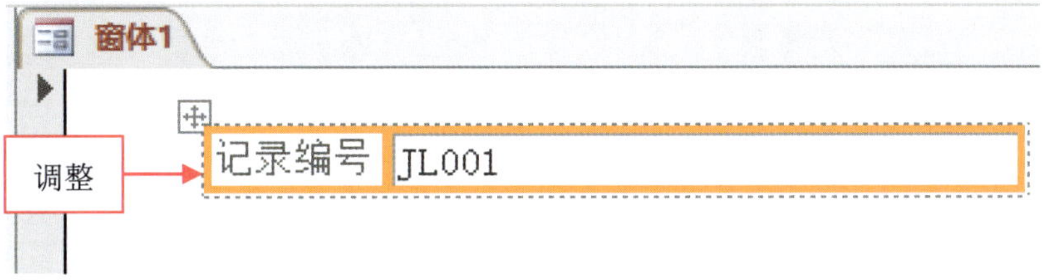

图 8-41　调整字段信息的展示位置

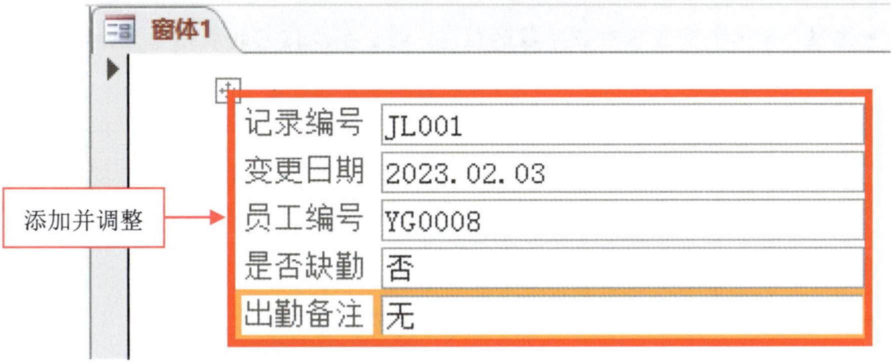

图 8-42　将其他字段信息添加至空表单中并调整字段信息的展示位置

Step 07 将鼠标光标拖曳至窗体名称上并单击鼠标右键，在弹出的快捷菜单中选择“保存(S)”选项，在弹出的“另存为”对话框中输入窗体名称，并单击“确定”按钮，即可完成“出勤记录”窗体的保存和创建，如图 8-43 所示。

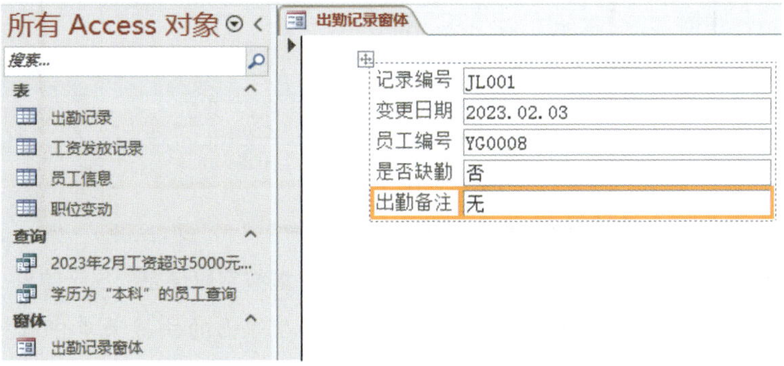

图 8-43　完成“出勤记录”窗体的保存和创建

8.3.2 创建“工资发放记录”窗体

创建“工资发放记录”窗体

如果在人力资源信息相关数据表的基础上创建“工资发放记录”窗体，那么只需执行以下操作即可。

Step 01 在 Access 中，打开要创建窗体的数据库，单击“创建”功能区“窗体”面板中的“空白窗体”按钮，会新建一个空白窗体，单击“窗体布局工具”功能区“工具”面板中的“添加现有字段”按钮，在右侧的“字段列表”窗口中，选中需要添加至窗体的字段，按住鼠标左键，将鼠标光标拖曳至窗体的编辑区中，如图 8-44 所示。

图 8-44　将鼠标光标拖曳至窗体的编辑区中

Step 02 松开鼠标左键，窗体中会显示对应字段的信息，调整字段信息的展示位置，如图 8-45 所示。

图 8-45　调整字段信息的展示位置

Step 03 参照同样的操作，将其他字段信息添加至空窗体中并调整字段信息的展示位置，如图 8-46 所示。

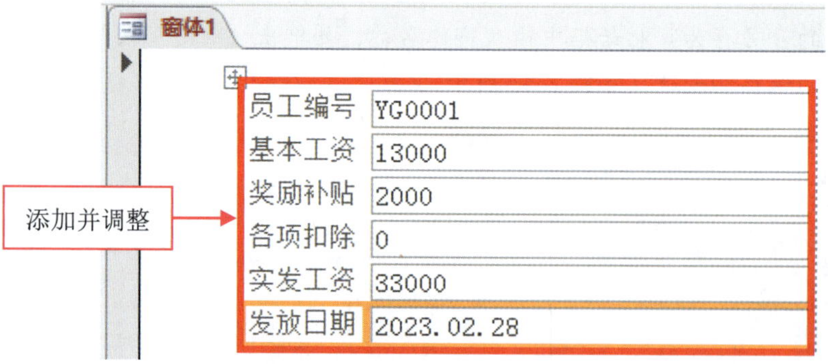

图 8-46　将其他字段信息添加至空表单中并调整字段信息的展示位置

Step 04 将鼠标光标拖曳至窗体名称上并单击鼠标右键，在弹出的快捷菜单中选择“保存(S)”选项，在弹出的“另存为”对话框中输入窗体名称，并单击“确定”按钮，即可完成“工资发放记录”窗体的保存和创建，如图 8-47 所示。

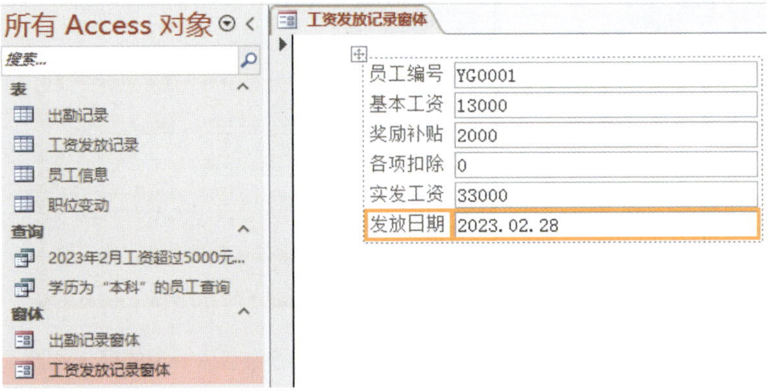

图 8-47　完成“工资发放记录”窗体的保存和创建

8.3.3　创建“员工信息”窗体

只需在 Access 中执行以下操作，即可在原数据表的基础上创建“员工信息”窗体。

创建“员工信息”窗体

Step 01 在 Access 中，新建一个空白窗体，单击“窗体布局工具”功能区“工具”面板中的“添加现有字段”按钮，在右侧的“字段列表”窗口中，选中“员工编号”字段，按住鼠标左键，将鼠标光标拖曳至窗体的编辑区中，如图 8-48 所示。

图 8-48　将鼠标光标拖曳至窗体的编辑区中

Step 02 松开鼠标左键，窗体中会显示对应字段的信息，调整字段信息的展示位置，如图 8-49 所示。

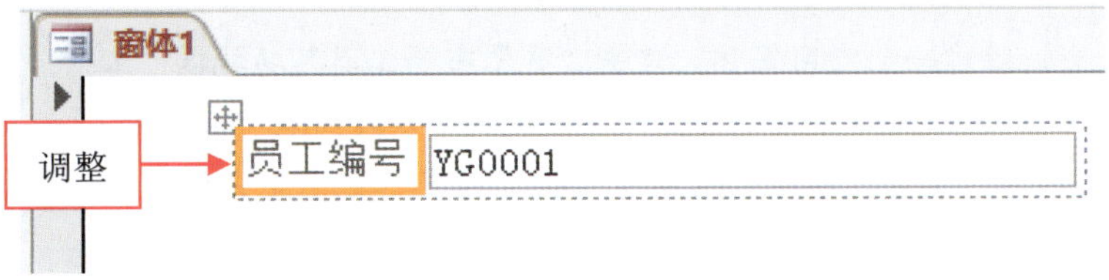

图 8-49　调整字段信息的展示位置

Step 03 参照同样的操作，将其他字段信息添加至空窗体中并调整字段信息的展示位置，如图 8-50 所示。

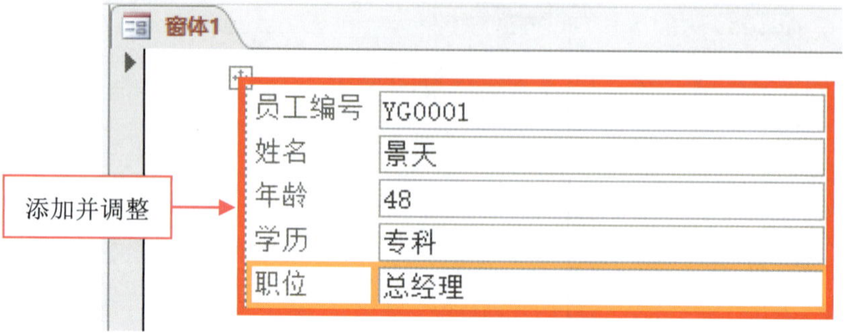

图 8-50　将其他字段信息添加至空表单中并调整字段信息的展示位置

Step 04 将鼠标光标拖曳至窗体名称上并单击鼠标右键，在弹出的快捷菜单中选择“保存（S）”选项，在弹出的“另存为”对话框中输入窗体名称，并单击“确定”按钮，即可完成“员工信息”窗体的保存和创建，如图 8-51 所示。

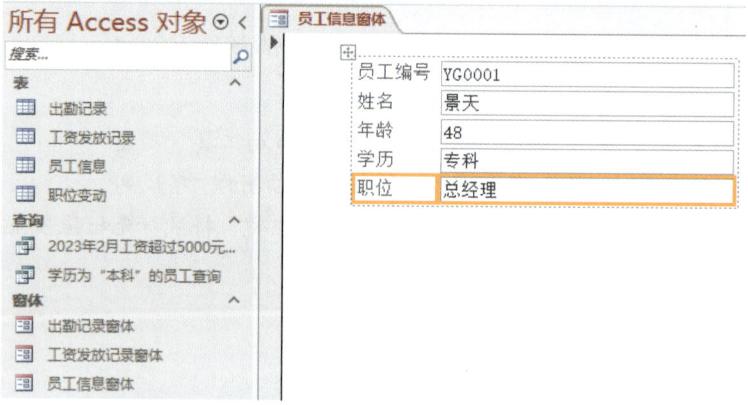

图 8-51　完成“出勤记录”窗体的保存和创建

8.3.4　创建“职位变动”窗体

创建“职位变动”窗体

“职位变动”窗体的创建方法很简单，只需执行以下操作即可。

Step 01 在 Access 中，新建一个空白窗体，单击“窗体布局工具”功能区“工具”面板中的“添加现有字段”按钮，在右侧的“字段列表”窗口中，选中“记录编号”字段，按住鼠标左键，将鼠标光标拖曳至窗体的编辑区中，如图 8-52 所示。

Step 02 松开鼠标左键，窗体中会显示对应字段的信息，调整字段信息的展示位置，如图 8-53 所示。

图 8-52　将鼠标光标拖曳至窗体的编辑区中

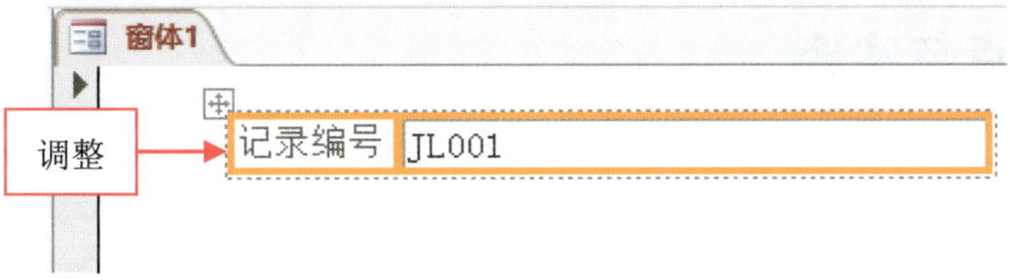

图 8-53　调整字段信息的展示位置

Step 03 参照同样的操作，将其他字段信息添加至空窗体中并调整字段信息的展示位置，如图 8-54 所示。

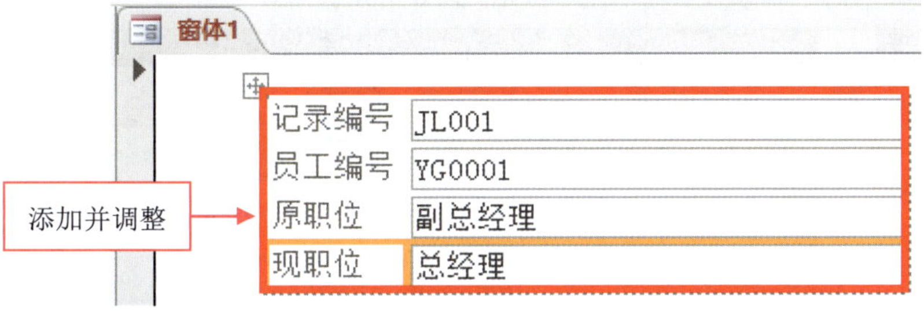

图 8-54　将其他字段信息添加至空表单中并调整字段信息的展示位置

Step 04 将鼠标光标拖曳至窗体名称上并单击鼠标右键，在弹出的快捷菜单中选择“保存（S）”选项，在弹出的“另存为”对话框中输入窗体名称，并单击“确定”按钮，即可完成“职位变动”窗体的保存和创建，如图 8-55 所示。

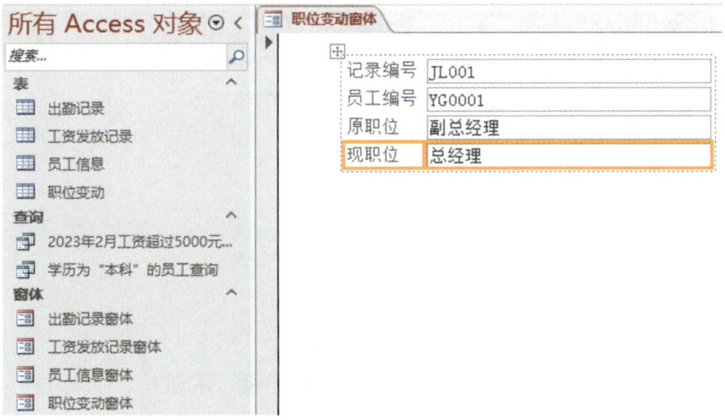

图 8-55　完成“职位变动”窗体的保存和创建

任务 4　人力资源管理报表的创建

任务概述

在 Access 中，用户可以借助“报表设计”功能创建所需的各种报表。本任务主要讲解人力资源信息报表的创建方法。

任务重点与实施

8.4.1 创建“出勤记录”报表

创建“出勤记录”报表

在 Access 中，用户可以创建“出勤记录”报表，以报表的形式来展示相关信息。通常，可以通过如下操作创建“出勤记录”报表。

Step 01 在 Access 中，打开要创建报表的数据库，单击“创建”功能区“报表”面板中的“报表设计”按钮，如图 8-56 所示。

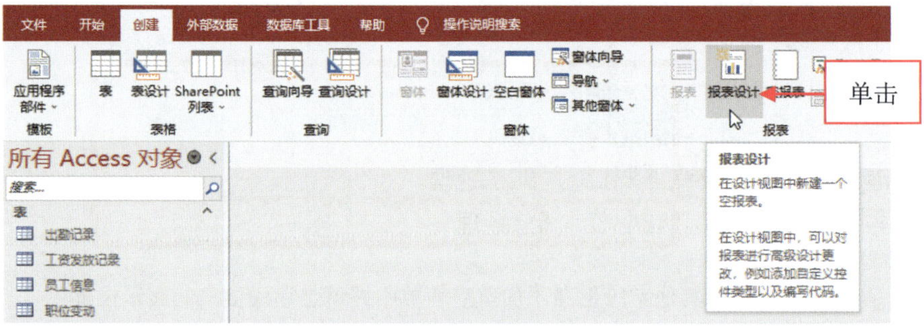

图 8-56 单击“报表设计”按钮

Step 02 执行操作后，会新建一个空白报表，单击“报表布局工具”功能区“工具”面板中的“添加现有字段”按钮，如图 8-57 所示。

图 8-57 单击“添加现有字段”按钮

Step 03 执行操作后，在右侧的“字段列表”窗口中，选中需要添加至报表的字段，按住鼠标左键，将鼠标光标拖曳至报表的编辑区中，如图 8-58 所示。

图 8-58 将鼠标光标拖曳至报表的编辑区

Step 04 松开鼠标左键，报表的左侧会显示对应字段的信息，如图 8-59 所示。

Step 05 根据自身需求，调整字段信息的展示位置，如图 8-60 所示。

Step 06 参照同样的操作，将其他字段信息添加至空报表中，并调整字段信息的展示位置，如图 8-61 所示。

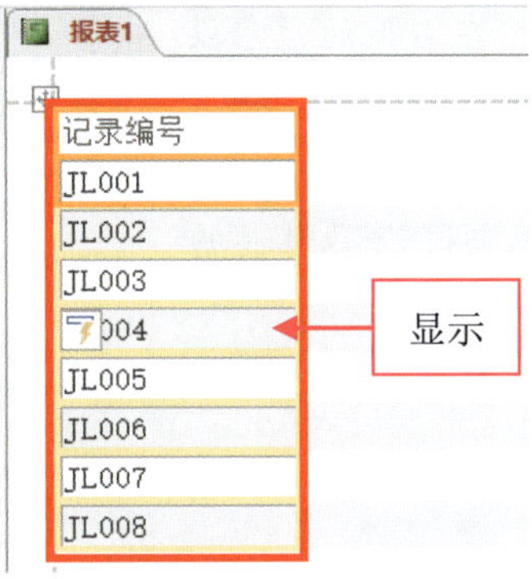

图 8-59　显示对应字段的信息

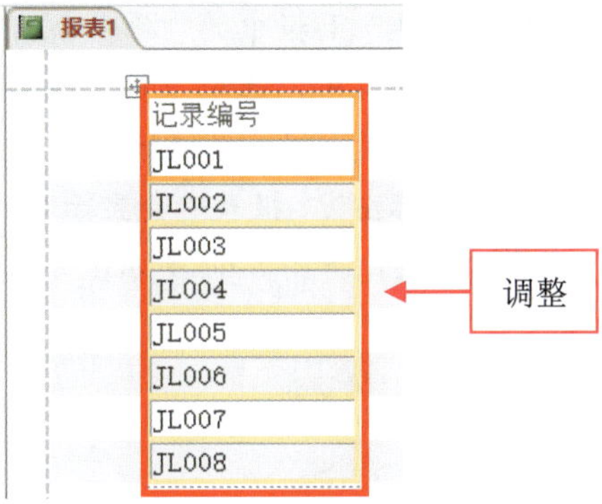

图 8-60　调整字段信息的展示位置

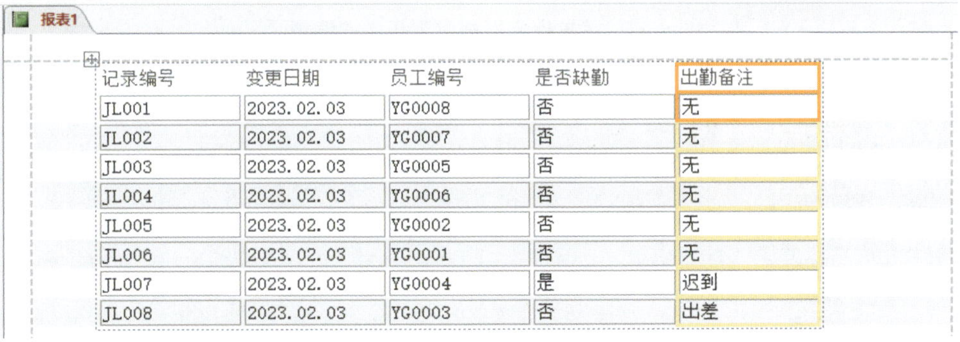

图 8-61　调整字段信息的展示位置

Step 07 将鼠标光标拖曳至报表名称上，并单击鼠标右键，在弹出的快捷菜单中选择“保存（S）”选项，在弹出的“另存为”对话框中输入报表名称，并单击“确定”按钮，即可完成“出勤记录”报表的保存和创建，如图 8-62 所示。

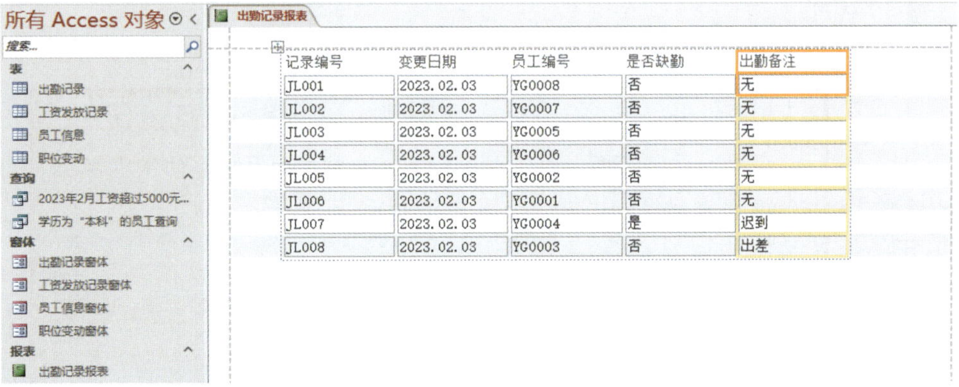

图 8-62　完成报表的保存和创建

8.4.2　创建“工资发放记录”报表

借助 Access 中的“空报表”功能，用户可以在原数据表的基础上快速创建“工资发放记录”

报表，具体操作步骤如下。

创建“工资发放记录”报表

Step 01 在 Access 中，新建一个空白报表，单击“报表布局工具”功能区“工具”面板中的“添加现有字段”按钮，在右侧的“字段列表”窗口中，选中“员工编号”字段，按住鼠标左键，将鼠标光标拖曳至报表的编辑区中，如图 8-63 所示。

Step 02 松开鼠标左键，报表中会显示对应字段的信息，调整字段信息的展示位置，如图 8-64 所示。

图 8-63　将鼠标光标拖曳至报表的编辑区

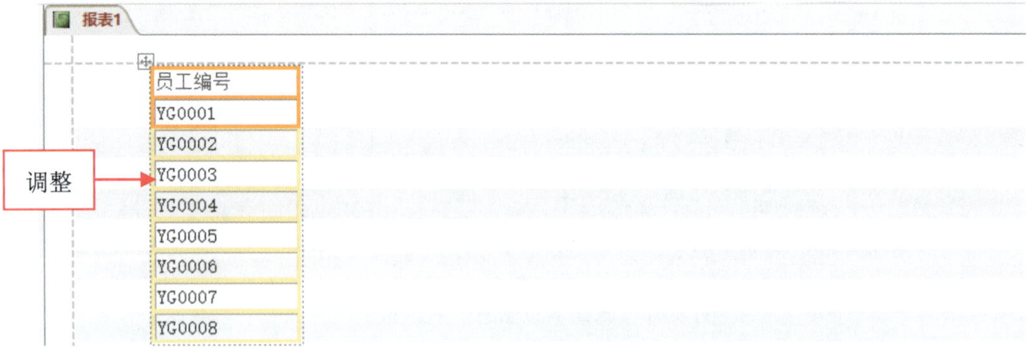

图 8-64　调整字段信息的展示位置

Step 03 参照同样的操作，将其他字段信息添加至空报表中并调整字段信息的展示位置，如图 8-65 所示。

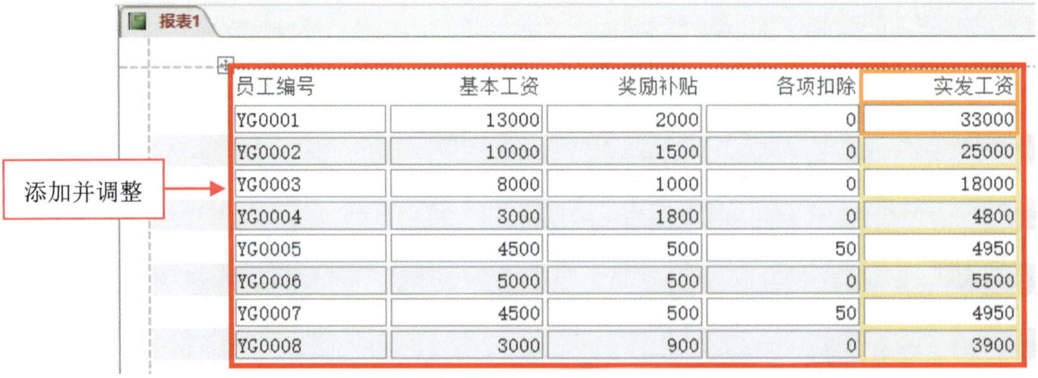

员工编号	基本工资	奖励补贴	各项扣除	实发工资
YG0001	13000	2000	0	33000
YG0002	10000	1500	0	25000
YG0003	8000	1000	0	18000
YG0004	3000	1800	0	4800
YG0005	4500	500	50	4950
YG0006	5000	500	0	5500
YG0007	4500	500	50	4950
YG0008	3000	900	0	3900

图 8-65　将其他字段信息添加至空表单中并调整字段信息的展示位置

Step 04 将鼠标光标拖曳至报表名称上并单击鼠标右键，在弹出的快捷菜单中选择“保存（S）”选项，在弹出的“另存为”对话框中输入报表名称，并单击“确定”按钮，即可完成“员工信息”报表的保存和创建，如图 8-66 所示。

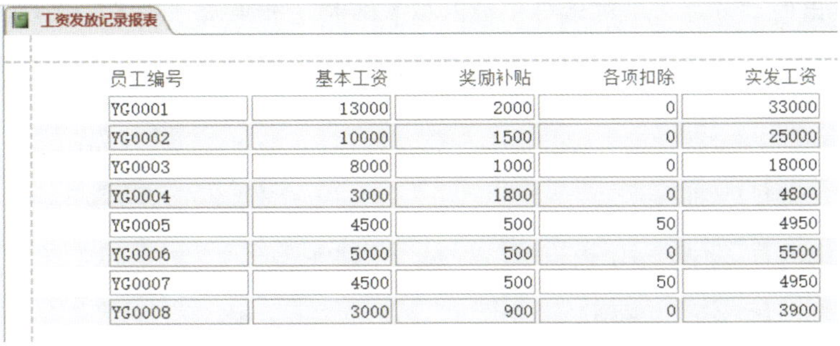

员工编号	基本工资	奖励补贴	各项扣除	实发工资
YG0001	13000	2000	0	33000
YG0002	10000	1500	0	25000
YG0003	8000	1000	0	18000
YG0004	3000	1800	0	4800
YG0005	4500	500	50	4950
YG0006	5000	500	0	5500
YG0007	4500	500	50	4950
YG0008	3000	900	0	3900

图 8-66　完成“员工信息”报表的保存和创建

8.4.3　创建“员工信息”报表

“员工信息”报表就是以报表的形式，将“员工信息”数据表中的相关信息展示出来。通常，用户可以通过如下操作创建“员工信息”数据表。

创建“员工信息”报表

Step 01 在 Access 中，新建一个空白报表，单击“报表布局工具”功能区“工具”面板中的“添加现有字段”按钮，在右侧的“字段列表”窗口中，选中“员工编号”字段，按住鼠标左键，将鼠标光标拖曳至报表的编辑区中，如图 8-67 所示。

图 8-67　将鼠标光标拖曳至报表的编辑区

Step 02 松开鼠标左键，报表中会显示对应字段的信息，调整字段信息的展示位置，如图 8-68 所示。

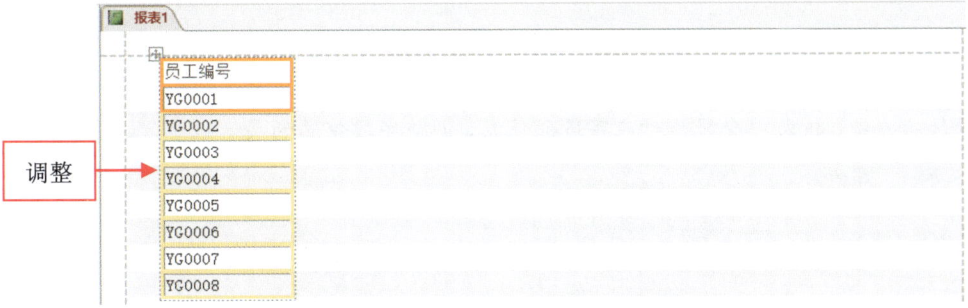

图 8-68　调整字段信息的展示位置

Step 03 参照同样的操作，将其他字段信息添加至空报表中并调整字段信息的展示位置，如图 8-69 所示。

Step 04 将鼠标光标拖曳至报表名称上并单击鼠标右键，在弹出的快捷菜单中选择“保存（S）”选项，在弹出的“另存为”对话框中输入报表名称，并单击“确定”按钮，即可完成“员工信息”报表的保存和创建，如图 8-70 所示。

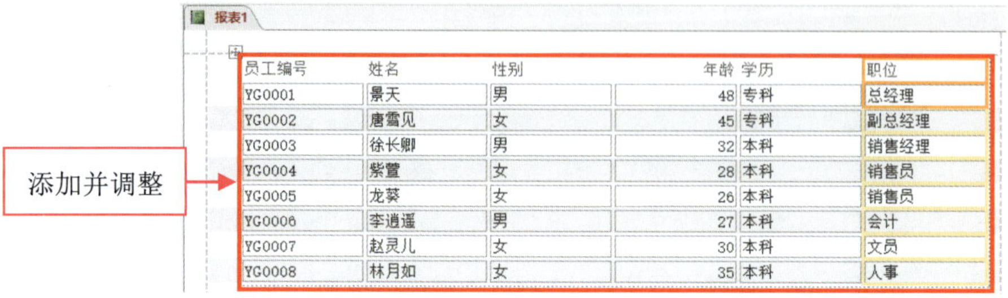

图 8-69　将其他字段信息添加至空表单中并调整字段信息的展示位置

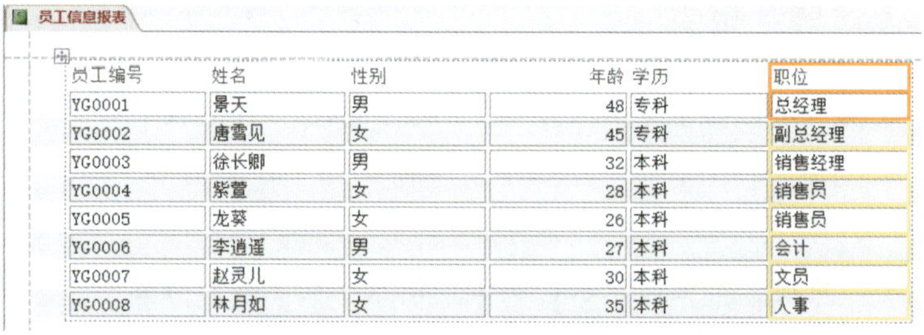

图 8-70　完成“员工信息”报表的保存和创建

同样的，借助 Access 中的“空报表”功能，用户也可以快速创建“职位变动”报表，具体操作步骤如下。

Step 01 在 Access 中，新建一个空白报表，单击“报表布局工具”功能区“工具”面板中的“添加现有字段”按钮，在右侧的“字段列表”窗口中，选中“记录编号”字段，按住鼠标左键，将鼠标光标拖曳至报表的编辑区中，如图 8-71 所示。

图 8-71　将鼠标光标拖曳至报表的编辑区

Step 02 松开鼠标左键，报表中会显示对应字段的信息，调整字段信息的展示位置，如图 8-72 所示。

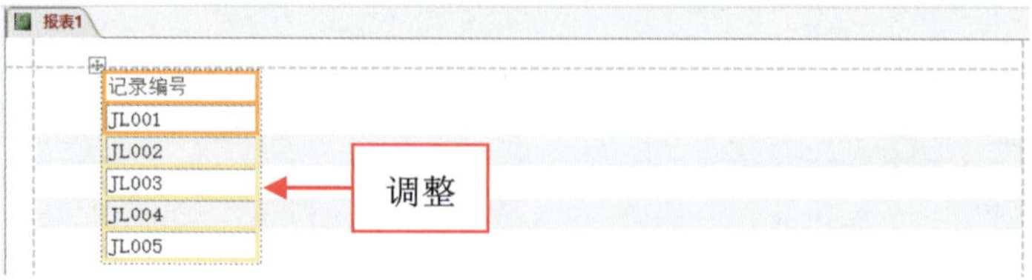

图 8-72　调整字段信息的展示位置

Step 03 参照同样的操作，将其他字段信息添加至空报表中并调整字段信息的展示位置，如图 8-73 所示。

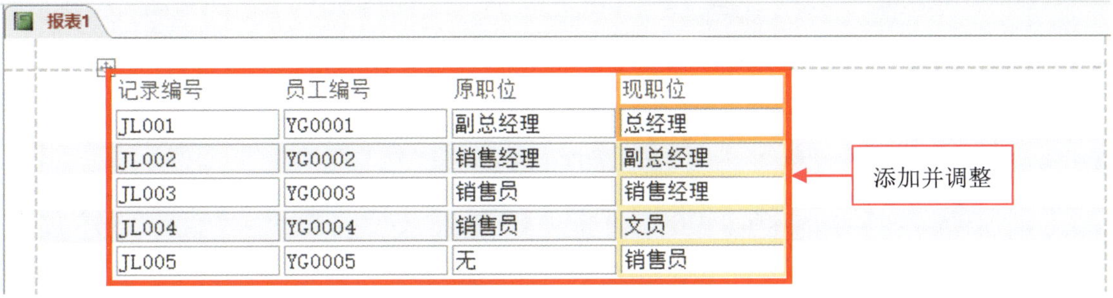

图 8-73　将其他字段信息添加至空表单中并调整字段信息的展示位置

Step 04 将鼠标光标拖曳至报表名称上并单击鼠标右键，在弹出的快捷菜单中选择“保存（S）”选项，在弹出的“另存为”对话框中输入报表名称，并单击“确定”按钮，即可完成“职位变动”报表的保存和创建，如图 8-74 所示。

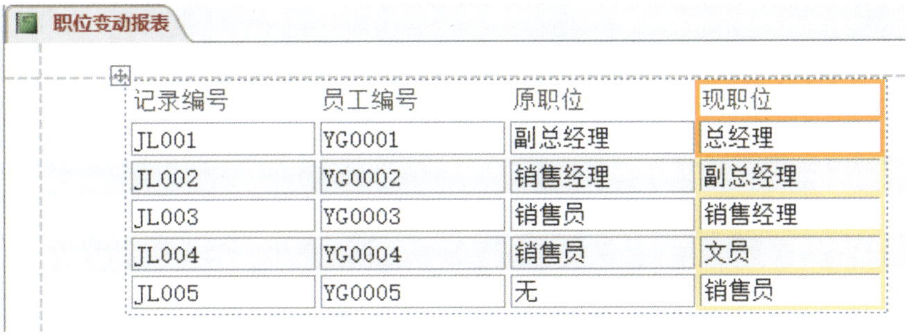

图 8-74　完成“职位变动”报表的保存和创建

项 目 小 结

本项目主要讲解 Access 在人力资源管理中的应用，包括相关数据表、查询、窗体和报表的创建。通过本项目的学习，读者可以更好地利用 Access 管理人力资源信息，将自身需要的信息以更合适的方式展现出来。

项 目 习 题

1. 如何根据自身的情况创建人力资源管理的相关数据表？
2. 如何在数据表的基础上创建相关的查询、窗体和报表？